理工系のための

微分方程式

牧野潔夫・長谷川研二・高木 悟
共著

培風館

はじめに

本書は「理工系のための」数学シリーズの一冊で，理工系の大学において1年次に履修する微分積分と線形代数を一通り学習した学生を想定してまとめられた微分方程式の入門書である．微分方程式は数学の重要な分野であるだけでなく，物理学，化学，生物学などの自然科学や，工学，経済学，社会科学などの学問にも広く応用され，実用性も非常に高い．したがって，その習得は数学専攻の学生はもとより理工系および一部の文科系学生にとっても不可欠である．

微分方程式は解法により分類でき，本書の前半では適当な式変形をしたうえで積分で解を求める求積法で解けるものを中心に解説し，多くの種類の形の微分方程式を紹介する．後半は，線形代数で習う行列の対角化などによる連立1階微分方程式の解法や求積法で解けない非線形の微分方程式の解析法など，微分方程式の入門書であまり扱われない発展的内容が大部分である．しかし，本書が入門書であることを鑑み，線形代数の定理の証明や解の存在性のような抽象的議論をできるだけ避け，解を具体的な関数で表すことができなくても，解を表す曲線の図も併用して解の定性的性質を把握できるようにした．他の入門書などで一通り微分方程式を学んだ読者でも，一読する価値はある．

内容については，第1章は微分方程式で現れる用語の説明と微分方程式の応用例の紹介である．第2章から具体的な微分方程式を取り上げる．そのうち第2, 3, 4章は1階の微分方程式である．第2章は変数分離形，第3章は1階線形の微分方程式とその変形された形のもの，第4章は，変数分離形でも線形でもないが，求積法により比較的簡単に解が求まる完全形を扱う．2階以上が登場する第5章では，1階の求積法を繰り返し適用する階数低下の方法で解ける微分方程式を紹介する．第6, 7章は線形微分方程式であるが，第6章は実例が多い2階だけだが変数係数を含み，第7章は定数係数に限定し3階以上を含めた微分方程式を取り上げて，因数分解で基本解を求めたり，階数が上がっても難しくならない記号解法を紹介する．第8章は連立1階線形微分方程式で，定数係数の線形系を線形代数で習う正方行列の対角化およびジョルダン標準形を利用して解く．さらに付録として，第 A 章でラプラス変換を用いて微分方程式を解く．これは記号解法の別法であるが，一般解を経ないで初期値問題が解ける特徴がある．一つの方法にこだわると結果的に無駄な計算をすることもあるので，方法をいくつか習得し，効率的な方法を選べるようになれるとよい．第 B 章は非線形の微分方程式を取り上げる．これは求積法では解けないが「等式」よりは「不等式」を活用して解の収束性などを導く．また，多くの図をあげて，具体的な関数で表せない解の安定性など性質や，解を表す曲線の幾何的特徴を視覚的に理解させることを意図している．第 C 章は，おもにジョルダン標準形や行列指数関数についての解説で第 8 章の補足が中心である．

微分方程式に限らず数学の理解のために例題，練習問題は重要である．例題の解答では，公式を使うよりも，解が得られるまでの途中経過をていねいに解説した．求積法で解くための積分計算のほかに，第 7 章と第 A 章において重要な役割を担う有理式の部分分数分解，および線形系で必要な行列の対角化と，1 年次の線形代数で習わないジョルダン標準形の計算法も含んでいる．ジョルダン標準形に初めてふれる読者は多いが，証明を意識しなくても計算できるので，本書で計算に慣れてから発展的な線形代数の本で勉強するとよい．必要に応じて「理工系のための」数学シリーズの基礎数学・微分積分・線形代数の参照箇所をページ番号で明記している．

計算機による数値計算だけでなく，分数を含む数式を計算するコンピュータ代数システム (CAS) が発達してきており，微分方程式にも活用されている．本書の例題にも手計算で得られないような解答があるが，これらは CAS によるものである．CAS は計算の精度を上げ，手間を軽減するだけでなく，計算できる対象の範囲を拡げられることに意義がある．本書をみて CAS を使う動機づけがなされることも期待している．

本書の出版には培風館の斉藤 淳氏と岩田誠司氏には大変お世話になった．両氏に対して感謝の意を表したい．

2020 年 7 月

著者らしるす

目　次

ギリシア文字表

大文字	小文字	英語名	発 音	
A	α	alpha	[ǽlfə]	アルファ
B	β	beta	[bí:tə]	ベータ
Γ	γ	gamma	[gǽmə]	ガンマ
Δ	δ	delta	[délta]	デルタ
E	ε, ϵ	epsilon	[ipsáilən, épsilən]	イ (エ) プシロン
Z	ζ	zeta	[zé:tə]	ツェータ
H	η	eta	[í:ta]	イータ
Θ	θ, ϑ	theta	[θí:tə]	シータ
I	ι	iota	[aióutə]	イオタ
K	κ	kappa	[kǽpə]	カッパ
Λ	λ	lambda	[lǽmdə]	ラムダ
M	μ	mu	[mju:]	ミュー
N	ν	nu	[nju:]	ニュー
Ξ	ξ	xi	[ksi:, (g)zai]	グザイ
O	o	omicron	[o(u)máikrən]	オミクロン
Π	π, ϖ	pi	[pai]	パイ
P	ρ, ϱ	rho	[rou]	ロー
Σ	σ, ς	sigma	[sigmə]	シグマ
T	τ	tau	[tau, tɔ:]	タウ
Υ	υ	upsilon	[ju:psáilən, jú:psilən]	ウプシロン
Φ	ϕ, φ	phi	[fai]	ファイ
X	χ	chi	[kai]	カイ
Ψ	ϕ, ψ	psi	[(p)sai]	プサイ
Ω	ω	omega	[óumigə, ɔ́migə]	オメガ

1
微分方程式の一般論と応用例

1.1　微分方程式とは

適当な回数微分可能な変数 x の未知関数 $y = f(x)$ とその導関数 $y', y'', y''', \cdots$ および x がみたす関係式，例えば

$$y'' + y' - 2y = 10\sin x, \tag{1.1}$$

$$y''' - (y')^2 + 3y = 0$$

などを**微分方程式**という．略して方程式というときもある．最も一般的な 1 変数の微分方程式は次のとおりである．

> **定義 1.1 (常微分方程式)**　$F(x, x_0, x_1, x_2, \cdots, x_n)$ を $n+2$ 変数関数とする．このとき，x と $y, y', \cdots, y^{(n)}$ を含む方程式
>
> $$F(x, y, y', y'', \cdots, y^{(n)}) = 0 \tag{1.2}$$
>
> を**常微分方程式**という．

また，z が x, y の 2 変数関数のとき x や y に関する偏微分を考え，$z, \dfrac{\partial z}{\partial x}, \dfrac{\partial z}{\partial y}$ や $\dfrac{\partial^2 z}{\partial x^2}, \dfrac{\partial^2 z}{\partial y^2}$ などに関する方程式，例えば

$$\left(\frac{\partial^2}{\partial x^2} + \frac{\partial^2}{\partial y^2}\right) z = \log(x^2 + y^2)$$

などを**偏微分方程式**という．先の常微分方程式の “常” は “偏” に対応する用語で，y が 1 変数関数であることを示している．本書ではほとんどの場合，常微分方程式を扱うので “常”の文字を省略することが多い．また，x の未知関数が y のみでなく $y_1, y_2, \cdots, y_m$ の m 個の**連立 (常) 微分方程式**もある．例えば

$$\begin{cases} {y_1}' + y_2 = \sin x, \\ y_1 + {y_2}' = \cos x \end{cases} \qquad \begin{cases} -{y_1}'' + {y_2}' + y_3 = \sin x, \\ y_1 - {y_2}'' + {y_3}' = \cos x, \\ {y_1}' + y_2 - {y_3}'' = \log x \end{cases}$$

などである．

微分方程式 (1.2) に含まれる最も高階な導関数が $y^{(n)}$ のとき，微分方程式 (1.2) の**階数**は n であるという．つまり $y^{(n)}$ を含むが $y^{(n+1)}$ 以上の階数の導関数を含まないとき (1.2) を $\boldsymbol{n}$ **階微分方程式**という．

本書の主な目的は，(1.2) をみたす x の関数 y を，x の具体的な関数 $f(x)$ で表すことである．

定義 1.2 (解の定義) 微分方程式 (1.2) をみたす関数 y を (1.2) の**解**といい，解を具体的な関数で表すことを微分方程式 (1.2) を**解く**という．

例えば A, B を定数とすると，関数

$$y = Ae^x + Be^{-2x} - 3\sin x - \cos x$$

は (1.1) の解である．また，A, B を実数で動かすと (1.1) のすべての解が求まる．

当然のことだが，解を求めるには解が存在する必要がある．そのためには関数 F には各種の条件が付く．解が存在するための条件を求めることはそれだけで十分に数学の研究に値することで，いろいろな興味深い結果が得られている．しかし，ここでは微分方程式の，特に基本的なもの (だが重要なもの) だけを扱うので，解の存在に関する条件はあまり深くは考えないことにする．

例 1.1 $y' = x^2 + \sin x$

［解］ 両辺を不定積分すれば，この微分方程式が解け，$y = \dfrac{x^3}{3} - \cos x + C$ が解である．ここで C は定数である．□

以下，$A, B, C, D, E, C_1, C_2, \cdots$ 等は特に断らない限り定数を表す．

例 1.2 $y' = e^{-x^2}$

［解］ 例 1.1 と同様に，右辺の不定積分 $y = \displaystyle\int e^{-x^2}dx + C$ が解であるが，こ

の積分はこれ以上“計算”できない．正確にいうと初等関数で表せない．しかし，これが解で，微分方程式 $y' = e^{-x^2}$ は解けたのである． □

一般に，微分方程式 (1.2) を解くということは，(1.2) をみたす y (と x の関係式) を求めることで，積分表示のままで y が初等関数で表されなくても，あるいは次の章で例示するが，$y = (x$ の式$)$ の形ではなく陰関数で表されていても解である．

1.2 応用例

実際の現象を微分方程式でモデル化して解を求めることにより，現象が予測できる．物理学の力学と社会科学の人口に関する微分方程式を紹介する．

(1) 物体の質量を m として，運動が固定された直線上のみとすれば，時刻 t [1)]における物体の位置を表す座標を $x(t)$ で表すと，速度は導関数 $x'(t)$，加速度は 2 階導関数 $x''(t)$ となる．物体にかかる力を f とすると，**ニュートン** (Newton) **の運動方程式** $mx''(t) = f$ が成り立つ．m は定数で，物体に与える力 f は変数 t のあらかじめわかっている関数でよいが，f が未知である $x(t)$ や $x'(t)$ にも依存する $mx''(t) = f(t, x(t), x'(t))$ の形もあり，これは $n = 2$ とした微分方程式 (1.2) の例である．運動方程式に 2 階導関数を含んでいるので，力学に関する微分方程式は 2 階が多い．

f の具体例の一つとして，空気抵抗がある．減速させるので力の向きは速度と逆で，大きさが速さに比例するとすれば[2)]，c を正の定数として $f = -cx'(t)$ となり，次の微分方程式を得る．

例 1.3　$mx''(t) = -cx'(t)$

[解]　与えられた微分方程式には $x(t)$ がないので，$x'(t)$ を解とする微分方程式でもある．$v(t) = x'(t)$ とおくと，微分方程式は

1)　数学では変数の文字を x とすることが多いが，時刻を変数とするとき，time の頭文字の t にすることは，物理学だけでなく数学でもよくある．

2)　空気抵抗と速度の比例関係は実験データから推測したものなので，微分方程式を解いたとしても，実際のデータとのずれは避けられない．もし，許容範囲を超えていれば，流体力学で微分方程式を設定し直すが，解くのが非常に難しくなる．

$$mv'(t) = -cv(t) \tag{1.3}$$

になり，1 階である．A を定数とした

$$v(t) = Ae^{-ct/m}$$

を (1.3) に代入すると等式をみたすので，(1.3) の解である．A は任意であるから，解は 1 つではない．微分方程式に他の付加条件として，特定の時刻における $v(t)$ の値を指定することがある．例えば $t = 0$ のとき $v(0) = v_0$ とすれば，(1.3) の解は $v(t) = v_0 e^{-ct/m}$ になる．もとの解 $x(t)$ は $v(t)$ の不定積分で，$x(0)$ の値を指定すれば任意定数 A が定まる．□

f のもう 1 つの具体例として，ばねの張力がある．天井に固定したばねにおもり (質点) をつるし，運動は鉛直方向のみで，物体の位置を表す座標 $x(t)$ については，ばねの力と重力がつり合って物体が静止してる状態を 0 とする．$x(t) \neq 0$ のとき，ばねの力により静止状態の位置に戻すのでばねの力は $x(t)$ と符号が逆で，大きさは物体の静止状態からの距離に比例すれば，物体に作用する力は正の定数 k を用いて $-kx(t)$ で表される[1]．さらに，$g(t)$ は外力を表すとすると，空気抵抗を考慮すれば $f = -kx(t) - cx'(t) + g(t)$ となり，次を得る．

例 1.4　$mx''(t) = -kx(t) - cx'(t) + g(t)$

［解］ 最も簡単な設定は，空気抵抗 c と外力 g を考慮しない

$$mx''(t) = -kx(t) \tag{1.4}$$

であり，A, B を定数として $x(t) = A\sin\sqrt{\frac{k}{m}}\,t + B\cos\sqrt{\frac{k}{m}}\,t$ を (1.4) に代入すれば等式をみたすので，解である．A, B は任意であるが，微分方程式が 2 階であれば任意定数は 2 個ある．$t = 0$ のときの $x(0)$ と $x'(0)$ の値を指定すれば，解は 1 つになる．実際，ばね振動は空気抵抗で減衰するが，運動開始直後は (1.4) の解にほぼ合っている．空気抵抗を考慮すれば $c > 0$ になるが，解は指数関数と三角関数の積である．

$g(t) \neq 0$ の場合は積分で解が求まり，$c = 0$ のとき

---

1) k の値はばねの形状や材質できまるが，ばねを伸ばしすぎるともとに戻らないので，$x(t)$ は 0 から離れすぎない条件が付く．

$$x(t) = \frac{1}{\sqrt{km}} \left(\sin\sqrt{\frac{k}{m}}\,t \int g(t)\cos\sqrt{\frac{k}{m}}\,t\,dt - \cos\sqrt{\frac{k}{m}}\,t \int g(t)\sin\sqrt{\frac{k}{m}}\,t\,dt \right) \tag{1.5}$$

は微分方程式 $mx''(t) = -kx(t) + g(t)$ の解である．□

●**問 1.1**　(1.5) が $c = 0$ とした例 1.4 の解になっていることを確かめよ．

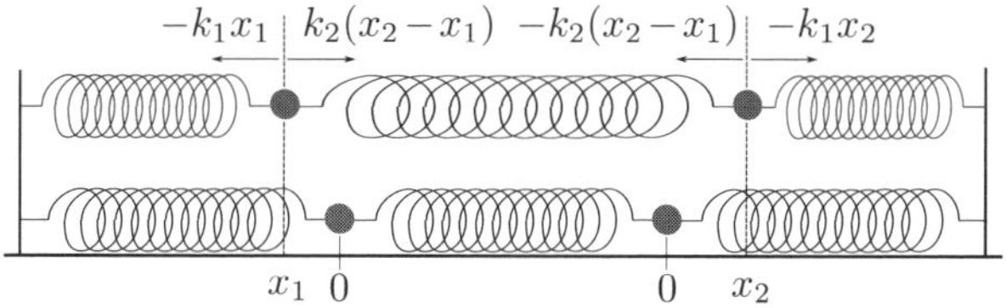

さらに，上図のように質量 m のおもり (質点) 2 つが 3 つのばねに挟まれており，ばね定数は両端の 2 つが k_1，真ん中が k_2 とする．2 つのおもりの位置のつり合いの位置からのずれを x_1, x_2 とする．このとき 3 つのばねの伸びは，それぞれ $x_1, x_2 - x_1, x_2$ となる．ゆえに 2 つのおもりの運動方程式は，次の例のようになる．

例 1.5
$$\begin{cases} mx_1''(t) = -(k_1 + k_2)\,x_1(t) + k_2x_2(t), \\ mx_2''(t) = k_2x_1 - (k_1 + k_2)\,x_2(t) \end{cases}$$

［解］ 2 つのおもりは互いに干渉し合う関係になっているので，x_1, x_2 をそれぞれの微分方程式で解くことはできないが，線形代数で習った行列の対角化により，解くことのできる連立微分方程式に変換できる．このままでは解に現れる数値が複雑なので，例えば，$k_1 = 6k,\ k_2 = 4k$ のときを解くと

$$\begin{cases} mx_1''(t) = -10kx_1(t) + 6kx_2(t), \\ mx_2''(t) = 6kx_1(t) - 10kx_2(t) \end{cases}$$

となる．第 8 章で変換方法を詳しく解説するが，解は

$$\begin{cases} y_1(t) = A_1 \sin 2\sqrt{k/m}\,t + B_1 \cos 2\sqrt{k/m}\,t, \\ y_2(t) = A_2 \sin 4\sqrt{k/m}\,t + B_2 \cos 4\sqrt{k/m}\,t \end{cases}$$

として，$x_1(t) = y_1(t) + y_2(t),\ x_2(t) = y_1(t) - y_2(t)$ は解である．□

●**問 1.2**　この $x_1(t), x_2(t)$ が例 1.5 の解になっていることを確かめよ．

(2) x を時刻，y を人口，$\Delta x, \Delta y$ をそれぞれ時刻と人口の増加量とすれば人口増加率は $\dfrac{\Delta y}{y}$ で表せるが，それを単位時間当たりにすると $\dfrac{\Delta y/y}{\Delta x} = \dfrac{1}{y}\dfrac{\Delta y}{\Delta x}$ となる．人口は自然数で表され，時刻も最短でも日単位なので離散的な問題[1)]と思われるが，人口のスケールが万単位で 10〜100 年のスパンで人口の変化をみるとすれば，Δx を最短の 1 日として，1 日当たりの人口の変化量 Δy は全人口と比べて非常に小さいので，$\dfrac{\Delta y}{\Delta x}$ は $\Delta x \to 0$ のときの極限である $\dfrac{dy}{dx}$ に置き換え，微分方程式の問題にして解く．人口が増えると人口増加率が下がりそうで，単調減少な関数を $h(y)$ を用いて y は

$$\frac{1}{y}\frac{dy}{dx} = h(y)$$

をみたすといってよい．特に $h(y)$ が a, k を正の定数とした 1 次関数 $k - ay$ である以下の例は**ロジスティック方程式**とよばれ，人口だけでなく生物の個体数のモデル化としても登場する．

例 1.6 $\dfrac{1}{y}\dfrac{dy}{dx} = k - ay$

［解］ C を任意定数として，

$$y = \frac{k}{a + Ce^{-kx}} \tag{1.6}$$

は解である．また，$x = 0$ のとき $y = y_0$ とすれば

$$y = \frac{ky_0}{ay_0 + (k - ay_0)e^{-kx}}$$

になる．この解によると $y_0 < k/a$ のとき単調増加，$y_0 > k/a$ のとき単調減少となり，$x \to \infty$ のとき y は k/a に収束する．□

●**問 1.3** (1.6) が例 1.6 の解になっていることを確かめよ．

微分方程式の応用例は他に数えきれないほどあるが，微分方程式の設定は各専門分野の問題で，解を求める方法や解の性質 (例えば微分可能性) を微分方程式から導き出すことなどが数学の問題となる。実際のデータと解との整合性は，数学でなく微分方程式を設定した専門分野が検証することである．

---

1) 差分方程式である．

2
変数分離形とその変形

1 階の微分方程式からはじめる．1.1 節の例のように，そのまま積分すれば解が求まる方程式はほとんどなく，もし解けるとしても何らかの式変形をしてから積分しないと解が求まらない．そのなかで変数分離形といわれる形であれば，解を求める積分への式変形が容易で，変形後，そのまま不定積分できれば解そのもの，あるいは解がみたす関係式が求まる．また，適当に変数変換すれば変数分離形になる同次形がある．本章では，この 2 つの形の微分方程式の解き方について例をあげながら解説し，また，付加条件である初期条件をみたす解も求める．

2.1 変数分離形

2.1.1 変数分離形の解法

微分方程式のなかで最も簡単で基本的なものは，以下の形の**変数分離形**とよばれる微分方程式である．

定義 2.1 (変数分離形)

$$y' = \frac{dy}{dx} = f(x)g(y) \tag{2.1}$$

の形の微分方程式を**変数分離形**という．

次の定理を用いて，変数分離形の方程式を解く．両辺別々に積分を計算すればよい．

定理 2.1 $g(y) \neq 0$ となる $y' = f(x)g(y)$ に対して

$$\int \frac{dy}{g(y)} = \int f(x)\,dx + C \quad (C \text{ は任意定数}). \tag{2.2}$$

［証明］ (2.1) の両辺を $g(y)$ で割ると

$$\frac{1}{g(y)}\frac{dy}{dx} = f(x) \tag{2.3}$$

になる．変数 y の関数として

$$G(y) = \int \frac{dy}{g(y)}$$

とおく．y を変数 x の関数とみなして $G(y)$ を x で微分すれば，合成関数の微分より $\dfrac{dG(y)}{dx} = \dfrac{dG(y)}{dy}\dfrac{dy}{dx}$，つまり

$$\frac{dG(y)}{dx} = \frac{1}{g(y)}\frac{dy}{dx}$$

により，(2.3) は $\dfrac{dG(y)}{dx} = f(x)$ となる．この式の両辺を x で積分すれば

$$G(y) = \int f(x)\,dx + C,$$

すなわち (2.2) が得られた．□

なお $g(y) = 0$ の場合，y は定数関数になり，そのような y を微分方程式に代入して成り立つかどうかを調べればよい．

(2.1) を解くには，$g(y) \neq 0$ のとき，形式的に

$$\frac{dy}{g(y)} = f(x)\,dx$$

と変形して両辺に $\displaystyle\int$ を付ければ (2.2) となり，両辺の積分を計算すれば x と y の関係式が得られる．この変形は dx, dy を数や関数のように取り扱っているのですっきりしないと感じるかもしれないが，形式的には理解しやすく，定理 2.1 より正当性が裏づけられている．また，任意定数 C は積分定数であるので，本来は不定積分 $\displaystyle\int f(x)\,dx$ に含まれており書かなくてもよいが，あとで解説する定数変化法には，この表現のほうが便利なので書くことにする．

例 1.3 にある (1.3) と例 1.6 のロジスティック方程式は，(2.1) において $f(x) = 1$ とした変数分離形である．

例 2.1 $mv'(t) = -cv(t)$

［解］ $m\dfrac{dv}{dt}=-cv$ を変形すれば

$$m\frac{dv}{v}=-c\,dt \quad \text{より} \quad m\int\frac{dv}{v}=-c\int dt+A$$

になる．両辺の積分を計算すれば

$$m\log|v|=-ct+A$$

となり

$$|v|=e^{-ct/m+A/m}, \quad \text{つまり} \quad v=C_1e^{-ct/m}$$

が解である (ただし $C_1=\pm e^{A/m}$ である)．□

例 2.2　$\dfrac{1}{y}\dfrac{dy}{dx}=k-ay$

［解］ 両辺を $k-ay$ で割り，変形すれば $\dfrac{dy}{y(k-ay)}=dx$ になるが

$$\begin{aligned}\int\frac{dy}{y(k-ay)}&=\frac{1}{k}\int\left(\frac{1}{y}+\frac{a}{k-ay}\right)dy+C\\&=\frac{1}{k}\left(\log|y|-\log|k-ay|\right)+C=\frac{1}{k}\log\left|\frac{y}{k-ay}\right|+C\end{aligned}$$

より

$$\frac{1}{k}\log\left|\frac{y}{k-ay}\right|=x-C, \quad \text{つまり} \quad \frac{y}{k-ay}=\pm e^{k(x-C)}$$

が得られるので，y の式に変形した

$$y=\frac{k}{a+C_1e^{-kx}}$$

が解である (ただし $C_1=\pm e^{kC}$ である)．□

例 2.3　$y'=x(y+1)$

［解］ $y+1\neq 0$ のとき，変形して $\dfrac{dy}{y+1}=x\,dx$．ゆえに，両辺を積分して

$$\int\frac{dy}{y+1}=\int x\,dx+C \quad \text{より} \quad \log|y+1|=\frac{x^2}{2}+C.$$

これで解が求まったのであるが，log を外すと

$$y+1=\pm\exp\left(\frac{x^2}{2}+C\right)=\pm\exp C\cdot\exp\left(\frac{x^2}{2}\right).$$

よって

$$y=C_1\exp\left(\frac{x^2}{2}\right)-1$$

となる (ただし $C_1=\pm\exp C$ である).

また，$y=-1$ も解ということも代入すればすぐわかる．これは ($C_1=\pm\exp C$ で $C\to-\infty$ とした) 特異解 (p.35 で述べる) である．□

例 2.4 $(1+x^2)yy'+(1+y^2)x=0$

［解］ 変形して $\dfrac{y}{1+y^2}\,dy=-\dfrac{x}{1+x^2}\,dx$ となる．両辺を積分して

$\displaystyle\int\frac{y}{1+y^2}\,dy=-\int\frac{x}{1+x^2}\,dx+C$ より $\log(1+y^2)=-\log(1+x^2)+C$.

したがって，$\log(1+y^2)(1+x^2)=C$ となり，log を外した

$$(1+y^2)(1+x^2)=C_1\quad(C_1=e^C)$$

が解である．なお，y について解くと $y=\pm\sqrt{\dfrac{C_1}{1+x^2}-1}$ となるが，ここまで変形しなくてもよい．□

例 2.5 $x(1+3y^2)y'-(y+y^3)=0$

［解］ この微分方程式は $y'=\dfrac{1}{x}\cdot\dfrac{y+y^3}{1+3y^2}$ となるので変数分離形である．変形して $\dfrac{1+3y^2}{y+y^3}\,dy=\dfrac{1}{x}\,dx$ になり，両辺を積分して

$$\int\frac{1+3y^2}{y+y^3}\,dy=\int\frac{1}{x}\,dx+C\quad\text{より}\quad\log|y+y^3|=\log|x|+C$$

となる．したがって，$\dfrac{y+y^3}{x}=\pm\exp C$ である．$\pm\exp C=C_1$ とおくと

$$y+y^3=C_1x$$

と書ける．これ以上の変形，つまり $y=$ (x の式) と表す必要はない．(3 次方程式の解の公式が必要になる.) □

例 2.6 $y' = \exp(x^2)\sqrt{1+y^4}$

［解］ 同様にして，$\dfrac{dy}{\sqrt{1+y^4}} = \exp(x^2)\,dx$ と変形し，両辺を積分すれば

$$\int \frac{dy}{\sqrt{1+y^4}} = \int \exp(x^2)\,dx + C.$$

この式はこれ以上“簡単”にはできない．これが解である．(両辺の不定積分は初等関数にならないことが知られている．) □

以上の例のように (これからの例も) 微分方程式を解くためには，式の変形，変数変換，微分，不定積分を何回か繰り返して行うことがほとんどである．このようにして解を求める方法を**求積法**という．

例 2.7 $xy' = (y^2 - 1)$

［解］ $\dfrac{dy}{y^2-1} = \dfrac{dx}{x}$ と変形して，$\dfrac{1}{y^2-1} = \dfrac{1}{2}\left(\dfrac{1}{y-1} - \dfrac{1}{y+1}\right)$ となることに注意すれば，上式より

$$\int \frac{1}{2}\left(\frac{1}{y-1} - \frac{1}{y+1}\right) dy = \int \frac{dx}{x} + C$$

が得られる．積分を実行して

$$\log|y-1| - \log|y+1| = 2\log|x| + 2C.$$

したがって $\dfrac{y-1}{y+1} = \pm 2e^C x^2$ となり，これより

$$y = \frac{1 + C_1 x^2}{1 - C_1 x^2} \tag{2.4}$$

(ただし $C_1 = \pm 2e^C$) が得られる[1)]．□

●問 2.1 次の微分方程式を解け．

(1) $y' = (x+1)y$ (2) $x(y-1) = y'$ (3) $xy' = 3y$ (4) $y' = y(1-y)$

---

1) 定数関数 $y = -1$ および $y = 1$ も解であり，(2.4) においては $C_1 = 0$ とすれば $y = 1$ である．$x \neq 0$ のとき $C_1 \to \infty$ とすれば，$y = -1$ は (2.4) の極限である．

2.1.2 一般解・特殊解・初期条件

次に，例 2.3 の解 $y = C\exp\left(\dfrac{x^2}{2}\right) - 1$ (C は任意定数) で $x = 0$ のとき $y = 2$ となるものを考える．$x = 0$ のとき $y = 2$ となるから $2 = C\exp 0 - 1$，すなわち $C = 3$ となる．つまり，例 2.3 の解は一般に

$$y = 3\exp\left(\frac{x^2}{2}\right) - 1$$

である．

このように，任意定数 C を含んだ解を**一般解**，その任意定数に特別な値を与えて得られる解を**特殊解**という．さらに任意定数の値を定める条件，つまり "$x = 0$ のとき $y = 2$ となる" という条件を**初期条件** (または**初期値**) という．一般に，微分方程式の解は任意定数をいくつか含む．n 階微分方程式を解くと n 個の任意定数が解のなかに現れる．この任意定数を具体的な値に定める条件が初期条件というわけである．

例 2.3 は 1 階の微分方程式，すなわち，y の導関数は 1 階のみしか現れないので初期条件は「$x = a$ のとき $y = b$」となるが，y の 2 階微分方程式の初期条件は「$x = a$ のとき $y = b_0$, $y' = b_1$」となる．さらに，n 階微分方程式の初期条件は

$$x = a \text{ のとき } \quad y = b_0,\ y' = b_1,\ \cdots,\ y^{(n-1)} = b_{n-1}$$

になる．

以下，変数分離形の微分方程式を初期条件のもとで解く例をいくつかをあげる．また，初期条件 $x = a$ のとき $y = b$ であることを簡単に $y(a) = b$ と表すことにする．

例 2.8 $y' = y^2 \quad (y(0) = 1)$

［解］ $\dfrac{dy}{y^2} = dx$ と変形し，両辺を積分して $-\dfrac{1}{y} = x + C$．したがって

$$y = -\frac{1}{x + C}$$

は一般解である．初期条件より $1 = -\dfrac{1}{C}$．よって $C = -1$ となり，この初期条件をみたす特殊解は

$$y = -\frac{1}{x-1}$$

である．□

例 2.9 $y' = 3x^2(1+y^2)\ \ (y(0)=1)$

［解］ $\dfrac{dy}{1+y^2} = 3x^2\,dx$ と変形し，両辺を積分して，一般解は

$$\arctan y = x^3 + C$$

となる．初期条件より $\arctan 1 = C$．よって $C = \dfrac{\pi}{4}$ となり，この初期条件をみたす特殊解は

$$\arctan y = x^3 + \frac{\pi}{4}$$

である．また，さらに変形して

$$y = \tan\left(x^3 + \frac{\pi}{4}\right)$$

となる．tan の加法定理を用いれば $y = \dfrac{1+\tan(x^3)}{1-\tan(x^3)}$ になる．□

例 2.10 $x(1+3y^2)y' - (y+y^3) = 0\ \ (y(2)=1)$

［解］ この微分方程式の一般解は，例 2.5 より $y + y^3 = C_1 x$ となる．初期条件を代入して $1 + 1^3 = 2C_1$，すなわち $C_1 = 1$ となるので，特殊解は

$$y + y^3 = x$$

となる．□

この例のように，y が x の式で陽に表せなくても初期条件から任意定数が求まることが多い．

例 2.11 $xy' = y(y+1)\ \ (y(1)=1)$

［解］ $\dfrac{dy}{y(y+1)} = \dfrac{dx}{x}$ と変形する．左辺が $\dfrac{1}{y(y+1)} = \dfrac{1}{y} - \dfrac{1}{y+1}$ となることに注意して，両辺を積分すると一般解は

$$\log|y| - \log|y+1| = \log|x| + C$$

となる．初期条件を代入して $0-\log 2=0+C$，つまり $C=-\log 2$ である．したがって $\dfrac{y}{y+1}=\dfrac{x}{2}$ となり，

$$y=\frac{x}{2-x}$$

が求める特殊解である．□

●**問 2.2** 次の微分方程式を与えられた初期条件のもとで解け．

(1) $y^2y'-x=1 \quad (y(0)=1)$　　(2) $y'=-\dfrac{x}{y} \quad (y(1)=1)$

(3) $y'=\dfrac{3xy}{1+x^2} \quad (y(0)=1)$　　(4) $y'=x^2\sqrt{4-x^2} \quad (y(0)=1)$

2.2 同 次 形

変数変換で容易に変数分離形に帰着される微分方程式に同次形とよばれるものがある．これは次の形をしている微分方程式である．

定義 2.2 (同次形)

$$\frac{dy}{dx}=f\left(\frac{y}{x}\right) \tag{2.5}$$

の形の微分方程式を**同次形**という．

まず，具体的な例を解いてみよう．ここでは $u=\dfrac{y}{x}$ とおき，u の微分方程式に変換している．

例 2.12 $x^2y'=y^2+2xy$

［解］ $y'=\dfrac{y^2+2xy}{x^2}$ なので

$$y'=\left(\frac{y}{x}\right)^2+2\left(\frac{y}{x}\right) \tag{2.6}$$

となる．このとき $f(Z)=Z^2+2Z$ とすると右辺は $f\left(\dfrac{y}{x}\right)$ であるので，(2.6) は (2.5) の形をしている．つまり，同次形の微分方程式である．

さらに $\dfrac{y}{x}=u$ とおくと $y=ux$ であり，u は x の関数なので積の関数の微分により x で微分すると

$$y'=(ux)'=u'x+ux'=u'x+u$$

となる．これを (2.6) に代入すると $u'x+u=u^2+2u$，すなわち

$$u' = \frac{1}{x}u(1+u)$$

となるので，これは変数分離形の例 2.11 であり，一般解は $\dfrac{u}{u+1}=C_1x$，つまり

$$u = \frac{C_1x}{1-C_1x}$$

(ただし $C_1=\pm e^C$ である) となる．よって，$y=ux$ であるので，求める解は

$$y = \frac{C_1x^2}{1-C_1x}$$

である．□

一般に，同次形 (2.5) に対して次の定理が成り立つので，同次形を変数分離形に変換して解くことができる．

定理 2.2 $y'=f\left(\dfrac{y}{x}\right)$ に対して $u=\dfrac{y}{x}$ とすれば

$$\int \frac{du}{f(u)-u} = \log|x| + C. \tag{2.7}$$

ただし $f(u)\neq u$ とする．

[証明]

$$y' = u'x + u \tag{2.8}$$

なので，これを (2.5) へ代入して $u'x+u=f(u)$ が得られる．すなわち

$$u' = \frac{f(u)-u}{x}$$

となり，変数分離形になる．$\dfrac{du}{f(u)-u}=\dfrac{dx}{x}$ に変形し，右辺の積分は

$$\int \frac{dx}{x} = \log|x| + C$$

になるので (2.7) を得る．□

(2.7) より，$\dfrac{1}{f(u)-u}$ の不定積分が計算できれば，同次形の解を具体的な関数で表すことができる．

例 2.13 $2xyy'=x^2-y^2 \quad (y(1)=1)$

［解］ $y' = \dfrac{x^2 - y^2}{2xy}$ より $y' = \dfrac{1 - \left(\dfrac{y}{x}\right)^2}{2\left(\dfrac{y}{x}\right)}$ となる．$y = ux$ とおけば，(2.8) を用いて変形すると

$$u'x + u = \frac{1 - u^2}{2u}$$

が得られる．変形して $\dfrac{2u}{1 - 3u^2}\,du = \dfrac{dx}{x}$ となり，両辺を積分して

$$-\frac{1}{3}\log|1 - 3u^2| = \log|x| + C_1$$

となる．したがって $3C_1 = -\log|(1 - 3u^2)x^3|$ となり，u を $\dfrac{y}{x}$ にもどして

$$\left(1 - 3\left(\frac{y}{x}\right)^2\right)x^3 = \pm\exp(-3C_1)$$

となる．右辺の定数 $\pm\exp(-3C_1)$ を C_2 とおくと

$$(x^2 - 3y^2)x = C_2$$

となり，これが一般解である．初期条件を代入すると $(1^2 - 3 \times 1^2) \times 1 = C_2$ となるので $C_2 = -2$ が得られ，特殊解は

$$(3y^2 - x^2)x = 2$$

となる．□

例 2.14 $y' = \dfrac{y - x}{y + x}$

［解］ この微分方程式は $y' = \dfrac{\dfrac{y}{x} - 1}{\dfrac{y}{x} + 1}$ となるので同次形である．$y = ux$ とおくと，(2.8) を用いて $u'x + u = \dfrac{u - 1}{u + 1}$．ゆえに

$$u' = -\frac{1}{x}\frac{u^2 + 1}{u + 1}$$

となる．したがって $\dfrac{u + 1}{u^2 + 1}\,du = -\dfrac{dx}{x}$ が得られる．両辺を積分して

$$\frac{1}{2}\log(u^2 + 1) + \arctan u = -\log|x| + C_1.$$

$u = \dfrac{y}{x}$ なので，$C = 2C_1$ とすればこの微分方程式の一般解は

$$\log(x^2 + y^2) + 2\arctan\frac{y}{x} = C$$

となる．□

例 2.15 $xy' = 2y - x$

［解］ これも $y' = \dfrac{2y}{x} - 1$ と変形されるので同次形である．$y = ux$ とおけば，(2.8) より $u'x + u = 2u - 1$．ゆえに

$$u' = \frac{u-1}{x}$$

となる．$\dfrac{du}{u-1} = \dfrac{dx}{x}$ と変形して，両辺を積分すれば

$$\log|u - 1| = \log|x| + C$$

が得られる．$u = \dfrac{y}{x}$ を代入して，一般解は

$$\log\left|\frac{y-x}{x^2}\right| = C, \quad \text{すなわち} \quad y = x + C_1x^2 \ (C_1 = \pm e^C)$$

となる．□

●**問 2.3** 次の微分方程式を解け．

(1) $xy' = x + 2y$ (2) $y' = \dfrac{3y + 8x}{2y - 3x}$

(3) $x^2y' = 4x^2 + xy + y^2$ (4) $xy' = y + x\tan\dfrac{y}{x}$

次に，微分方程式

$$y' = f\left(\frac{a_1x + b_1y + c_1}{a_2x + b_2y + c_2}\right) \tag{2.9}$$

を考える．ここで a_i, b_i, c_i $(i = 1, 2)$ は定数である．

$c_1 = c_2 = 0$ のときは，$y' = f\left(\dfrac{a_1 + b_1\dfrac{y}{x}}{a_2 + b_2\dfrac{y}{x}}\right)$ となるので同次形であり，これ以外は同次形ではないが，以下のように変形すれば同次形，または変数分離形となる．

i) $a_1b_2 - a_2b_1 \neq 0$ のときは，連立１次方程式

$$\begin{cases} a_1x + b_1y + c_1 = 0, \\ a_2x + b_2y + c_2 = 0 \end{cases}$$

の解を $x = x_0, y = y_0$ とすると，これは条件 $a_1b_2 - a_2b_1 \neq 0$ によりただ１つに定まる．$u = x - x_0, v = y - y_0$ とおくと

$$\frac{dy}{dx} = \frac{dv}{du}, \quad a_1x + b_1y + c_1 = a_1u + b_1v, \quad a_2x + b_2y + c_2 = a_2u + b_2v$$

となる．よって (2.9) は

$$\frac{dv}{du} = f\left(\frac{a_1u + b_1v}{a_2u + b_2v}\right)$$

となり同次形の微分方程式に帰着される．(2.9) の解はこれを解いて

$$u = x - x_0, \quad v = y - y_0$$

を代入すればよい．

ii) $a_1b_2 - a_2b_1 = 0$ のときは，$a_1 = ka_2$，$b_1 = kb_2$ となる定数 k が存在するので

$$a_2x + b_2y = k(a_1x + b_1y)$$

となり，$u = a_1x + b_1y$ とすると

$$\frac{du}{dx} = a_1 + b_1\frac{dy}{dx}, \quad a_2x + b_2y = ku$$

なので，(2.9) より

$$\frac{du}{dx} = a_1 + b_1 f\left(\frac{u + c_1}{ku + c_2}\right)$$

が得られる．この微分方程式は変数分離形なので解ける．(2.9) の解はこれを解いて，$u = a_1x + b_1y$ を代入すればよい．

例 2.16　$y' = \dfrac{x + y - 3}{x - 4y + 2}$

［解］ $\begin{cases} x + y - 3 = 0 \\ x - 4y + 2 = 0 \end{cases}$ を解いて $x = 2$，$y = 1$ となるので

$$u = x - 2, \qquad v = y - 1$$

と変数変換すると

$$\frac{dv}{du} = \frac{u+v}{u-4v}$$

となる．この式の右辺は $\dfrac{1+\dfrac{v}{u}}{1-\dfrac{4v}{u}}$ となるので $z = \dfrac{v}{u}$ とおけば $v = zu$ なので $\dfrac{dv}{du} = \dfrac{dz}{du}u + z$ となる．したがって，変数分離形の微分方程式

$$\frac{dz}{du}u + z = \frac{1+z}{1-4z},$$

つまり $\dfrac{dz}{du} = \dfrac{1+4z^2}{(1-4z)u}$ が得られる．ゆえに

$$\frac{1-4z}{1+4z^2}\,dz = \frac{du}{u}$$

となり，両辺を積分して

$$\frac{1}{2}\arctan(2z) - \frac{1}{2}\log(1+4z^2) = \log|u| + C$$

が得られる．$z = \dfrac{v}{u}$ なので

$$\arctan\frac{2v}{u} - \log(u^2+4v^2) = C$$

となる．これに $u = x-2,\ v = y-1$ を代入すれば，一般解

$$\arctan\frac{2y-2}{x-2} - \log(x^2+4y^2-4x-8y+8) = C$$

が得られる．□

●**問 2.4**　次の微分方程式を解け．

(1)　$y' = \dfrac{3x+2y+4}{x+2}$　　　(2)　$y' = \dfrac{4x+3y-1}{x+2y+1}$

演習問題

問題 2.1 次の微分方程式を解け.

(1) $y' = \sin x \cos^2 y$ (2) $xy - y' = x^2 y'$ (3) $yy' = e^{x+y}$

(4) $y' = x\sqrt{1-y^2}$ (5) $y' = x \tan y$ (6) $y' = y \log y$

(7) $y'\sqrt{1-x^4} + xy^2 = 0$ (8) $xy' = \sin y$ (9) $e^x y' = x^2 e^y$

問題 2.2 次の微分方程式を解け.

(1) $y' = \dfrac{xy}{2x^2 + y^2}$ (2) $y' = \dfrac{6x + y}{2x + y}$

(3) $xyy' = y^2 + x^2 e^{y/x}$ (4) $xy^2 y' = x^3 + y^3$

(5) $2x^2 y' = 2x^2 + y^2$ (6) $(x + y)y' = -x$

(7) $xy' = y + x \cos \dfrac{y}{x}$ (8) $y' = \left(\dfrac{x - 4y - 1}{2x - 8y + 2}\right)^2$

(9) $y' = \dfrac{3x - 3}{2x + y + 1}$ (10) $y' = \dfrac{3x + 4y + 2}{x - 3y + 5}$

3

1 階線形微分方程式

本章では，1 階微分方程式のなかで，変数分離形でない形の線形微分方程式の解を積分で解く方法と，適当な変換で線形に帰着できる非線形の方程式について解説する．なお，線形微分方程式の解法には階数を上げても適用できる一般論があり，ある条件をみたせば具体的な関数で解が求まる．これは第 6 章と第 7 章で解説する．

3.1　斉次および非斉次 1 階線形微分方程式

本節は，以下の 1 階に限った微分方程式を解く．

定義 3.1 (1 階線形常微分方程式)　$p(x), q(x)$ を x の関数とするとき

$$y' + p(x)y = q(x) \tag{3.1}$$

の形の微分方程式を **1 階線形 (常) 微分方程式**という．特に $q(x)$ を**非斉《せい》次項**あるいは**非同次項**といい，$q(x) = 0$ のとき，(3.1) を**斉次 (形)** あるいは**同次 (形)**，そうでないとき**非斉次 (形)** あるいは**非同次 (形)** という．

すぐにわかるように，斉次[1]の 1 階線形微分方程式は変数分離形である．つまり $q(y) = 0$ のとき，(3.1) は

$$y' + p(x)y = 0 \tag{3.2}$$

より $\dfrac{dy}{y} = -p(x)\,dx$ となるので，解は $\log|y| = -\displaystyle\int p(x)\,dx + C$，すなわち

$$y = C_1 \exp\left(-\int p(x)\,dx\right) \quad (C_1 = \pm\exp C) \tag{3.3}$$

1)　同次形は第 2, 5 章でも別の意味で用いているので，本書では (非) 斉次 (形) ということにする．

となる.

3.1.1 非斉次1階線形微分方程式の解法

非斉次の1階線形微分方程式を解こう．以下で扱う**定数変化法**は，微分方程式の理論には欠かせない重要な方法である．

まず，$q(x) = 0$ ($q(x)$ が定数関数 0) のときを考える．この解はすでに述べたように (3.3) である．

次に，一般のとき ($q(x)$ が必ずしも定数関数 0 でないとき) の (3.1) の解を求めたい．この解は，$q(x) = 0$ とした方程式 (3.2) の解，すなわち，(3.3) に“近い”と考えられるので，(3.1) の解を

$$y = C(x)\exp\left(-\int p(x)\,dx\right) \tag{3.4}$$

とおく．つまり (3.3) で定数の C_1 を関数 $C(x)$ に置き換えたのである．もちろん，このようにして解が求まる保証はないが，試してみることにする．

一般論を続けるまえに例で考えてみる．

例 3.1 $y' + \dfrac{y}{x} = \log x$

[解] まず $y' + \dfrac{y}{x} = 0$ を解くと，定理 2.1 より $y = \dfrac{C}{x}$ (C は定数) となる．ゆえに，解を

$$y = \frac{C(x)}{x} \tag{3.5}$$

とおく ($C(x)$ は x の関数)．このとき，$y' = \dfrac{C'(x)}{x} - \dfrac{C(x)}{x^2}$ となるので

$$y' + \frac{1}{x}y = \frac{C'(x)}{x} - \frac{C(x)}{x^2} + \frac{1}{x}\frac{C(x)}{x} = \log x,$$

すなわち，$\dfrac{C'(x)}{x} = \log x$ となる．$C'(x) = x\log x$ を x で積分して

$$C(x) = \int\left(\frac{x^2}{2}\right)'\log x\,dx = \frac{x^2}{2}\log x - \int\frac{x}{2}\,dx = \frac{x^2}{2}\log x - \frac{x^2}{4} + C_1$$

となり，これを (3.5) へ代入すると，求める一般解は

$$y = \frac{1}{2}x\log x - \frac{1}{4}x + \frac{C_1}{x}$$

となる．□

この例では，(3.5) (一般論では (3.4)) とおくことで解けた．一般には，次のとおりである．

定理 3.1　非斉次 1 階線形微分方程式 $y' + p(x)y = q(x)$ に対して

$$y = \exp\left(-\int p(x)\,dx\right)\left[\int\left\{q(x)\exp\left(\int p(x)\,dx\right)\right\}dx + C\right] \tag{3.6}$$

(C は任意定数) は一般解である．

［証明］ (3.4) を微分すれば

$$y' = C'(x)\exp\left(-\int p(x)\,dx\right) + C(x)\exp\left(-\int p(x)\,dx\right)(-p(x))$$

なので，これを (3.1) に代入すると

$$\begin{aligned} C'(x)\exp\left(-\int p(x)\,dx\right) + C(x)\exp\left(-\int p(x)\,dx\right)(-p(x)) \\ + C(x)\exp\left(-\int p(x)\,dx\right)p(x) = q(x), \end{aligned}$$

すなわち，$C'(x)\exp\left(-\int p(x)\,dx\right) = q(x)$ となる．この式の両辺に $\exp\left(\int p(x)\,dx\right)$ を乗じると

$$C'(x) = q(x)\exp\left(\int p(x)\,dx\right)$$

となり，右辺の不定積分が $C(x)$ である．したがって

$$C(x) = \int\left\{q(x)\exp\left(\int p(x)\,dx\right)\right\}dx + C$$

が得られるので，これを (3.4) へ代入すれば一般解 (3.6) を得る．□

繰り返すが，このように斉次形の一般解で定数 C であった部分を関数 $C(x)$ に置き換えて微分方程式を解く方法を**定数変化法**という．

例 3.2　$y' + xy = x$

［解］ まず $y' + xy = 0$ を解く．この式を変形して $\dfrac{dy}{y} = -x\,dx$ となる．両辺を積分して $\log|y| = -\dfrac{x^2}{2} + C$ となるので，$y = C_1 \exp\left(-\dfrac{x^2}{2}\right)$ が得られる．

定数変化法により，もとの微分方程式の解を

$$y = C(x)\exp\left(-\frac{x^2}{2}\right) \tag{3.7}$$

とおく．このとき，$y' = C'(x)\exp\left(-\dfrac{x^2}{2}\right) - C(x)x\exp\left(-\dfrac{x^2}{2}\right)$ であるので，もとの方程式は

$$C'(x)\exp\left(-\frac{x^2}{2}\right) - C(x)x\exp\left(-\frac{x^2}{2}\right) + C(x)x\exp\left(-\frac{x^2}{2}\right) = x,$$

すなわち，$C'(x)\exp\left(-\dfrac{x^2}{2}\right) = x$ となる．この式の両辺に $\exp\left(\dfrac{x^2}{2}\right)$ を乗じ，両辺を積分すると

$$C(x) = \int x\exp\left(\frac{x^2}{2}\right)dx + C = \exp\left(\frac{x^2}{2}\right) + C$$

となる．この式を (3.7) へ代入して，一般解

$$y = 1 + C\exp\left(-\frac{x^2}{2}\right)$$

が得られる．□

例 3.3 $y' - \dfrac{y}{x} = x \quad (y(1) = 2)$

［解］ まず $y' - \dfrac{y}{x} = 0$ を解く．$\dfrac{dy}{y} = \dfrac{dx}{x}$ なので $\log|y| = \log|x| + C$，すなわち $y = \pm e^C x$ である．ゆえに，求める解を $y = C(x)x$ とおくと

$$y' = C'(x)x + C(x) \quad \text{であるので} \quad C'(x)x + C(x) - \frac{C(x)x}{x} = x,$$

つまり，$C'(x) = 1$ となる．ゆえに，$C(x) = x + C_1$ となり，一般解は

$$y = x^2 + C_1 x$$

である．

$x = 1$ のとき $y = 2$ であるので，$2 = 1 + C_1$ より $C_1 = 1$ となる．したがっ

て求める特殊解は

$$y = x^2 + x$$

である．□

> **例 3.4**　$y' - \dfrac{y}{x} = -\dfrac{1}{x}$

［解］例 3.3 と同様に $y' - \dfrac{y}{x} = 0$ を解くので，求める解を $y = C(x)x$ とおくと

$$C'(x)x + C(x) - \frac{C(x)x}{x} = -\frac{1}{x},$$

つまり $C'(x)x = -\dfrac{1}{x^2}$ となる．ゆえに，$C(x) = \dfrac{1}{x} + C_1$ となり，もとにもどして $y = \left(\dfrac{1}{x} + C_1\right)x$ が得られる．したがって，一般解は

$$y = 1 + C_1 x$$

(C_1 は任意定数) となる．□

●**問 3.1**　次の微分方程式を解け．

(1)　$y' + y = e^x$　　(2)　$xy' - y = x^2 \sin x$

(3)　$xy' - 2y = 2x^4 + x^2$　　(4)　$xy' + y = \cos x$

3.1.2　線 形 性

微分方程式 (3.1) を “線形” 微分方程式という理由は次のとおりである．(3.1) の右辺を 0 にした微分方程式 (3.2)，すなわち $y' + p(x)y = 0$ の解を考える．y_1, y_2 をこの微分方程式の解とすると

$$\begin{cases} {y_1}' + p(x)y_1 = 0, \\ {y_2}' + p(x)y_2 = 0 \end{cases}$$

である．このとき $y = y_1 + y_2$ とおくと

$$\begin{aligned} y' + p(x)y &= (y_1 + y_2)' + p(x)(y_1 + y_2) \\ &= ({y_1}' + p(x)y_1) + ({y_2}' + p(x)y_2) = 0 + 0 = 0 \end{aligned}$$

となる．また，k を定数として $y = ky_1$ とおくと

$$y' + p(x)y = (ky_1)' + p(x)ky_1 = k({y_1}' + p(x)y_1) = 0$$

となる．すなわち，2つの解の和も解になり，解の定数倍も解になるので，(3.2) の解全体は実数上の線形空間になる[1)]．

また，(3.1) の1つの解を y_0 とし，任意の解を y とすると

$$\begin{cases} y_0' + p(x)\,y_0 = q(x), \\ y' + p(x)\,y \ = q(x) \end{cases}$$

なので，$z = y - y_0$ はすぐわかるように (3.2) をみたす．つまり $y = z + y_0$ となる．すなわち，(3.1) の任意の解は，(3.1) の1つの解と (3.2) の解の和で表せる．逆に，(3.1) の1つの解と (3.2) の任意の解の和は，(3.1) の解になっていることも確かめられる．y_0 は一般解の任意定数に特定な値を代入した解を選ぶので，(3.1) の特殊解としてよい．したがって，斉次と非斉次の線形微分方程式の解について次の関係が成り立つ．

$$\{(3.1)\text{ の一般解 }\} = \{(3.1)\text{ の特殊解 }\} + \{(3.2)\text{ の一般解 }\}$$

以前示した例に関していえば，例 3.1 では $y_0 = \dfrac{1}{2}x\log x - \dfrac{1}{4}$, $z = \dfrac{C}{x}$，例 3.2 では $y_0 = 1, z = C\exp\left(\dfrac{x^2}{2}\right)$，例 3.4 では $y_0 = 1, z = C_1 x$ である．

この斉次と非斉次の関係は第 6, 7 章で述べる 2 階以上の線形微分方程式でも成り立つ．1 階線形では意識しなくても求積法で解けるが，2 階以上の線形ではこの関係を利用して解く．

3.2 1階線形微分方程式の類似形

この節では，適当な変換で 1 階線形微分方程式に変形できる方程式と，その方程式に関連した微分方程式を取り上げる．

3.2.1 ベルヌーイの微分方程式

定義 3.2 (ベルヌーイの微分方程式) $p(x), q(x)$ を x の関数とするとき

$$y' + p(x)y = q(x)y^{\alpha} \tag{3.8}$$

1) 「線形代数」([15]) p.139 をみよ．

の形の微分方程式を**ベルヌーイ** (Bernuolli) **の微分方程式**という．

ベルヌーイの微分方程式は，求積法で解ける重要な微分方程式である．解法は以下のとおりである．

$\alpha = 0$ のときは 1 階線形微分方程式である．また，$\alpha = 1$ のときは変数分離形である．一般のときは，$z = y^{1-\alpha}$ とおくと $z' = (1-\alpha)y^{-\alpha}y'$ となる．したがって，

$$\begin{aligned} z' &= (1-\alpha)y^{-\alpha}(-p(x)y + q(x)y^{\alpha}) \\ &= -(1-\alpha)p(x)y^{1-\alpha} + (1-\alpha)q(x) \\ &= -(1-\alpha)p(x)z + (1-\alpha)q(x) \end{aligned}$$

となり，次の公式を得る．

公式 3.1　ベルヌーイの微分方程式 (3.8) の解 y に対して，$z = y^{1-\alpha}$ とすれば，z は 1 階線形微分方程式

$$z' + (1-\alpha)p(x)z = (1-\alpha)q(x)$$

の解である．

次はベルヌーイの微分方程式の例である．

例 3.5　$y' - \dfrac{3}{x}y = 3xy^{\frac{2}{3}}$

［解］　$z = y^{1-\frac{2}{3}}$ $(= y^{\frac{1}{3}})$ とおくと

$$z' = \frac{1}{3}y^{-\frac{2}{3}}y' = \frac{1}{3}y^{-\frac{2}{3}}\left(\frac{3}{x} + 3xy^{\frac{2}{3}}\right) = \frac{1}{x}y^{\frac{1}{3}} + x$$

となるので，$z' - \dfrac{z}{x} = x$ が成立する．

まず，$z' - \dfrac{z}{x} = 0$ を解く．変数分離形なので，解は $z = Cx$ と容易に計算できる．そこで $z' - \dfrac{z}{x} = x$ の解を $z = C(x)x$ とおくと，$C(x)$ は $C'(x) = 1$ をみたす．ゆえに，$C(x) = x + C_1$ となり $z = x^2 + C_1x$ が得られる．$z = y^{\frac{1}{3}}$ であるので

$$y = (x^2 + C_1x)^3$$

(C_1 は任意定数) が求める解である．□

●問 3.2 次の微分方程式を解け.

(1) $y' + y = y^2$ (2) $xy' + y + x^3y^3 = 0$ (3) $xy' + 2y = 4x\sqrt{y}$

3.2.2 リッカチの微分方程式

定義 3.3 (リッカチの微分方程式) $p(x), q(x), r(x)$ を x の関数とするとき

$$y' + p(x)y^2 + q(x)y + r(x) = 0 \tag{3.9}$$

の形の微分方程式を**リッカチ** (Riccati) **の微分方程式**という.

一般に，この微分方程式は求積法では解けない．しかし $p(x), q(x), r(x)$ が特別な場合や，解の 1 つがわかっている場合は求積法で解ける.

(1) $p(x) = a,\ q(x) = 0,\ r(x) = -bx^{\alpha}$ **の場合**

$$y' + ay^2 = bx^{\alpha} \qquad (a, b, \alpha \text{ は定数}) \tag{3.10}$$

を考える．$a = 0, b = 0, \alpha = 0$ のいずれかの場合[1)]を除き，一般には求積法で解けない．これを解ける形 $\alpha = 0$,

$$y' + ay^2 = b \qquad (a, b \text{ は定数}) \tag{3.11}$$

に変形できる条件を求めよう.

定理 3.2 $a \neq 0$ のとき，微分方程式 (3.10) の解 y に対して $y = \dfrac{u}{x^2} + \dfrac{1}{ax}$ とすれば，u は微分方程式

$$u' + a\frac{u^2}{x^2} = bx^{\alpha+2} \tag{3.12}$$

の解である.

[証明]

$$y' = \frac{u'}{x^2} - \frac{2u}{x^3} - \frac{1}{ax^2}, \qquad ay^2 = \frac{au^2}{x^4} + \frac{2u}{x^3} + \frac{1}{ax^2}$$

であるから $y' + ay^2 = \dfrac{u'}{x^2} + \dfrac{au^2}{x^4}$ となる．左辺は bx^{α} だから $\dfrac{u'}{x^2} + \dfrac{au^2}{x^4} = bx^{\alpha}$ が得られる．つまり (3.12) である．□

微分方程式 (3.12) は $\alpha \neq -3$ のとき[2)]，以下の定理より a, b, α の値を変えた (3.10) と同じ形の微分方程式に変換される.

---

1) このときは変数分離形なので解ける.

2) $\alpha = -2$ なら同次形 (2.5) なので，$z = u/x$ とおけば解ける.

定理 3.3　$\alpha \neq -3$ のとき，微分方程式 (3.12) の解 u に対して

$$\widetilde{x} = x^{\alpha+3}, \qquad \widetilde{y} = \frac{1}{u}$$

とすれば，$\widetilde{y}$ は (3.10) の x, y を $\widetilde{x}, \widetilde{y}$ に置き換え，a, b, α を

$$\widetilde{a} = \frac{b}{\alpha+3}, \quad \widetilde{b} = \frac{a}{\alpha+3}, \quad \widetilde{\alpha} = -\frac{\alpha+4}{\alpha+3} \tag{3.13}$$

に置き換えた微分方程式

$$\frac{d\widetilde{y}}{d\widetilde{x}} + \widetilde{a}\,\widetilde{y}^{\,2} = \widetilde{b}\,\widetilde{x}^{\widetilde{\alpha}} \tag{3.14}$$

の解である．

［証明］ $\widetilde{y}$ を $\widetilde{x}$ で微分すれば

$$\frac{d\widetilde{y}}{d\widetilde{x}} = \frac{\dfrac{d\widetilde{y}}{du}\dfrac{du}{dx}}{\dfrac{d\widetilde{x}}{dx}} = \frac{-\dfrac{1}{u^2}u'}{(\alpha+3)x^{\alpha+2}}$$

となる．この式と u がみたす (3.12) を用いると

$$\begin{aligned}\frac{d\widetilde{y}}{d\widetilde{x}} &= -\frac{1}{(\alpha+3)u^2x^{\alpha+2}}\left(-a\frac{u^2}{x^2} + bx^{\alpha+2}\right)\\ &= \frac{a}{(\alpha+3)x^{\alpha+4}} - \frac{b}{(\alpha+3)u^2} = \frac{a}{\alpha+3}\widetilde{x}^{-\frac{\alpha+4}{\alpha+3}} - \frac{b}{\alpha+3}\widetilde{y}^{\,2}.\end{aligned}$$

$\widetilde{a}, \widetilde{b}, \widetilde{\alpha}$ を (3.13) で定めれば，微分方程式 (3.14) を得る．□

$\alpha = -4$ ならば定理 3.2 と 3.3 より $\widetilde{\alpha} = 0$ になり，(3.14) は変数分離形なので求積法で解ける．

例 3.6　$y' - y^2 = b^2x^{-4} \quad (b > 0)$

［解］ $y = \dfrac{u}{x^2} - \dfrac{1}{x}$ とおくと，定理 3.2 より $u' - \dfrac{u^2}{x^2} = \dfrac{b^2}{x^2}$ となる．$\widetilde{x} = \dfrac{1}{x}$, $\widetilde{y} = \dfrac{1}{u}$ とおくと，定理 3.3 より

$$\frac{d\widetilde{y}}{d\widetilde{x}} - b^2\widetilde{y}^{\,2} = 1$$

となる．したがって $\dfrac{d\widetilde{y}}{1 + b^2\widetilde{y}^{\,2}} = d\widetilde{x}$ に変形できるので，$\dfrac{1}{b}\arctan(b\widetilde{y}) - \widetilde{x} = C$.
ゆえに，

$$u + b\tan\left(C_1 + \frac{b}{x}\right) = 0 \quad (C_1 = -bC)$$

となり，$u = x^2y + x$ であるので

$$y = -\frac{1}{x} - \frac{b}{x^2}\tan\left(\frac{x}{b} + C_1\right)$$

となる．□

$\alpha \neq -4$ のとき，定理 3.2 と 3.3 を適用しても求積法で解ける方程式にならないが，もし繰り返し定理 3.2 と 3.3 を適用して (3.11) の形の微分方程式に変換できれば求積法で解け，変数をもとにもどせば，もとの微分方程式の解が得られる．これについては以下の定理が成り立つ．

定理 3.4

$$\widetilde{x} = x^{\alpha+3}, \qquad \widetilde{y} = \frac{a}{ax^2y - x} \tag{3.15}$$

による変数変換により，微分方程式 (3.10) は (3.14) に変換される．さらに，k を自然数として，α が

$$\alpha = \frac{4k}{1-2k} \tag{3.16}$$

のとき，この変換を k 回繰り返せば，(3.11) の形の微分方程式に変換できる．

［証明］ (3.10) に対して，$\alpha_0 = \alpha$ として，数列 $\{\alpha_k\}$ を漸化式

$$\alpha_k = -\frac{\alpha_{k-1}+4}{\alpha_{k-1}+3} \quad (k = 1, 2, \cdots) \tag{3.17}$$

で定める．このとき

$$\frac{1}{\alpha_k + 2} = 1 + \frac{1}{\alpha_{k-1}+2}$$

に変形でき，α_k の一般項は

$$\alpha_k = -\frac{(2k-1)\alpha + 4k}{k\alpha + 2k + 1} \quad (k = 0, 1, 2, \cdots)$$

となる．

定理 3.2 の次に定理 3.3 を適用すると，変数は (3.15) のように変換される．微分方程式は (3.10) と同じ形であり，(3.13) と (3.17) より x の指数は $\alpha_1, \alpha_2, \cdots$ になっていく．k 回変換すれば α_k になり，もし (3.16) をみたせば $\alpha_k = 0$ となる．□

(3.10) から (3.14) へ導く変形の逆変形による方法もあり，(3.16) と異なる条件で (3.10) を変数分離形に変換できる．

定理 3.5

$$\widetilde{x} = x^{-\alpha-1}, \qquad \widetilde{y} = \frac{x^{2\alpha+2}}{y} - \frac{(\alpha+1)x^{\alpha+1}}{b} \tag{3.18}$$

による変数変換により，微分方程式 (3.10) は (3.14) に変換される．さらに，k を自然数として，α が

$$\alpha = -\frac{4k}{1+2k} \tag{3.19}$$

のとき，この変換を k 回繰り返せば，(3.11) の形の微分方程式に変換できる．

［証明］ (3.10) と (3.14) における a, b, α と $\widetilde{a}, \widetilde{b}, \widetilde{\alpha}$ を入れ替えると，(3.13) より

$$\widetilde{a} = -\frac{b}{\alpha+1}, \qquad \widetilde{b} = -\frac{a}{\alpha+1}, \qquad \widetilde{\alpha} = -\frac{3\alpha+4}{\alpha+1} \tag{3.20}$$

となる．ここで，$\widetilde{x} = x^{-\alpha-1}$，$u = \dfrac{1}{y}$ とおけば

$$\frac{du}{d\widetilde{x}} + \widetilde{a}\frac{u^2}{\widetilde{x}^2} = \widetilde{b}x^{\widetilde{\alpha}+2}$$

になり，さらに $\widetilde{y} = \dfrac{u}{\widetilde{x}^2} + \dfrac{1}{\widetilde{a}\widetilde{x}}$ とおけば (3.14) になる．このとき，変数は (3.18) のように変換される．

(3.10) に対して，$\alpha_0 = \alpha$ として，数列 $\{\alpha_k\}$ を漸化式

$$\alpha_k = -\frac{3\alpha_{k-1}+4}{\alpha_{k-1}+1} \quad (k = 1, 2, \cdots) \tag{3.21}$$

で定める．このとき

$$\frac{1}{\alpha_k+2} = -1 + \frac{1}{\alpha_{k-1}+2}$$

に変形でき，α_k の一般項は

$$\alpha_k = -\frac{(2k+1)\alpha+4k}{k\alpha+2k-1} \quad (k = 0, 1, 2, \cdots)$$

となる．(3.20) と (3.21) より x の指数は $\alpha_1, \alpha_2, \cdots$ になっていく．k 回変換すれば α_k になり，もし (3.19) をみたせば $\alpha_k = 0$ となる．□

(3.10) に関し，定理 3.4，定理 3.5 と $\alpha = 0$ のとき解けることがわかっているので次の定理が導かれる．

定理 3.6 微分方程式 (3.10) は $\alpha = \dfrac{4k}{1-2k}$ (k は整数) のとき解ける.

例 3.7 $y' - y^2 = b^2 x^{-\frac{4}{3}}$ $(b > 0)$

[解] $\widetilde{x} = x^{\frac{1}{3}}$, $y = \dfrac{1}{u}$ とおくと

$$\frac{du}{d\widetilde{x}} + 3b^2 \frac{u^2}{\widetilde{x}^2} = -3\widetilde{x}^2$$

になり，さらに $\widetilde{y} = \dfrac{u}{\widetilde{x}^2} + \dfrac{1}{3b^2\widetilde{x}}$ とおけば $\dfrac{d\widetilde{y}}{1+b^2\widetilde{y}^2} = -3\,d\widetilde{x}$ となるので

$$\frac{1}{b}\arctan(b\widetilde{y}) = -3\widetilde{x} + C.$$

ゆえに,

$$b\widetilde{y} = -\tan\left(3bx^{\frac{1}{3}} + C_1\right) \quad (C_1 = -bC)$$

となり，$\widetilde{y} = \dfrac{1}{x^{\frac{2}{3}}y} + \dfrac{1}{3b^2x^{\frac{1}{3}}}$ であるので

$$y = -\frac{3b^2}{x^{\frac{1}{3}} + 3bx^{\frac{2}{3}}\tan(3bx^{\frac{1}{3}} + C_1)}$$

となる. □

●**問 3.3** 次の微分方程式を解け.

(1) $y' - y^2 = -2x^{-2}$ (2) $y' + y^2 = x^{-4}$ (3) $y' + y^2 = x^{-\frac{4}{3}}$

(2) $p(x), q(x), r(x)$ **が一般で，解の 1 つがわかっている場合**

もとの微分方程式 (3.9) にもどって，この解の 1 つが y_0 とわかったとする. 与えられた微分方程式の一般の解を $y = u + y_0$ とすると，(3.9) に代入して

$$u' + y_0' + p(x)(u + y_0)^2 + q(x)(u + y_0) + r(x) = 0$$

となる. ゆえに,

$$u' + (2p(x)y_0 + q(x))u + p(x)u^2 + [y_0 + p(x)y_0^2 + q(x)y_0 + r(x)] = 0$$

をみたす y_0 が解なので，[ ] の部分は 0 となる. したがって，次の公式を得る.

公式 3.2　y_0 をリッカチの微分方程式 (3.9) の解の 1 つとし，

$$u' + (2p(x)y_0 + q(x))u = -p(x)u^2 \tag{3.22}$$

の解を u とすれば，$y = u + y_0$ は (3.9) の解である．

微分方程式 (3.22) は，$\alpha = 2$ としたベルヌーイの微分方程式 (3.8) である．

例 3.8　$y' + xy^2 + (1 - 2x^2)y = 1 + x - x^3$

［解］　$y_0 = x$ は解の 1 つである．$y = u + x$ とすれば，公式 3.2 より

$$u' + u = -xu^2$$

になる．さらに，$z = \dfrac{1}{u}$ とすれば

$$z' - z = x$$

になる．$z' - z = 0$ の一般解は $z = Ce^x$ であるので，定数変化法により $z = C(x)e^x$ とすれば，$C'(x)e^x = x$，すなわち

$$C(x) = \int xe^{-x}\,dx = -xe^{-x} + \int e^{-x}\,dx = -xe^{-x} - e^{-x} + C$$

となるので，$z = Ce^x - x - 1$．よって

$$y = x + \frac{1}{Ce^x - x - 1}$$

が一般解である．□

●**問 3.4**　y_0 が解の 1 つであることを利用して次の微分方程式を解け．

(1)　$x(y' + y^2 + 1) - (2x + 1)y + 1 = 0 \quad (y_0 = 1)$

(2)　$y' + e^{-x}y^2 - 3y + e^x = 0 \quad (y_0 = e^x)$

(3)　$x^2y' + x^3y^2 + 2x(1 - x)y = 1 - x \quad \left(y_0 = \dfrac{1}{x}\right)$

3.2.3　ラグランジュの微分方程式

常微分方程式の一般形 (1.2) で，$n = 1$ にした 1 階微分方程式のなかで，特に，以下の形に変形できる方程式の解法をこれまで考えてきた．

$$y' = G(x, y) \tag{3.23}$$

ここでは (3.23) の y と y' を交換した

$$y = G(x, y') \tag{3.24}$$

の形の微分方程式を考える．(3.23) を**正規形**といい，これに対して (3.24) を**非正規形**という．正規形では変数分離形や 1 階線形に対しては求積法で解が求まったように，非正規形でも $G(x, y')$ が何らかの形であるときに，求積法で解を求めることができる．

非正規形を解くために，以下の定理を用意する．

定理 3.7 変数 x の関数 p が微分方程式

$$p = G_x(x, p) + G_y(x, p)\frac{dp}{dx} \tag{3.25}$$

の解であるとき

$$y = G(x, p) \tag{3.26}$$

は非正規形 (3.24) の解である．

［証明］ $p = y'$ とおけば，(3.24) は (3.26) と書ける．この等式の両辺を x で微分すれば左辺は $y' = p$ になる．右辺は，2 変数関数 $G(x, y)$ の y に変数 x の関数 p を代入して x で微分すると，2 変数関数の合成の微分の公式[1]より $G_x(x, p) + G_y(x, p)\dfrac{dp}{dx}$ になるので，p は (3.25) をみたす．したがって，$p = y'$ を (3.26) に代入すれば非正規形 (3.24) の解となる．□

$p\ (= p(x))$ の逆関数として x を変数 p の関数とみなせば，導関数 $\dfrac{dx}{dp}$ は $\dfrac{dp}{dx}$ の逆数であるので，(3.25) は変数が p の (未知関数が x の) 正規形微分方程式

$$\frac{dx}{dp} = \frac{G_y(x, p)}{p - G_x(x, p)} \tag{3.27}$$

に変形される．何らかの方法でこの微分方程式を解けば，定理 3.7 より非正規形 (3.25) の解が求まる．

以下，(3.27) が求積法で解ける 1 階線形になるような非正規形の微分方程式として，次の形の方程式を考える．

定義 3.4 (ラグランジュの微分方程式) $f(x), g(x)$ を x の関数とするとき

$$y = xf(y') + g(y') \tag{3.28}$$

1) 「微分積分」([14]) p.110 をみよ．

の形の微分方程式を**ラグランジュ** (Lagrange) **の微分方程式**という.

ラグランジュの微分方程式に対しては $G(x,p) = xf(p) + g(p)$ となるので, (3.27) より以下の公式が成り立つ.

公式 3.3　ラグランジュの微分方程式 (3.28) の解の導関数 p が $p \neq f(p)$ のとき, p の逆関数 $x(p)$ は

$$\frac{dx}{dp} = \frac{f'(p)}{p - f(p)}x + \frac{g'(p)}{p - f(p)} \tag{3.29}$$

の解である.

x を関数とみなしているので, 微分方程式 (3.29) は 1 階線形である. よって, 任意定数を C とする一般解を求めることができ, それを $x = \varphi(p, C)$ と書く. 最後に, $x = \varphi(p, C)$ と (3.26) を連立させて p を消去して得られる x, y, C の関係式が, ラグランジュの微分方程式 (3.28) の一般解である.

非正規形の微分方程式には, 一般解の任意定数にどのような数値を代入しても等しくならない解が存在することがある. このような解を一般解と区別し**特異解**という. ラグランジュの微分方程式については次が成り立つ.

公式 3.4　ラグランジュの微分方程式 (3.28) に対して, $a = f(a)$ をみたす定数 a が存在すれば, 1 次関数

$$y = ax + g(a) \tag{3.30}$$

は (3.28) の解である.

実際, $y' = a$ であるから $f(y') = f(a) = a$, $g(y') = g(a)$ であるので, 右辺は $xf(y') + g(y')$ となり, 解であることが容易に確認できる. 解 (3.30) が一般解に含まれることがあるが, もしそうでなければ特異解である[1].

例 3.9　$y = (y')^2(x + 1)$

[解]　$f(p) = g(p) = p^2$ であるから, (3.29) は

1)　(3.30) 以外に一般解にない解があるかもしれないが, それについてはここでは述べない. 一般解以外の解がある微分方程式の解をすべて探すことは難しい問題である.

$$\frac{dx}{dp} = -\frac{2}{p-1}x - \frac{2}{p-1}$$

である．これは非斉次1階線形なので，以下のようにして解ける．

まず，$\dfrac{dx}{dp} = -\dfrac{2}{p-1}x$ を変形すると，$\dfrac{dx}{x} = -\dfrac{2}{p-1}\,dp$ となるので

$$\log|x| = -2\log|p-1|, \quad \text{すなわち} \quad x = \frac{C}{(p-1)^2}$$

が得られる．ゆえに，解を $x = \dfrac{C(p)}{(p-1)^2}$ とおけば

$$\frac{dx}{dp} = \frac{C'(p)}{(p-1)^2} - \frac{2C(p)}{(p-1)^3} = -\frac{2C(p)}{(p-1)^3} - \frac{2}{p-1}$$

なので $C'(p) = -2(p-1)$，つまり $C(p) = -(p-1)^2 + C_1$ になる．このとき，x, y, p, C_1 は次の連立方程式をみたす．

$$\begin{cases} y = p^2(x+1), & (3.31) \\ x = \dfrac{-(p^2-1)^2 + C_1}{(p-1)^2} & (3.32) \end{cases}$$

(3.32) の両辺に $(p-1)^2$ を乗ずると $(x+1)(p^2-2p+1) = C_1$ になり，(3.31) から得られる $p^2 = \dfrac{y}{x+1}$ を代入すれば

$$(x+1)\left(\frac{y}{x+1} - 2p + 1\right) = x + y + 1 - 2(x+1)p = C_1$$

になり，ゆえに

$$p = \frac{x+y+1-C_1}{2(x+1)}$$

を得る．これを (3.31) に代入し $1 - C_1$ を C に書き直せば，一般解として

$$(x+y+C)^2 = 4(x+1)y$$

を得る．

特異解については，$a = a^2$ をみたすと $a = 0, 1$ であり，これを (3.30) に代入すれば $y = 0$, $y = x + 1$ になる．一般解で $C = 1$ にすれば，

$$(x+y+1)^2 = 4(x+1)y$$

から $(x+1-y)^2 = 0$，つまり $y = x + 1$ になるので，これは特異解ではない．一方，$y = 0$ については，任意定数 C に何を代入しても，一般解と等しくなら

ないから特異解である．□

例 3.10　$y = 2xy' + (y')^2$

［解］ $f(p) = 2p$, $g(p) = p^2$ であるから，(3.29) は

$$\frac{dx}{dp} = -\frac{2}{p}x - 2$$

である．まず，$\dfrac{dx}{dp} = -\dfrac{2}{p}x$ を変形すると，$\dfrac{dx}{x} = -\dfrac{2}{p}\,dp$ になるので

$$\log|x| = -2\log|p|, \quad \text{すなわち} \quad x = \frac{C}{p^2}$$

が得られる．ゆえに解を $x = \dfrac{C(p)}{p^2}$ とおけば

$$\frac{dx}{dp} = \frac{C'(p)}{p^2} - \frac{2C(p)}{p^3} = -\frac{2C(p)}{p^3} - 2$$

なので $C'(p) = -2p^2$, つまり $C(p) = -\dfrac{2}{3}p^3 + C_1$ になる．このとき，x, y, p, C_1 は次の連立方程式をみたす．

$$\begin{cases} y = 2px + p^2, & (3.33) \\ x = -\dfrac{2}{3}p + \dfrac{C_1}{p^2} & (3.34) \end{cases}$$

(3.33) は $p^2 = y - 2px$ に変形できるが，これを (3.34) の両辺に p^2 を乗じた式に代入すると

$$(y - 2px)x = -\frac{2}{3}py + \frac{4}{3}p^2x + C_1 = -\frac{2}{3}py + \frac{4}{3}(y - 2px)x + C_1.$$

移項して，右辺を任意定数だけにすれば

$$-\frac{1}{3}(y - 2px)x + \frac{2}{3}py = C_1$$

となる．ゆえに，

$$p = \frac{xy + 3C_1}{2(x^2 + y)}$$

を得る．これを (3.33) に代入すれば

$$y = \frac{(xy + 3C_1)x}{x^2 + y} + \frac{(xy + 3C_1)^2}{4(x^2 + y)^2}.$$

両辺に $4(x^2+y)^2$ を乗じて，右辺の第 1 項を移項すれば

$$4(x^2+y)\big((x^2+y)y-(xy+3C_1)x\big)=(xy+3C_1)^2.$$

$3C_1$ を C に書き直せば，一般解として

$$4(x^2+y)(y^2-Cx)=(xy+C)^2$$

を得る．

特異解については $a=2a$ をみたすと $a=0$ であり，(3.30) に代入すれば $y=0$ になる．一般解で $C=0$ にすれば $4(x^2+y)y^2=x^2y^2$ であり，$(3x^2+4y)y^2=0$ に変形できるので $y=0$ が得られる．つまり，$y=0$ は一般解のなかに含まれるので特異解ではない．□

●**問 3.5** 次の微分方程式を解き，特異解があれば求めよ．

(1) $2yy'=((y')^2-1)x$ (2) $y=((y')^2+2y')(x+1)$

3.2.4 クレーローの微分方程式

ラグランジュの微分方程式から導かれた 1 階線形微分方程式 (3.30) は，分母の $p-f(p)$ が恒等的に 0，つまり $f(p)=p$ の場合は適用できない．このとき，ラグランジュの微分方程式と区別して別の解法を考える．

定義 3.5 (クレーローの微分方程式) $g(x)$ を x の関数とするとき，

$$y=xy'+g(y') \tag{3.35}$$

の形の微分方程式を**クレーロー (Clairaut) の微分方程式**という．

クレーローの微分方程式の解法は 1 階線形に変形して解く方法ではないが，(3.28) の特別な場合なので本章で解説する．

解の導関数に関して以下の定理が成り立つ．

定理 3.8 クレーローの微分方程式 (3.35) の解の導関数を p とすれば

$$\frac{dp}{dx}=0 \quad \text{または} \quad x+g'(p)=0 \tag{3.36}$$

をみたす．

［証明］ $p=y'$ とおくと，(3.35) は

$$y=xp+g(p) \tag{3.37}$$

になり，前節と同様に両辺を x で微分すれば

$$p = p + x\frac{dp}{dx} + g'(p)\frac{dp}{dx}$$

となる．ゆえに

$$(x + g'(p))\,\frac{dp}{dx} = 0,$$

すなわち，(3.35) を得る．□

$\dfrac{dp}{dx} = 0$ の場合は $p = C$ (C は定数) になり，(3.37) に $p = C$ を代入すれば，次の公式を得る．

> **公式 3.5**　$y = Cx + g(C)$ はクレーローの微分方程式 (3.35) の一般解である．

一方，

$$x + g'(p) = 0 \tag{3.38}$$

の場合は，(3.37) とあわせて次の公式を得る．

> **公式 3.6**　$x + g'(p) = 0$, $y = xp + g(p)$ から p を消去して得られる x と y の関係式は，クレーローの微分方程式 (3.35) の解である．

もし一般解に含まれなければ特異解である．一般解は 1 次関数なので，特異解の判定は容易である．

> **例 3.11**　$y = (x+1)y' - (y')^2$

［解］ 公式 3.5 より，一般解は $y = C(x+1) - C^2$ である．

特異解について，(3.38) は $x + 1 - 2p = 0$ であり $p = \dfrac{x+1}{2}$ になる．これを (3.37) の $y = xp - \dfrac{1}{2p^2}$ に代入すれば $y = \dfrac{(x+1)^2}{4}$ を得るが，1 次関数でないので特異解である．□

> **例 3.12**　$y = xy' + \dfrac{1}{2(y')^2}$

［解］ 公式 3.5 より，一般解は $y = Cx + \dfrac{1}{2C^2}$ である．

特異解について，(3.38) は $x-\dfrac{1}{p^3}=0$ であり $p=x^{-\frac{1}{3}}$ になる．これを (3.37) の $y=xp+\dfrac{1}{2p^2}$ に代入すれば $y=\dfrac{3}{2}x^{\frac{2}{3}}$ を得るが，1次関数でないので特異解である．□

●問 **3.6** 次の微分方程式を解き，特異解があれば求めよ．

(1) $y=xy'+\sqrt{1+(y')^2}$ (2) $yy'=x(y')^2+1$

演 習 問 題

問題 **3.1** 次の微分方程式を解け．

(1) $y'+y\tan x=\sin 2x$ (2) $(x^2-1)y'+2y=1$

(3) $(1+x^2)y'=x(y+1)$ (4) $y'=2xy+x^3$

(5) $xy'+y=\log x$ (6) $\sqrt{1-x^2}\,y'+y=1$

(7) $y'=(y-1)e^x+e^{2x}$ (8) $(1+x^2)y'=2xy+x^2$

(9) $(1-x^2)y'=xy+1$ (10) $y'\cos x=y+\cos^2 x$

問題 **3.2** 次の微分方程式を解け．

(1) $xy'+y=x^3y^4$ (2) $y'=y\tan x+y^2\sin x$

(3) $(2-x-x^2)y'+(4-x)y=y^2$ (4) $(1-x^2)(y'+\sqrt{y})+2xy=0$

(5) $(x+1)^2yy'-xy^2=x+1$ (6) $(1+x^3)(y^2y'-x-1)=x^2y^3$

問題 **3.3** 次の微分方程式を解け．

(1) $y'-y^2=x^{-\frac{8}{3}}$ (2) $y'+y^2=x^{-\frac{8}{5}}$

問題 **3.4** y_0 が解の1つであることを利用して，次の微分方程式を解け．

(1) $(x^2-1)y'+(x+1)y^2-2y=x-1$ $(y_0=1)$

(2) $(x+1)^2y'+xy^2-(x^2+1)y=x^2+x+1$ $(y_0=x)$

(3) $x(y'+e^{-x}y^2-2e^x)=y-e^x$ $(y_0=e^x)$

(4) $(y'-y^2-2)\sin x+y\cos x=0$ $(y_0=\tan x)$

問題 **3.5** 次の微分方程式を解き，特異解があれば求めよ．

(1) $6y=3xy'+(y')^3$ (2) $y(1+(y')^2)=2xy'$

(3) $y=2xy'+(x+y)(y')^2$

問題 **3.6** 次の微分方程式を解き，特異解があれば求めよ．

(1) $y=xy'+\dfrac{1}{2(y')^2}$ (2) $y=(x+1)y'-(y')^2$

4

1 階完全微分方程式

いままでみたように，微分方程式の解を $y=(x$ の式$)$ でなく，x, y の関係式の形で求めることがあった．本章では，C を任意定数として，一般解を 2 変数関数 F で $F(x,y)=C$ の形で求め，そのような解をもつ微分方程式の条件を考察する．

4.1 完全形の定義と例

$p(x,y)$，$q(x,y)$ がともに x, y の関数とするとき，微分方程式

$$p(x,y)+q(x,y)\,y'=0 \tag{4.1}$$

を考えよう．$y'=\dfrac{dy}{dx}$ で表すこともできるが，変数分離形では dx と dy を実態がある数のように扱っており，その方法にならい (4.1) を書き直すと

$$p(x,y)\,dx+q(x,y)\,dy=0 \tag{4.2}$$

となる．2 変数関数 $z=F(x,y)$ に対して偏微分を用いて

$$dz=\frac{\partial F}{\partial x}(x,y)\,dx+\frac{\partial F}{\partial y}(x,y)\,dy$$

を**全微分**[1)]とよび，$dF(x,y)$ で表すこともある．

定義 4.1 (完全微分方程式) (4.2) が x, y のある関数 $F(x,y)$ の全微分になっているとき，すなわち

$$dF(x,y)=p(x,y)\,dx+q(x,y)\,dy$$

のとき，(4.1) または (4.2) を **(1 階) 完全微分方程式**または**完全形**という．つまり，

1) 「微分積分」([14]) p.203 をみよ．

$$\frac{\partial F}{\partial x} = p(x,y), \qquad \frac{\partial F}{\partial y} = q(x,y) \tag{4.3}$$

となる関数 F が存在するとき，**完全形**という．

完全形の解については次の定理がある．

定理 4.1 (4.1) が完全形のとき

$$F(x,y) = C \qquad (C\text{は任意定数}) \tag{4.4}$$

は一般解である．

［証明］ y を変数 x の関数とみなし，(4.4) の両辺を x で微分すると，2 変数の合成関数の微分法[1])を用いれば

$$\frac{\partial F}{\partial x}\frac{dx}{dx} + \frac{\partial F}{\partial y}\frac{dy}{dx} = 0$$

となり，(4.3) を用いると (4.1) となる．□

微分方程式 (4.1) が完全形であるための $p(x,y)$ と $q(x,y)$ に関する必要十分条件については次のとおりである．

定理 4.2 $p(x,y), q(x,y)$ の x, y に関する偏導関数が連続であれば，(4.1) が完全形であることと

$$\frac{\partial p}{\partial y} = \frac{\partial q}{\partial x} \tag{4.5}$$

は同値である．

［証明］ もし (4.1) が完全形であれば，(4.3) をみたす F に対し

$$\frac{\partial^2 F}{\partial y \partial x} = \frac{\partial p}{\partial y}, \qquad \frac{\partial^2 F}{\partial x \partial y} = \frac{\partial q}{\partial x}$$

となるので，この 2 つの式は一致して (4.5) が得られる．

逆に，(4.5) が成立するとき

$$G(x,y) = \int p(x,y)\,dx \tag{4.6}$$

とおくと，$\dfrac{\partial G}{\partial x} = p(x,y)$，$\dfrac{\partial^2 G}{\partial y \partial x} = \dfrac{\partial p}{\partial y}$ なので，(4.5) を用いると

1) 「微分積分」([14]) p.110 をみよ．

$$\frac{\partial^2 G}{\partial y \partial x} = \frac{\partial q}{\partial x}, \qquad \text{すなわち} \qquad \frac{\partial}{\partial x}\left(\frac{\partial G}{\partial y} - q\right) = 0$$

となる．つまり，$\dfrac{\partial G}{\partial y} - q$ は y のみの関数である．これを $H(y)$ とおくと，$q = \dfrac{\partial G}{\partial y} - H(y)$ となり

$$p\,dx + q\,dy = \frac{\partial G}{\partial x}\,dx + \left(\frac{\partial G}{\partial y} - H(y)\right)dy = d\left(G - \int H(y)\,dy\right)$$

が得られる．よって

$$F(x, y) = G(x, y) - \int H(y)\,dy \tag{4.7}$$

とおくと，この F は完全形の条件 (4.3) をみたす．□

この定理の証明で，微分方程式 (4.1) が完全形であれば，(4.7) より

$$G(x, y) - \int H(y)\,dy = C \tag{4.8}$$

が一般解である．ここで，$G(x, y)$ は (4.6) で求まり，$H(y)$ は

$$H(y) = \frac{\partial G}{\partial y} - q \tag{4.9}$$

で，(4.5) が成立するならば $\dfrac{\partial}{\partial x}\left(\dfrac{\partial G}{\partial y} - q\right) = \dfrac{\partial p}{\partial y} - \dfrac{\partial q}{\partial x} = 0$ となる．つまり右辺は x に依存しないので，H は変数が y のみの関数になる．したがって，定理 4.1，定理 4.2，(4.6)，(4.8) より次の公式を得る．

公式 4.1 $p(x, y)$ と $q(x, y)$ が (4.5) をみたすとき，(4.1) の一般解は

$$\int p(x, y)\,dx + \int q(x, y)\,dy - \int \frac{\partial}{\partial y}\left(\int p(x, y)\,dx\right)dy = C.$$

変数分離形や線形などでない 1 階の微分方程式は完全形の可能性があるが，(4.5) の確認が必要である．

例 4.1 $(3x^2 + 2xy) + (x^2 - 3y^2)\,y' = 0$

[解]

$$\frac{\partial}{\partial y}(3x^2 + 2xy) = 2x, \qquad \frac{\partial}{\partial x}(x^2 - 3y^2) = 2x$$

となるので，(4.5) より完全形である．ゆえに

$$dF(x,y) = (3x^2 + 2xy)\,dx + (x^2 - 3y^2)\,dy$$

になる関数 $F(x,y)$ を求めれば，定理 4.1 より解は $F(x,y) = C$ である．F は (4.3) より

$$\frac{\partial F}{\partial x} = 3x^2 + 2xy$$

なので，この式を x で積分すれば

$$F(x,y) = x^3 + x^2y + C_0$$

となる．ここで C_0 は x に関しては定数であるが y の関数であってもよい．

C_0 を $H(y)$ と書けば $\dfrac{\partial F}{\partial y} = x^2 - 3y^2$ であるので $H'(y) = -3y^2$，つまり

$$H(y) = -y^3 + C \qquad (C \text{ は任意定数})$$

となる．以上により $F(x,y) = x^3 + x^2y - y^3 + C$ となるので，一般解は

$$x^3 + x^2y - y^3 + C = 0$$

である．このとき $F(x,y)$ は (4.3) をみたす．□

●**問 4.1** 次の微分方程式を解け．

(1) $y + e^x + (x + \cos y)y' = 0$
(2) $3x^2y + 8xy^2 + (x^3 + 8x^2y + 12y^2)y' = 0$
(3) $y\cos x - \sin y + (\sin x - x\cos y)y' = 0$
(4) $y + y^2e^{xy} + (x + (xy+1)e^{xy})y' = 0$

4.2 積 分 因 子

前節で，微分方程式 (4.1) が完全形のときは公式 4.1 により求積法で一般解が求まるが，そうでないときには工夫がいる．例えば，微分方程式

$$6xy + (6x^2 + 3y)y' = 0$$

は

$$\frac{\partial}{\partial y}(6xy) = 6x, \qquad \frac{\partial}{\partial x}(6x^2 + 3y) = 12x$$

であるので完全形ではない．しかし，もとの方程式の両辺に y を乗ずると，この微分方程式は

$$6xy^2 + (6x^2y + 3y^2)y' = 0$$

となり

$$\frac{\partial}{\partial y}6xy^2 = 12xy, \qquad \frac{\partial}{\partial x}(6x^2y + 3y^2) = 12xy$$

であるので完全形である．

この例のように，もとの微分方程式 (4.1) は完全形ではないが，この両辺に適当な関数 $f(x,y)$ を乗じたもの

$$f(x,y)p(x,y) + f(x,y)q(x,y)y' = 0,$$

つまり

$$f(x,y)p(x,y)\,dx + f(x,y)q(x,y)\,dy = 0$$

が完全形になることがある．このとき関数 $f(x,y)$ を (4.1) または (4.2) の**積分因子**という．この条件は定理 4.2 より

$$\frac{\partial}{\partial y}(f(x,y)p(x,y)) = \frac{\partial}{\partial x}(f(x,y)q(x,y))$$

である．またこの式は

$$\frac{\partial f}{\partial x}q - \frac{\partial f}{\partial y}p + f\left(\frac{\partial q}{\partial x} - \frac{\partial p}{\partial y}\right) = 0 \tag{4.10}$$

と書けるので，積分因子 $f(x,y)$ が，この式をみたすことを条件に探す．

例 4.2　$2y - xy' = 0$

［解］ $\dfrac{\partial}{\partial x}(-x) \neq \dfrac{\partial}{\partial y}(2y)$ なので，この微分方程式はこのままでは完全形ではない．しかし，両辺に $-\dfrac{1}{x^3}$ を乗ずると $\left(-\dfrac{2y}{x^3}\right) + \left(\dfrac{1}{x^2}\right)y' = 0$ となる．このとき，

$$\frac{\partial}{\partial x}\left(\frac{1}{x^2}\right) = \frac{\partial}{\partial y}\left(-\frac{2y}{x^3}\right)\left(= -\frac{2}{x^3}\right)$$

であるので完全形になる，つまり $-\dfrac{1}{x^3}$ はこの微分方程式の積分因子である．

例 4.1 と同様に (4.3) をみたす関数 F，すなわち

$$dF = \frac{\partial}{\partial x}\left(-\frac{2y}{x^3}\right)dx + \frac{\partial}{\partial y}\left(\frac{1}{x^2}\right)dy$$

となる関数 F を求める．

$\dfrac{\partial F}{\partial x} = -\dfrac{2y}{x^3}$ より

$$F(x,y) = \frac{y}{x^2} + H(y)$$

となる．また，$\dfrac{\partial F}{\partial y} = \dfrac{1}{x^2}$ より

$$\frac{1}{x^2} + H'(y) = \frac{1}{x^2}$$

で $H(y)=0$ となる．つまり $F(x,y) = \dfrac{y}{x^2}$ である．□

また，この微分方程式に $\dfrac{x}{y^2}$ を乗ずると，$\left(\dfrac{2x}{y}\right) - \left(\dfrac{x^2}{y^2}\right) y' = 0$ も完全形になることが直ちに確かめられる．すなわち $\dfrac{2y}{x^2}$ も積分因子である．このように，積分因子は一般にたくさんある．以下の節では積分因子のみつけ方を述べる．

4.3 積分因子のみつけ方

積分因子は微分方程式 (4.10) を解けば得られるが，これは微分する変数が x と y の 2 つの微分方程式，つまり偏微分方程式なので，いままで扱ってきた微分する変数が x だけの微分方程式よりも難しく，一般には解けない[1)]．しかし $p(x,y)$，$q(x,y)$ が以下の特別な場合 (1)〜(6) であれば，常微分方程式に帰着させることにより，積分で積分因子 $f(x,y)$ が求まる．

(1) $\dfrac{1}{q}\left(\dfrac{\partial p}{\partial y} - \dfrac{\partial q}{\partial x}\right)$ **が変数** x **だけの関数である場合．**

積分因子を変数 x の関数 $f(x)$ で探す．(4.10) より $f(x)$ は

$$\frac{f'(x)}{f(x)} = \frac{1}{q}\left(\frac{\partial p}{\partial y} - \frac{\partial q}{\partial x}\right)$$

をみたす．左辺を積分すれば

$$\int \frac{f'(x)}{f(x)}\,dx = \log|f(x)| + C$$

(C は任意定数) になるので，次の公式を得る[2)]．

1) 偏微分方程式については解の存在は示せても，求積法のように積分すれば具体的に解が求まることが少ない．

2) (4.10) をみたす関数を 1 つ探せばよいので，任意定数はいらない．

公式 4.2　(1) のとき (4.1) の積分因子は

$$f(x) = \exp\left(\int \frac{1}{q}\left(\frac{\partial p}{\partial y} - \frac{\partial q}{\partial x}\right) dx\right).$$

例 4.3　$(1 - xy) + (xy - x^2)y' = 0$

［解］ $p(x, y) = 1 - xy$, $q(x, y) = xy - x^2$ なので $\dfrac{1}{q}\left(\dfrac{\partial p}{\partial y} - \dfrac{\partial q}{\partial x}\right) = -\dfrac{1}{x}$ となり，x のみの関数である．よって，公式 4.2 より

$$f(x) = \exp\left(\int \left(-\frac{1}{x}\right) dx\right) = \exp(-\log x) = \frac{1}{x}$$

は積分因子である．

(4.6) に従って，

$$G(x, y) = \int \frac{1}{x}\, p(x, y)\, dx = \int \left(\frac{1}{x} - y\right) dx = \log|x| - xy$$

とおく．(4.9) より y のみの関数 $H(y)$ を

$$H(y) = \frac{\partial G}{\partial y} - \frac{1}{x} q(x, y) = -y$$

とすれば

$$F(x, y) = G(x, y) - \int H(y)\, dy = \log|x| - xy + \frac{1}{2}y^2$$

になるので

$$2\log|x| - 2xy + y^2 = C$$

(C は任意定数) が一般解である．□

●問 4.2　次の微分方程式を解け．

(1)　$x + y^2 + xyy' = 0$　　(2)　$1 - y + (x + 2x^2y)y' = 0$

(2)　$\dfrac{1}{p}\left(\dfrac{\partial q}{\partial x} - \dfrac{\partial p}{\partial y}\right)$ **が変数** y **だけの関数である場合．**

積分因子を変数 y の関数 $f(y)$ で探す．$f(y)$ は (4.10) より

$$\frac{f'(y)}{f(y)} = \frac{1}{p}\left(\frac{\partial q}{\partial x} - \frac{\partial p}{\partial y}\right)$$

をみたすので，左辺を積分すれば，次の公式を得る．

公式 4.3 (2) のとき (4.1) の積分因子は

$$f(y) = \exp\left(\int \frac{1}{p}\left(\frac{\partial q}{\partial x} - \frac{\partial p}{\partial y}\right) dy\right).$$

例 4.4 $y\log y + (x - \log y)y' = 0$

［解］ $p(x,y) = y\log y,\ q(x,y) = x - \log y$ であるので

$$\frac{1}{p}\left(\frac{\partial q}{\partial x} - \frac{\partial p}{\partial y}\right) = \frac{1-(1+\log y)}{y\log y} = -\frac{1}{y}$$

となり，y のみの関数である．よって，公式 4.3 より

$$f(y) = \exp\left(\int\left(-\frac{1}{y}\right) dy\right) = \frac{1}{y}$$

は積分因子である．

(4.6) に従って

$$G(x,y) = \int \frac{1}{y}p(x,y)\,dx = \int \log y\,dx = x\log y$$

とおき，(4.9) より y のみの関数 $H(y)$ を

$$H(y) = \frac{\partial G}{\partial y} - \frac{1}{x}q(x,y) = \frac{x}{y} - \frac{x-\log y}{y} = \frac{\log y}{y}$$

にすれば

$$F(x,y) = G(x,y) - \int H(y)\,dy = x\log y - \frac{(\log y)^2}{2}$$

となるので，

$$2x\log y - (\log y)^2 = C$$

(C は任意定数) が一般解である．□

注意 この例は，x を y の関数とみると $\dfrac{dx}{dy} + \dfrac{1}{y\log y}x = \dfrac{1}{x}$ と書けるから，1 階の非斉次線形微分方程式と考えられる．したがって，第 3 章の方法でも解ける．

●問 4.3 次の微分方程式を解け．

(1) $3x^2y + (2x^3 - 4y^2)y' = 0$ (2) $2xy + y^2 + (3x^2 + 4xy + 3)y' = 0$

以下のように，1 変数関数 $f(z)$ に x, y の 2 変数関数を合成させた形で，積分因子を求めることができる場合もある．

(3)　$z = xy$ として，$\dfrac{1}{xp - yq}\left(\dfrac{\partial q}{\partial x} - \dfrac{\partial p}{\partial y}\right)$ が変数 z の関数になる場合．

積分因子を変数に xy を代入した関数 $f(xy)$ の形で探す．実際，

$$\frac{\partial}{\partial y}f(xy)p - \frac{\partial}{\partial x}f(xy)q = f(xy)\left(\frac{\partial p}{\partial y} - \frac{\partial q}{\partial x}\right) + f'(xy)(xp - yq)$$

であるので，$f(xy)$ が積分因子であれば，$z = xy$ とおき

$$\frac{f'(z)}{f(z)} = \frac{1}{xp - yq}\left(\frac{\partial q}{\partial x} - \frac{\partial p}{\partial y}\right)\bigg|_{xy=z}$$

をみたす．両辺を z で積分すれば，次の公式を得る．

公式 4.4　(3) のとき (4.1) の積分因子は

$$f(xy) = \exp\left(\int \frac{1}{xp - yq}\left(\frac{\partial q}{\partial x} - \frac{\partial p}{\partial y}\right)\bigg|_{xy=z} dz\right)\bigg|_{z=xy}$$

●**問 4.4**　$2x^2y^2 + y + (x^3y - x)y' = 0$ を解け．

(4)　$z = \dfrac{y}{x}$ として，$\dfrac{x^2}{xp + yq}\left(\dfrac{\partial q}{\partial x} - \dfrac{\partial p}{\partial y}\right)$ が変数 z の関数になる場合．

積分因子を変数に $\dfrac{y}{x}$ を代入した関数 $f\left(\dfrac{y}{x}\right)$ の形で探す．実際，

$$\frac{\partial}{\partial y}f\left(\frac{y}{x}\right)p - \frac{\partial}{\partial x}f\left(\frac{y}{x}\right)q = f\left(\frac{y}{x}\right)\left(\frac{\partial p}{\partial y} - \frac{\partial q}{\partial x}\right) + f'\left(\frac{y}{x}\right)\left(\frac{p}{x} + \frac{y}{x^2}q\right)$$

であるので，$f\left(\dfrac{y}{x}\right)$ が積分因子であれば

$$\frac{f'(z)}{f(z)} = \frac{x^2}{xp + yq}\left(\frac{\partial q}{\partial x} - \frac{\partial p}{\partial y}\right)\bigg|_{\frac{y}{x}=z}$$

をみたす．両辺を z で積分すれば，次の公式を得る．

公式 4.5　(4) のとき (4.1) の積分因子は

$$f\left(\frac{x}{y}\right) = \exp\left(\int \frac{x^2}{xp + yq}\left(\frac{\partial q}{\partial x} - \frac{\partial p}{\partial y}\right)\bigg|_{\frac{y}{x}=z} dz\right)\bigg|_{z=\frac{y}{x}}$$

●問 **4.5** $xy^2 + (3x^2y + xy^3)y' = 0$ を解け.

(5) $z = x + y$ として，$\dfrac{1}{p-q}\left(\dfrac{\partial q}{\partial x} - \dfrac{\partial p}{\partial y}\right)$ が変数 z の関数になる場合.

積分因子を変数に $x+y$ を代入した関数 $f(x+y)$ の形で探す．実際，

$$\frac{\partial}{\partial y}f(x+y)p - \frac{\partial}{\partial x}f(x+y)q = f(x+y)\left(\frac{\partial p}{\partial y} - \frac{\partial q}{\partial x}\right) + f'(x+y)(p-q)$$

であるので，$f(x+y)$ が積分因子であれば

$$\frac{f'(z)}{f(z)} = \frac{1}{p-q}\left(\frac{\partial q}{\partial x} - \frac{\partial p}{\partial y}\right)\bigg|_{x+y=z}$$

をみたす．両辺を z で積分すれば，次の公式を得る．

公式 4.6 (5) のとき (4.1) の積分因子は

$$f(x+y) = \exp\left(\int \frac{1}{p-q}\left(\frac{\partial q}{\partial x} - \frac{\partial p}{\partial y}\right)\bigg|_{x+y=z} dz\right)\bigg|_{z=x+y}$$

●問 **4.6** $2x^2 + xy + 2y + (x^2 + x + 3y)y' = 0$ を解け.

(6) $z = x^2 + y^2$ として，$\dfrac{1}{yp-xq}\left(\dfrac{\partial q}{\partial x} - \dfrac{\partial p}{\partial y}\right)$ が $x^2 + y^2$ の関数になる場合.

積分因子を変数に x^2+y^2 を代入した関数 $f(x^2+y^2)$ の形で探す．実際，

$$\frac{\partial}{\partial y}f(x^2+y^2)p - \frac{\partial}{\partial x}f(x^2+y^2)q = f(x^2+y^2)\left(\frac{\partial p}{\partial y} - \frac{\partial q}{\partial x}\right) + 2f'(x^2+y^2)(yp-xq)$$

であるので，$f(x^2+y^2)$ が積分因子であれば

$$\frac{f'(z)}{f(z)} = \frac{1}{2(yp-xq)}\left(\frac{\partial q}{\partial x} - \frac{\partial p}{\partial y}\right)\bigg|_{x^2+y^2=z}$$

をみたす．両辺を z で積分すれば，次の公式を得る．

公式 4.7 (6) のとき (4.1) の積分因子は

$$f(x^2+y^2) = \exp\left(\int \frac{1}{2(yp-xq)}\left(\frac{\partial q}{\partial x} - \frac{\partial p}{\partial y}\right)\bigg|_{x^2+y^2=z} dz\right)\bigg|_{z=x^2+y^2}$$

●問 **4.7** $5x^2 - 4xy + y^2 - (x^2 - 4xy + 5y^2)y' = 0$ を解け.

以上の条件に該当しないが，積分を用いずに直接，積分因子が求まる場合として以下がある.

公式 4.8 p, q が 1 変数関数で

$$f(x, y) = \frac{1}{xy\,(p(xy) - q(xy))}$$

とすれば，f は微分方程式 $yp(xy) + xq(xy)y' = 0$ の積分因子である.

実際，

$$\frac{\partial}{\partial y}\frac{yp(xy)}{xy(p(xy) - q(xy))} = \frac{p(xy)q'(xy) - p'(xy)q(xy)}{(p(xy) - q(xy))^2},$$

$$\frac{\partial}{\partial x}\frac{xp(xy)}{xy(p(xy) - q(xy))} = \frac{p(xy)q'(xy) - p'(xy)q(xy)}{(p(xy) - q(xy))^2}$$

になり，定理 4.2 より完全形である.

●問 **4.8** $xy^2 + y + (x^2y - x)y' = 0$ を解け.

演 習 問 題

問題 4.1 公式 4.2 より積分因子が求まることを利用して，次の微分方程式を解け.

(1) $x^2y + y^2 + 2xy + (x^2 + x)(x + 2y)y' = 0$

(2) $y^2(x - 1) + 2x + 2xy(x + 1)y' = 0$

(3) $(x + 1)y^2 + \sin y + 2ye^x + (2xy + \cos y + e^x)y' = 0$

問題 4.2 公式 4.3 より積分因子が求まることを利用して，次の微分方程式を解け.

(1) $(3x^2 - y)(y^2 + 1) + (x^3y - 2xy^2 - x)y' = 0$

(2) $2(y + 1)(x + y^2) + (2xy^2 + 4xy - x^2 + 1)y' = 0$

(3) $3x^2y + 2xy^3 + (x^2y^2 + y - x^3)y' = 0$

問題 4.3 公式 4.4 より積分因子が求まることを利用して，次の微分方程式を解け.

(1) $3(xy - y^3) + (2x^2 - 6xy^2)y' = 0$

(2) $x^2y + y^2 + 2x + (x^3 + xy + 1)y' = 0$

問題 4.4 公式 4.5 より積分因子が求まることを利用して，次の微分方程式を解け.

(1) $(2x - y)(y^2 + 1) + (2x^2y + xy^2 + x)y' = 0$

(2) $2y(x^3 + y^2) + (3x^4 - 10xy^2)y' = 0$

問題 4.5 公式 4.6 より積分因子が求まることを利用して，次の微分方程式を解け．

(1) $x^2 + 2xy + y^3 - (x^2 + 3xy^2 + 2y^3)y' = 0$

(2) $6x + 4y + y^2 + (2x + 4xy + 5y^2)y' = 0$

問題 4.6 公式 4.7 より積分因子が求まることを利用して，次の微分方程式を解け．

(1) $5x^3 - 3xy^4 + 2xy^2 + (3x^2y - 4x^2y^3 - 7y^5)y' = 0$

(2) $x^4 + 3x^2y^2 - x^2y + y^3 + (x^3 - 2x^3y - xy^2)y' = 0$

問題 4.7 公式 4.8 より積分因子が求まることを利用して，次の微分方程式を解け．

(1) $y(x^2y^2 + 2) + 2x^2yy' = 0$

(2) $y(x^3y^3 - 1) - x(x^2y^2 + 1)y' = 0$

5
高階微分方程式と階数低下

本章から2階以上の微分方程式を扱う．一般に2階以上については1階と比べて飛躍的に難しくなり，1階とは別の解法が必要になってくる．本章では1階の方法を繰り返し適用して解が求まる微分方程式に限定して解説する．

5.1 階数低下と中間積分

微分方程式の階数を n として $n \geqq 2$ のとき，**高階微分方程式**とよぶ．このとき，適当な変形で $n-1$ 階またはそれ以下の階数の微分方程式にできるとき**階数低下**されたといい，階数の低くなった微分方程式を**中間積分**という．もし中間積分が1階まで低下して解が求まれば，階数が低い順に中間積分を解いていく．そのとき，任意定数が1つずつ増えていき，n 階微分方程式の一般解が求まり，任意定数は n 個ある．

まず，解の導関数 y' の微分方程式とみなして解く例を紹介する．

例 5.1 $y'' - (y')^2 = 0$

［解］ $y' = u$ とおくと，この微分方程式は

$$u' - u^2 = 0 \tag{5.1}$$

となり，中間積分である．これは変数分離形なので一般解は

$$u = \frac{1}{A - x}$$

である．さらに，u の不定積分が y であるから，一般解として

$$y = -\log|A - x| + B$$

(A, B は任意定数) が得られる．また，$u = 0$ も (5.1) の解であるから，**特異解**

(p.35 参照) $y = C$ (C は定数) が存在する．□

例 5.2　$y''(1+y^2) = 3y(y')^2$

［解］ $u = y'$ とおくと

$$y'' = \frac{du}{dx} = \frac{du}{dy}\frac{dy}{dx} = u\frac{du}{dy}$$

となる．ゆえに，与えられた微分方程式は中間積分

$$u\frac{du}{dy}(1+y^2) = 3yu^2 \tag{5.2}$$

になる[1)]．したがって，

$$\frac{du}{dy}(1+y^2) = 3yu \quad \text{から} \quad \frac{du}{u} = \frac{3y}{1+y^2}\,dy$$

が得られ，(5.2) の解は $\log|u| = \dfrac{3\log(1+y^2)}{2} + C$ (C は任意定数) を変形し，$u = A(1+y^2)^{\frac{3}{2}}$ (ただし $A = \pm e^C$) となる．さらに，$u = \dfrac{dy}{dx}$ であるから

$$\frac{dy}{(1+y^2)^{\frac{3}{2}}} = A\,dx$$

となる．これを解くと

$$\frac{y}{\sqrt{1+y^2}} = Ax + B, \quad \text{つまり} \quad y = \pm\frac{x-a}{\sqrt{r-(x-a)^2}}$$

となり (ただし $r = 1/A^2$, $a = -B/A$ とおいた．B は任意定数)，これが a, r を任意定数とした一般解である．また，$u = 0$ も (5.2) の解であるから，特異解 $y = B$ が存在する．□

5.2　階数低下の方法

比較的簡単に階数低下ができる方法 (1)〜(3) を，以下に述べる．

(1) 与えられた微分方程式が y を含まない場合.

$u = y'$ とすれば，もとの方程式の階数は 1 だけ下がる中間積分になる．y だけでなく $y', \cdots, y^{(k-1)}$ も含まないとき，$u = y^{(k)}$ とすると，もとの方程式の

1) 例 5.1 と異なり，u の変数は y である．

階数は k だけ下がる．例 5.1 は (1) の条件をみたし，y' の微分方程式として解いた．他の例として次がある．

例 5.3　$xy'' - 2y' + x = 0$

［解］ $u = y'$ とおくと，中間積分は

$$xu' - 2u + x = 0$$

になり，非斉次 1 階線形微分方程式である．第 3 章の方法にならい，非斉次項を除くと，斉次の方程式は $x\,2u' - 2u = 0$ なので，変形して

$$\frac{du}{u} = 2\,\frac{dx}{x}$$

となる．これを解くと $u = Cx^2$ (C は任意定数) である．

もとの非斉次方程式の解を $u = C(x)x^2$ とおけば，$C(x)$ は

$$C'(x)x^2 + 1 = 0$$

をみたす．ゆえに，$C(x) = \dfrac{1}{x} + C$ であり，u は

$$u = \left(\frac{1}{x} + C\right)x^2$$

となる．$u = y'$ なので一般解は

$$y = \frac{1}{2}x^2 + Ax^3 + B$$

(ただし $A = C/3$, および B は任意定数) である．□

●**問 5.1**　次の微分方程式を解け．

(1)　$y'' - y' = 1$　　(2)　$xy'' + y' = 1$

(2)　与えられた微分方程式が x を含まない場合．

$u = y'$ を y の関数とみなし，u の y に関する微分 $\dfrac{du}{dy}, \dfrac{d^2u}{dy^2}, \dfrac{d^3u}{dy^3}, \cdots$ を $\dot{u}, \ddot{u}, \dddot{u}, \cdots$ と書くと[1)]，

$$y'' = \frac{du}{dx} = \frac{du}{dy}\frac{dy}{dx} = u\dot{u},$$

1)　$\dot{u}$ は u' とは別の u の導関数の表記法で物理学などでよく使われるが，ここでは微分する変数を区別するために採り入れた．

$$y''' = \frac{d}{dx}(u\dot{u}) = \frac{d}{dy}(u\dot{u})\frac{dy}{dx} = u^2\ddot{u} + u\dot{u}^2,$$
$$\vdots$$

であるので，$y^{(k)}$ は $u, \dot{u}, \ddot{u}, \dddot{u}, \cdots$ と u の $k-1$ 次までの導関数で表せる．例 5.2 は (2) の条件をみたし，変数を y として $u = y'$ の微分方程式として解いた．他の例として次がある．

例 5.4 $y''y = 2(y')^2$

［解］ $u = y'$ とすると，$y'' = u\dot{u}$ より $u\dot{u}y = 2u^2$ となる．両辺を u で割り，$\dot{u} = \dfrac{du}{dy}$ であるから $y\dfrac{du}{dy} = 2u$ となり，変数分離形 $\dfrac{du}{u} = 2\dfrac{dy}{y}$ が得られる．これを解くと

$$\log|u| = 2\log|y| + C$$

であり，変形して，$u = Cy^2$ (C は任意定数) となる．

ここで，$u = y' = \dfrac{dy}{dx}$ なので $\dfrac{dy}{y^2} = C\,dx$ となる．ゆえに，一般解は

$$y = \frac{1}{Ax + B}$$

(ただし $A = -C$, B は任意定数) である．□

●**問 5.2** 次の微分方程式を解け．

(1) $yy'' = (y')^2$ (2) $yy'' = -(y')^2$

(3) y'' と y のみの微分方程式の場合：

$$y'' = f(y). \tag{5.3}$$

$u = y'$ とおけば (2) の方法で解くことができるが，(5.3) に限った別の方法を紹介する．

両辺に $2y'$ を乗ずると

$$2y'y'' = 2f(y)y', \quad \text{つまり} \quad (y')'\,dx = 2f(y)\,dy$$

となる．これを積分すると $(y')^2 = 2F(y) + a$ となる．ここで F は f の不定積分，a は定数である．この式は

$$\frac{1}{2}(y')^2 + (-F(y)) = \frac{a}{2}\ (\text{一定}) \tag{5.4}$$

となる[1].

さらに，(5.4) を $\pm\dfrac{dy}{\sqrt{2F(y)+a}} = dx$ と変形して，a, b を任意定数とした (5.3) の一般解

$$\pm\int \frac{dy}{\sqrt{2F(y)+a}} = x + b \tag{5.5}$$

が得られる．なお，(5.5) の左辺の積分はこれ以上簡単にならないことが多い．

例 5.5 力学の例として，ひもにおもりをつけた振り子があり，ひもと鉛直方向とのなす角を θ，時刻を x とすれば，θ は x を変数とした次の微分方程式をみたす (k はひもの長さと重力定数で決まる正の定数).

$$\theta'' = k\sin\theta$$

［解］ (5.4) を適用すれば，一般解

$$\pm\int \frac{d\theta}{\sqrt{2k\cos\theta + a}} = x + b$$

を得る．左辺の積分については，$y = 2\sqrt{k}\,\sin\dfrac{\theta}{2}$ とおけば $\cos\theta = 1 - 2\sin^2\dfrac{\theta}{2}$, $dy = \sqrt{k}\,\cos\dfrac{\theta}{2}\,d\theta$ なので，

$$\int \frac{d\theta}{\sqrt{2k\cos\theta + a}} = \int \frac{dy}{\sqrt{k}\,\cos\frac{\theta}{2}\sqrt{2k + a - 4k\sin^2\frac{\theta}{2}}}$$
$$= \pm 2\int \frac{dy}{\sqrt{(4k - y^2)(2k + a - y^2)}}$$

のように，$\sqrt{\quad}$ の中が 4 次式の積分まで変形できる．□

一般に，$\sqrt{\quad}$ の中が 3 次以上の整式の不定積分は初等関数にならないことがよくあり，そのとき整式が 3 次，4 次のときの積分を**楕円積分**といい，5 次以上のとき**超楕円積分**という．さらに，楕円積分で定義される関数の逆関数は

1) (5.3) は物理学にでてくる微分方程式で，(5.4) は，運動エネルギー $\frac{1}{2}(y')^2$ とポテンシャルエネルギー $-F(y)$ の和が一定，というエネルギー保存則を表している．

楕円関数とよばれる[1)]．例 5.5 では，y は変数 x の楕円関数になる．

次の例は，(5.5) の左辺の積分が計算できる．

例 5.6　$y'' = \dfrac{1}{\sqrt{ay}}$　$(a > 0)$

［解］ 両辺に $2y'$ を乗じた $2y'y'' = \dfrac{2y'}{\sqrt{ay}}$ は

$$\left((y')^2\right)' dx = 4\left(\sqrt{y}\right)' \frac{dy}{\sqrt{a}}$$

となる．したがって，中間積分

$$(y')^2 = 4\left(\frac{\sqrt{y}}{\sqrt{a}} + A\right), \quad \text{つまり} \quad y' = \pm 2\left(\sqrt{\frac{y}{a}} + A\right)^{\frac{1}{2}}$$

を得る．これは，変数分離形であるから $\dfrac{dy}{\left(\sqrt{y/a} + A\right)^{\frac{1}{2}}} = \pm 2\,dx$ と変形し，両辺を積分すれば

$$\frac{4}{3}a\left(\sqrt{\frac{y}{a}} + A\right)^{\frac{1}{2}}\left(\sqrt{\frac{y}{a}} - 2A\right) = \pm 2x + C$$

となる．両辺を 2 乗して，もとの微分方程式の一般解

$$\left(\sqrt{\frac{y}{a}} + A\right)\left(\sqrt{\frac{y}{a}} - 2A\right)^2 = 4(x + B)^2$$

が得られる．ただし，A, B $(= \pm C/2)$ は任意定数である．□

5.3 同 次 形

微分方程式

$$F(x, y, y', y'', \cdots, y^{(n)}) = 0 \tag{5.6}$$

が次の条件をみたすとする．

定義 5.1 (同次形)　λ, μ, ν を定数とする．任意の正の実数 c に対し

$$c^{\lambda} F(c^{\mu}x, c^{\nu}y, c^{\nu-\mu}y', \cdots, c^{\nu-n\mu}y^{(n)}) = F(x, y, y', y'', \cdots, y^{(n)}) \tag{5.7}$$

が成立するとき，(5.6) を**同次形**という．

1) $\sqrt{}$ の中が 2 次式の不定積分の逆関数は，三角関数，または指数関数である．

μ, ν が以下の (1)〜(3) の場合，c に適当な関数を代入し (5.7) を利用すれば，階数を下げることができる．

(1) $\mu = 0,\ \nu = 1$ **の場合．**

このとき，(5.6) は y **について同次形**であるという．同次形の条件は

$$c^{\lambda} F(x, cy, cy', cy'', \cdots, cy^{(n)}) = F(x, y, y', y'', \cdots, y^{(n)})$$

となる．ここで $c = \dfrac{1}{y}$ とおくと，(5.6) は

$$y^{-\lambda} F\left(x, 1, \frac{y'}{y}, \frac{y''}{y}, \cdots, \frac{y^{(n)}}{y}\right) = 0$$

となる．次に，$y = \pm e^u$ とおくと[1)]

$$y' = \pm u' e^u,\quad y'' = \pm u'' e^u \pm u'^2 e^u,\quad y''' = \pm u''' e^u \pm 3u'' u' e^u \pm u'^3 e^u,\quad \cdots$$

である．さらに，$e^u = \pm y$ なので

$$\frac{y'}{y} = u',\quad \frac{y''}{y} = u'' + u'^2,\quad \frac{y'''}{y} = u''' + 3u''u' + u'^3,\quad \cdots$$

となり，

$$F(x, 1, u', u'' + u'^2, u''' + 3u''u' + u'^3, \cdots) = 0$$

が得られる．これは $x, u', u'', \cdots$ の微分方程式で u を含まない．したがって，前節の (1) の方法が適用できる．

例 5.7 $yy'' - (y')^2 - 6xy^2 = 0$

［解］ 左辺を $F(x, y, y', y'')$ とおくと

$$F(x, cy, cy', cy'') = cycy'' - (cy')^2 - 6x(cy)^2 = c^2 F(x, y, y', y'')$$

であるので，F は y に関し同次形である．$y = \pm e^u$ とおくと，微分方程式は

$$e^u(u'' e^u + u'^2 e^u) - (u' e^u)^2 + 6x(e^u)^2 = e^{2u}(u'' - 6x) = 0$$

となるので $u'' = 6x$ をみたす．これを解いて

$$u = x^3 + Ax^2 + B \quad (A,\ B \text{ は任意定数}).$$

$y = \pm e^u$ とおいたので，一般解は

$$y = \pm \exp\left(x^3 + Ax^2 + B\right)$$

---

1) $e^u > 0$ なので，符号は y の値の符号にあわせる．

となる．□

●**問 5.3** 次の微分方程式を解け．

(1) $xyy'' = x(y')^2 + yy'$ (2) $x^2yy'' = (1+x^2)(y')^2$

(2) $\mu = 1,\ \nu = 0$ **の場合.**

このとき，(5.6) は x **に関して同次形**であるという．同次形の条件は

$$c^{\lambda}F(cx, y, c^{-1}y', c^{-2}y'', \cdots) = F(1, y, y', y'', \cdots)$$

となる．ここで $c = \dfrac{1}{x}$ とおくと $F(1, y, xy', x^2y'', \cdots, x^ny^{(n)}) = 0$ である．

$x = \pm e^t$ とおき，y の t に関する 1 階導関数 $\dfrac{dy}{dt}$，2 階導関数 $\dfrac{d^2y}{dt^2}$，$\cdots$ をそれぞれ $\dot{y},\ \ddot{y}, \cdots$ で表す．このとき，

$$\frac{dy}{dx} = \frac{\dfrac{dy}{dt}}{\dfrac{dx}{dt}} = \pm e^{-t}\frac{dy}{dt} \quad \text{から} \quad xy' = \dot{y}$$

となる．さらに 2 階導関数に関しては

$$\frac{d^2y}{dx^2} = \frac{\dfrac{d}{dt}\left(\pm e^{-t}\dfrac{dy}{dt}\right)}{\dfrac{dx}{dt}} = e^{-2t}\left(\frac{d^2y}{dt^2} - \frac{dy}{dt}\right) \quad \text{から} \quad x^2y'' = \ddot{y} - \dot{y}$$

となる．3 階以上に対しても同様な操作により，$x^ky^{(k)}$ $(k = 1, 2, \cdots, n)$ は y の t に関する k 階までの導関数で表すことができる．よって，(5.6) は

$$F(1, y, \dot{y}, \ddot{y} - \dot{y}, \cdots) = 0 \tag{5.8}$$

となり，t を含まない微分方程式になる．これに前節の (2) または (3) の方法を適用して，階数を下げることができる．

例 5.8 $xyy'' + yy' - 2x(y')^2 = 0$

［解］ 左辺を $F(x, y, y', y'')$ とおくと

$$\begin{aligned} F(cx, y, c^{-1}y', c^{-2}y'') &= cxyc^{-2}y'' + yc^{-1}y' - 2cxc^{-2}(y')^2 \\ &= c^{-1}F(x, y, y', y'') \end{aligned}$$

であるので，微分方程式は x に関し同次形である．$x = \pm e^t$ とおくと，与えられた微分方程式は

$$e^t y e^{-2t}(\ddot{y}-\dot{y}) + y e^{-t}\dot{y} - 2e^t e^{-2t}\dot{y}^2 = 0$$

となる．ゆえに $e^{-t}(y\ddot{y}-2\dot{y}^2)=0$．これは変数を x から t に代えた例 5.4 の方程式であるので，一般解は

$$y = \frac{1}{At+B} = \frac{1}{A\log|x|+B}$$

$(A, B$ は任意定数) である．□

●問 **5.4** $y(x^2y''+xy') = x^2(y')^2$ を解け．

(3) $\mu=\nu=1$ **の場合．**

このとき，(5.6) は x, y **について同次形**[1]であるという．同次形の条件は

$$c^\lambda F(cx, cy, y', c^{-1}y'', \cdots, c^{1-n}y^{(n)}) = F(x, y, y', y'', \cdots, y^{(n)})$$

となる．$c=\dfrac{1}{x}$ とおくと

$$x^{-\lambda}F\left(1, \frac{y}{x}, y', xy'', x^2y''', \cdots, x^{n-1}y^{(n)}\right) = 0$$

が得られる．ここで $y=xz$ とおくと

$$y' = xz'+z, \quad y'' = xz''+2z', \quad \cdots, \quad y^{(n)} = xz^{(n)}+nz^{(n-1)}$$

となるので，(5.6) は

$$F(1, z, xz'+z, x^2z''+2xz', \cdots, x^nz^{(n)}+nx^{n-1}z^{(n-1)}) = 0$$

となる．この微分方程式は x に関し同次形であるので，(2) の場合に帰着する．

例 5.9	$x^2(x+y)y'' = (y-xy')^2$

［解］ $y=xz$ とおくと，微分方程式は

$$x^2(x+xz)(xz''+2z') = \{xz - x(xz'+z)\}^2$$

となる．すなわち

$$x^2(1+z)(xz''+2z') = (x^2z')^2, \quad \text{つまり} \quad (1+z)(xz''+2z') = x^2z'^2$$

となり，

$$(1+z)(x^2z''+2xz') = (xz')^2$$

が得られる．

---

1) 2.2 節の同次形はこの場合に含まれる．

$x = \pm e^t$ とおき，z の t に関する導関数を $\dot{z}$ などで表せば，$xz' = \dot{z}$, $x^2 z'' = \ddot{z} - \dot{z}$ なので

$$(1+z)(\ddot{z} + \dot{z}) = \dot{z}^2$$

となる．この式は t を含まないので，$u = \dot{z}$ とおくと $(1+z)\left(\dfrac{du}{dz}u + u\right) = u^2$ になる．したがって

$$u\left((1+z)\left(\frac{du}{dz} + 1\right) - u\right) = 0$$

と変形される．ゆえに

$$u = 0 \quad \text{または} \quad \frac{du}{dz} = \frac{u}{z+1} - 1$$

をみたす．前者からは直ちに $z = C$, ゆえに $y = Cx$ が得られる．後者は，非斉次 1 階線形微分方程式であることを利用すれば，解は

$$u = (z+1)(C - \log|z+1|) \quad (C \text{ は任意定数})$$

となる．$u = \dfrac{dz}{dt}$ であるから変数分離形となり，さらに積分して

$$t = \int dt = \int \frac{dz}{(z+1)(C - \log|z+1|)}$$

$$= -\int \frac{d(C - \log|z+1|)}{C - \log|z+1|} = C_1 - \log|C - \log|z+1||.$$

(C_1 は任意定数) $y = xz$, $x = \pm\exp t$ であるので

$$x = \pm\exp(C_1 - \log|C - \log|z+1||) = \frac{\pm\exp C_1}{|C - \log|z+1||}$$

となり

$$z = A\exp\left(\frac{B}{x}\right) - 1 \quad (A = \pm\exp C,\ B = \pm\exp C_1).$$

さらに $y = xz$ であるから，一般解

$$y = Ax\exp\left(\frac{B}{x}\right) - x$$

が得られる．これは前者の解 $y = Cx$ を含んでいる ($C = A - 1$, $B = 0$ とおけばよい)．□

●問 5.5 $x^2(yy'' + (y')^2) - 3xyy' + 2y^2 = 0$ を解け．

5.4　完全微分方程式

前章で扱った完全微分方程式は，高階の場合も考えられる．例えば

$$yy'' + (y')^2 + 2x = 0$$

を考えると，この右辺は $yy' + x^2$ を微分したものであるから

$$\frac{d}{dx}(yy' + x^2) = 0$$

と書ける．これから

$$yy' + x^2 = A \quad (A \text{ は任意定数})$$

も完全微分方程式なので，これを解いて

$$\frac{1}{2}y^2 + \frac{1}{3}x^3 = Ax + B \quad (B \text{ は任意定数})$$

が得られる．一般に次のように定める．

定義 5.2 (完全微分方程式)　n 階微分方程式を

$$f(x, y, y', y'', \cdots, y^{(n)}) = 0 \tag{5.9}$$

とする．この左辺がある関数 F の微分になっているとき，すなわち

$$\frac{d}{dx}F(x, y, y', y'', \cdots, y^{(n-1)}) = f(x, y, y', y'', \cdots, y^{(n)}) \tag{5.10}$$

となる関数 $F(x, y, y', y'', \cdots, y^{(n-1)})$ が存在するとき，(5.9) を**完全微分方程式**という．

第 4 章で扱った 1 階完全形 (4.2) は (4.3) より

$$\frac{d}{dx}F(x, y) = \frac{\partial F}{\partial x} + \frac{\partial F}{\partial y}\frac{dy}{dx} = p(x, y) + q(x, y)y'$$

となるので完全微分方程式である．

直ちにわかるように，完全微分方程式 (5.9) は階数が低い微分方程式

$$F(x, y, y', \cdots, y^{(n-1)}) = C \quad (C \text{ は任意定数})$$

に変形できる．この微分方程式を**中間積分**という[1]．

(5.10) をみたす F を探すことについては，次の定理が有効である．

1)　1 階完全形では y' を含まないので，定理 4.2 より一般解である．

定理 5.1 $n+2$ 変数関数 $f(x,y,y_1,\cdots,y_n)$ が y_n に関する 1 次式で，1 次の項の係数を $g(x,y,\cdots,y_{n-1})$ として

$$u=\int g(x,y,\cdots,y_{n-1})\,dy_{n-1}, \tag{5.11}$$

$$\widetilde{f}=f(x,y,y',\cdots,y^{(n)})-\frac{d}{dx}u(x,y,y',\cdots,y^{(n-1)}) \tag{5.12}$$

とおけば，$\widetilde{f}$ は $y^{(n)}$ を含まない．

［証明］ 多変数関数に関する合成関数の微分の公式[1)]より

$$\frac{d}{dx}u(x,y,y',\cdots,y^{(n-1)})=u_x+u_yy'+u_{y_1}y''+\cdots+u_{y_{n-1}}y^{(n)}$$

で表され，u の偏導関数の $y_1,\cdots,y_{n-1}$ に y の導関数 $y',\cdots,y^{(n-1)}$ を代入する．したがって，この関数と $u_{y_{n-1}}(x,y,y',\cdots,y^{(n-1)})y^{(n)}$ の差は $y^{(n)}$ を含まない関数である．

$u_{y_{n-1}}$ については，(5.11) より

$$u_{y_{n-1}}(x,y,y_1,\cdots,y_{n-1})=g(x,y,\cdots,y_{n-1})$$

になり，f は y_n に関する 1 次関数であるから

$$\begin{aligned}f(x,y,y_1,\cdots,y_n)-f(x,y,y_1,\cdots,y_{n-1},0)&=g(x,y,\cdots,y_{n-1})y_n\\&=u_{y_{n-1}}(x,y,\cdots,y_{n-1})y_n\end{aligned}$$

となる．したがって，(5.12) より $\widetilde{f}$ に $y^{(n)}$ は含まれない．□

この定理より，(5.12) の $\widetilde{f}$ を $x,y,y_1,\cdots,y_{n-1}$ を変数とした関数 f_1 で

$$\widetilde{f}=f_1(x,y,y',\cdots,y^{(n-1)})$$

のように表せる．また，(5.11) の u を u_1 に書き直す．もし，f_1 が y_{n-1} に関する 1 次式であれば，1 次の項の係数を $g_1(x,y,y_1,\cdots,y_{n-2})$ で表し，

$$u_2=\int g_1(x,y,y_1,\cdots,y_{n-2})\,dy_{n-1}$$

とおけば，定理 5.1 より $f_1(x,y,y',\cdots,y^{(n-1)})-\dfrac{d}{dx}u_2(x,y,y',\cdots,y^{(n-1)})$ は $y^{(n-1)}$ を含まない．したがって，

1) 2 変数に関しては「微分積分」([14]) p.110 にあるが，n 変数に拡張できる．

$$f(x,y,y',\cdots,y^{(n)})-\frac{d}{dx}\Big(u_1(x,y,y',\cdots,y^{(n-1)})+u_2(x,y,y',\cdots,y^{(n-2)})\Big)$$

は $y^{(n)}$，$y^{(n-1)}$ を含まない．このような操作が可能であれば続けてゆき，$x,y,\cdots,y_i$ の関数 u_{n-i} が $i=n-k$ まで得られ

$$f(x,y,y',\cdots,y^{(n)})-\frac{d}{dx}(u_1+\cdots+u_k)$$

が x のみの関数となったとすれば，それを $v(x)$ として，$n-1$ 階導関数まで含む中間積分は

$$u_1+\cdots+u_k+\int v(x)\,dx=C\quad(C\text{ は任意定数})$$

である．

例 5.10　$x^2yy''+x^2(y')^2+4xyy'+y^2-6x^2=0$

［解］ $f(x,y,y_1,y_2)=x^2yy_2+x^2y_1^2+4xyy_1-6x^2$ とすれば，微分方程式は $f(x,y,y',y'')=0$ で表せる．y_2 の係数は x^2y であり

$$u_1(x,y,y_1)=\int x^2y\,dy_1=x^2yy_1$$

とおくと，

$$f(x,y,y',y'')-\frac{d}{dx}u_1(x,y,y')=2xyy'+y^2-6x^2$$

になる．$f_1(x,y,y_1)=2xyy_1+y^2-6x^2$ とすれば，y_1 に関する 1 次式で y_1 の係数は $2xy$ であり，

$$u_2(x,y)=\int 2xy\,dy=xy^2$$

とおくと，

$$f(x,y,y',y'')-\frac{d}{dx}\left(u_1(x,y,y')+u_2(x,y)\right)=-6x^2$$

となる．すなわち，与えられた微分方程式は

$$\frac{d}{dx}\left(u_1(x,y,y')+u_2(x,y)\right)-6x^2=0$$

と表せる．ゆえに完全微分方程式であり，中間積分は

$$u_1(x,y,y')+u_2(x,y)-2x^3=A,\qquad\text{つまり}\qquad x^2yy'+xy^2-3x^2=A$$

となる．これも (第 4 章で扱った) 完全微分方程式なので，一般解は

$$\frac{1}{2}x^2y^2 - x^3 = Ax + B$$

(A, B は任意定数) である．□

●**問 5.6**　次の微分方程式を解け．

(1)　$xy^2y'' + 2xy(y')^2 + 2y^2y' = 0$

(2)　$x^{-1}(yy'' + (y')^2) - 2x^{-2}yy' + x^{-3}y^2 = 0$

1 階のときと同様に，積分因子を両辺に乗じて完全微分方程式になることも考えられる．

> **例 5.11**　$y'' + 2xy' + \dfrac{(y')^2}{y} = 0$

［解］ 両辺に $\dfrac{1}{y'}$ を乗ずると $\dfrac{y''}{y'} + 2x + \dfrac{y'}{y} = 0$ となる．ゆえに，x で積分して

$$\log|y'| + x^2 + \log|y| = C \quad から \quad \log|yy'| = -x^2 + C$$

(C は任意定数) となるので，$yy' = \pm\exp C \cdot \exp(-x^2)$ を得る．もう一度 x で積分して

$$y^2 = A\int \exp(-x^2)\,dx + B \qquad (A = \pm 2\exp C).$$

これが一般解である (B は任意定数)．□

●**問 5.7**　両辺に $\dfrac{1}{(yy')^2}$ を乗じて，$xy^2y'' + (y')^3 - y^2y' = 0$ を解け．

5.5　リウヴィルの微分方程式

特殊な形であるが，微分方程式

$$y'' + p(x,y)\,y' + q(x,y)\,(y')^2 = 0 \tag{5.13}$$

の解き方を考える．以下の (1)〜(3) とき求積法で解ける．

(1)　p, q **が** y **のみの関数の場合．**

$y' = u$ とおくと

$$y'' = \frac{du}{dy}\frac{dy}{dx} = u\frac{du}{dy}$$

となる．したがって，(5.13) は

$$u\frac{du}{dy} + p(y)u + q(y)u^2 = 0,$$

すなわち

$$u = 0 \quad \text{または} \quad \frac{du}{dy} + q(y)u = -p(y).$$

前者から $y = C$ (定数) で，後者は非斉次 1 階線形微分方程式なので解ける．

(2)　**p, q が x のみの関数の場合.**

$u = y'$ とおくと (5.13) は $u' + p(x)u = -q(x)^2 u$ となる．これは 3.2.1 項で扱ったベルヌーイの微分方程式である．

以上の場合は y' を解とする中間積分が前章までに扱った微分方程式で，その解を積分すれば (5.13) の解になるが，次の場合は積分因子を乗じて完全微分方程式になり，中間積分は変数分離形になる．

(3)　**p が x のみ，q が y のみの関数の場合.**

これまでにないタイプの方程式である．

定義 5.3 (リウヴィルの微分方程式)　$p(x), q(y)$ をそれぞれ x, y の関数とするとき

$$y'' + p(x)y' + q(y)(y')^2 = 0 \tag{5.14}$$

の形の微分方程式を**リウヴィル** (Liouville) **の微分方程式**という．

この微分方程式の解法は次のとおりである．

(i) $y' = 0$ のとき．直ちにわかるように，解は $y = C$ (定数) である．

(ii) $y' \neq 0$ のとき．(5.14) に $\dfrac{1}{y'}$ を乗じて $\dfrac{y''}{y'} + p(x) + q(y)y' = 0$ である．

これは

$$\frac{d}{dx}\left(\log|y'| + \int p(x)\,dx + \int q(y)\frac{dy}{dx}\,dx\right) = 0$$

に直せるので完全微分方程式で，中間積分は

$$\log|y'| + \int p(x)\,dx + \int q(y)\,dy = C$$

であり，

$$y' = A\exp\left(-\int p(x)\,dx\right)\exp\left(-\int q(y)\,dy\right) \quad (A = \pm\exp C)$$

となる．これは変数分離形であり

$$\exp\left(\int q(y)\,dy\right)dy = A\exp\left(-\int p(x)\,dx\right)dx$$

となる．両辺を積分して

$$\int \exp\left(\int q(y)\,dy\right)dy = A\int \exp\left(-\int p(x)\,dx\right)dx + B$$

(B は任意定数) となる．これが一般解である．

例 5.12 $y'' + \dfrac{x-1}{x}y' + \dfrac{y^2+1}{y}(y')^2 = 0$

［解］ この方程式は $p(x) = \dfrac{x-1}{x}$，$q(y) = \dfrac{y^2+1}{y}$ となるリウヴィルの微分方程式である．まず $y' = 0$，すなわち $y = C$ (定数) が解であることに注意する．

$y' \neq 0$ のとき，両辺を y' で割り

$$\frac{y''}{y'} + \frac{x-1}{x} + \frac{(y^2+1)y'}{y} = 0$$

となる．したがって，

$$\frac{d}{dx}\left(\log|y'| + x - \log|x| + \frac{1}{2}y^2 + \log|y|\right) = 0$$

になるから完全微分方程式であり，中間積分は

$$\log\left|\frac{yy'}{x}\right| + x + \frac{1}{2}y^2 = C_1$$

(C_1 は任意定数) となる．これより

$$\frac{yy'}{x} = A\exp(-x)\exp\left(-\frac{y^2}{2}\right) \quad (A = \pm\exp C_1)$$

が導かれ，

$$\exp\left(\frac{y^2}{2}\right)yy' = Ax\exp(-x)$$

が得られる．$yy' = \dfrac{1}{2}\dfrac{d(y^2)}{dx}$ なので x で積分して

$$\exp\left(\frac{y^2}{2}\right) = A(-x\exp(-x) - \exp(-x)) + B,$$

つまり一般解は

$$\exp\left(\frac{y^2}{2}\right) = D(x+1)\exp(-x) + B \quad (D = -A,\ B \text{ は任意定数})$$

となる．$y = C$ はこの解の $B = C,\ D = 0$ の場合になる．□

●問 **5.8** $y'' + \dfrac{3}{x^2 - x - 2}y' - \dfrac{2y}{y^2+1}(y')^2 = 0$ を解け (定数解は除く).

演習問題

問題 5.1 次の微分方程式を解け.

(1) $xy'' = (x+1)y'$　(2) $2xy'' = (y')^2 - 1$

(3) $(1+x^2)y'' + 2xy' = x^2$　(4) $xy'' = e^{y'} + 1$

(5) $xy'' \tan y' + 1 = 0$　(6) $xy'' = y' + x\tan\dfrac{y'}{x}$

問題 5.2 次の微分方程式を解け.

(1) $2yy'' = (y')^3 - y'$　(2) $(1-y^2)y'' + y(y')^2 = 0$

(3) $yy'' = (y\tan y - 1)(y')^2$　(4) $(y^2+1)(y'' - y') = 2y(y')^2$

(5) $y^2y'' - y(y')^2 = y'(y^2 + (y')^2)$　(6) $2y^2y'' + 2y(y')^2 + 1 = 0$

問題 5.3 次の微分方程式を解け.

(1) $yy'' = (e^x + 1)(y')^2$　(2) $(yy'' - (y')^2)\cos x = 2yy'$

(3) $x^2(8yy'' - 8(y')^2 + 3y^2) = 16(y')^2$　(4) $y(xy'' + y') = x(y')^2(y^2 - 1)$

(5) $x(y'' + (y')^2) = e^y y'$　(6) $y(xy'' + y') = x(y')^2 + y'\sqrt{y^2 - x^2(y')^2}$

(7) $x^2yy'' + 2xyy' = x^2(y')^2 + y^2$　(8) $x^2(yy'' + (y')^2 - 1) = 3xyy' - 2y^2$

問題 5.4 次の微分方程式を解け.

(1) $3x^2y^2y'' + 6x^2y(y')^2 - 2y^3 = 0$

(2) $2(1-x^2)(yy'' + (y')^2) - 6xyy' - y^2 = 0$

(3) $(e^x + \sin y)y'' + (3e^x + \sin y)y' + (\cos y)(y')^2 + 2e^x y = 0$

問題 5.5 次の微分方程式を解け ((　) の中の関数が積分因子であることを利用せよ).

(1) $(x^2y'' + 2y')(1+y^2) - 2x^2y(y')^2 = 0$　$\left(\dfrac{1}{(1+y^2)^2}\right)$

(2) $y(xy - y^2)y'' - 2xyy' + (3x^2 - 2xy)(y')^2 + y^4 = 0$　$\left(\dfrac{1}{y^4}\right)$

問題 5.6 次の微分方程式を解け (定数解は除く).

(1) $y'' + y'\tan x - \dfrac{(y')^2}{\cos y} = 0$　(2) $y'' + \dfrac{2x-1}{x^2+1}y' + \dfrac{y}{1-y^2}(y')^2 = 0$

6
2 階線形微分方程式

前章で，高階の微分方程式を階数が低い微分方程式に帰着させて解く方法を解説したが，これが適用できない微分方程式も多い．第 3 章で 1 階線形微分方程式を解説したが，これを高階に拡張する．ただし，いきなり n 階とするのはわかりにくいので，本章では，第 1 章で述べたように応用例が多い 2 階に限定し，次章で 3 階以上を含む線形微分方程式を取り上げる．

6.1　斉次と非斉次

本章では階数を 2 階に限定して，次のような形の微分方程式を考える．

定義 6.1 (2 階線形 (常) 微分方程式)　x の関数 $p(x), q(x), r(x)$ に対して

$$y'' + p(x)y' + q(x)y = r(x) \tag{6.1}$$

を **2 階線形 (常) 微分方程式**という．(y'' にも関数を乗じた形もあるが，その場合は両辺をその関数で割れば y'' の係数が 1 になる．)

1 階と同様に $r(x)$ を**非斉次項**あるいは**非同次項**という．また，この非斉次項が 0 である方程式

$$y'' + p(x)y' + q(x)y = 0 \tag{6.2}$$

を**斉次 (形)** あるいは**同次 (形)**，そうでないとき**非斉次 (形)** あるいは**非同次 (形)** という．

2 階線形微分方程式は 1 階線形と同様に 3.1.3 項で述べた線形性，つまり y_1, y_2 を斉次 (6.2) の解とすれば，$y_1 + y_2$ と ky_1 (k は定数) も解である．また，y_0 を非斉次 (6.1) の解の 1 つ (特殊解) とすれば，(6.1) の解はすべて y_0 と (6.2) の解の和になることも示せる．

1 階線形では，定理 3.1 の (3.6) により積分を計算すれば解が求まる．しかし (6.1) や (6.2) のような 2 階以上の線形微分方程式については，無条件で積分の計算により解が求められる一般的公式はない．

6.2 斉次 2 階線形微分方程式

6.2.1 基本解とロンスキアン

線形性より，斉次線形微分方程式 (6.2) の解に関しては次の重要な性質がある．

y_1, y_2 を (6.2) の解とすれば

$$y = Ay_1 + By_2 \quad (A, B \text{ は定数}) \tag{6.3}$$

も (6.2) の解になる．A, B は任意に選べるので，解 y_1, y_2 がみつかれば (6.3) より y_1, y_2 の他に多数の解が得られる．ここで問題となるのは，(6.2) の解はすべて (6.3) の形で求められるかを判定することである．もしそうであれば，(6.3) は A, B を任意定数とする (6.2) の一般解であるといえる．また，(6.3) が一般解となるとき，y_1, y_2 を**基本解**とよぶ．一般に，2 階の微分方程式では，2 つの任意定数が現れる．それらを C_1, C_2 と表すことも多いが，ここでは A, B を用いることにする．

(6.2) の 2 つ解 y_1, y_2 をみつけても，それらが必ずしも基本解になるとは限らない．そこで，基本解になるかを判定するために，**ロンスキアン** (Wronskian) とよばれる次の関数を用意する．

$$W[y_1, y_2](x) = \begin{vmatrix} y_1(x) & y_2(x) \\ y_1'(x) & y_2'(x) \end{vmatrix} = y_1(x)y_2'(x) - y_2(x)y_1'(x).$$

ロンスキアンに対して，次の定理が成り立つ．

> **定理 6.1** 斉次 2 階線形微分方程式 (6.2) の 2 つの解 y_1, y_2 のロンスキアン $W[y_1, y_2](x)$ の値は，ある x の値で 0 でなければ，すべての x に対して 0 にならない．

［証明］ y_1, y_2 が (6.2) をみたすので，ロンスキアンの導関数は

$$\begin{aligned} W[y_1, y_2]'(x) &= y_1'y_2' + y_1y_2'' - y_2'y_1' - y_2y_1'' \\ &= y_1(-p(x)y_2' - q(x)y_2) - y_2(-p(x)y_1' - q(x)y_1) \end{aligned}$$

$$= -p(x)W[y_1, y_2](x) \tag{6.4}$$

になる．ゆえに，$W[y_1, y_2](x)$ は斉次 1 階線形微分方程式 $y' = -p(x)y$ をみたし，解の公式 (3.3) より

$$W[y_1, y_2](x) = \exp\left(-\int_{x_0}^{x} p(x)\,dx\right) W[y_1, y_2](x_0)$$

となる．よって，$W[y_1, y_2](x_0) \neq 0$ ならば，すべての x に対して $W[y_1, y_2](x) \neq 0$ となる．□

ロンスキアンで，基本解であるかどうかの判定ができる．

定理 6.2 斉次 2 階線形微分方程式 (6.2) の 2 つの解 y_1, y_2 のロンスキアン $W[y_1, y_2](x)$ の値が 0 にならなければ，y_1, y_2 は (6.2) の基本解である．

［証明］ ロンスキアンは行列

$$\begin{bmatrix} y_1(x) & y_2(x) \\ y_1'(x) & y_2'(x) \end{bmatrix} \tag{6.5}$$

の行列式であり，定理 6.1 より，すべての x に対して $W[y_1, y_2](x) \neq 0$ なので，

$$\begin{cases} A(x)y_1(x) + B(x)y_2(x) = y(x), \\ A(x)y_1'(x) + B(x)y_2'(x) = y'(x) \end{cases} \tag{6.6}$$

をみたすように 関数 $A(x), B(x)$ が選べる．

実際，行列 (6.5) の行列式は $W[y_1, y_2](x)$ であるから，この行列は逆行列

$$\frac{1}{W[y_1, y_2](x)} \begin{bmatrix} y_2'(x) & -y_2(x) \\ -y_1'(x) & y_1(x) \end{bmatrix}$$

をもつ．したがって，

$$\begin{aligned} \begin{bmatrix} A(x) \\ B(x) \end{bmatrix} &= \begin{bmatrix} y_1(x) & y_2(x) \\ y_1'(x) & y_2'(x) \end{bmatrix}^{-1} \begin{bmatrix} y(x) \\ y'(x) \end{bmatrix} \\ &= \frac{1}{W[y_1, y_2](x)} \begin{bmatrix} y_2'(x)y(x) - y_2(x)y'(x) \\ -y_1'(x)y(x) + y_1(x)y'(x) \end{bmatrix} \\ &= \frac{1}{W[y_1, y_2](x)} \begin{bmatrix} W[y, y_2](x) \\ -W[y, y_1](x) \end{bmatrix} \end{aligned}$$

で 2 つの関数 $A(x), B(x)$ を定めることができ，$A(x), B(x)$ は (6.6) をみたす．

次に $y(x)$ が (6.2) の解ならば $A(x), B(x)$ がともに定数になることを示す．導関数 $A'(x)$ を計算する．y も (6.2) の解であるから，(6.4) において $W[y_1, y_2](x)$ を $W[y, y_2](x)$ に置き換えても等号は成立するので

$$\begin{aligned} A'(x) &= \left(\frac{W[y, y_2](x)}{W[y_1, y_2](x)} \right)' \\ &= \frac{W[y, y_2]'(x) W[y_1, y_2](x) - W[y, y_2](x) W[y_1, y_2]'(x)}{W[y_1, y_2](x)^2} \qquad (6.7) \\ &= \frac{-p(x) W[y, y_2](x) W[y_1, y_2](x) + p(x) W[y, y_2](x) W[y_1, y_2](x)}{W[y_1, y_2](x)^2} = 0. \end{aligned}$$

よって，$A(x)$ は定数関数である．$B(x)$ についても同様に $B'(x) = 0$ が示せるので，定数関数である．

以上により，$y(x)$ が (6.2) をみたすならば定数 A, B を用いて $y = Ay_1 + By_2$ と表せることが示された．□

2 つの解 y_1, y_2 のロンスキアンの値が 0 にならないことが示されれば，定理 6.2 により，y_1, y_2 は基本解であることがわかり，(6.3) より一般解が得られる．初期条件があれば，それをみたすように任意定数 A, B を定めればよい．

例 6.1 $2x^2 y'' + 3xy' - y = 0$

［解］ 2 つの解として $y_1(x) = \sqrt{x}$, $y_2(x) = \dfrac{1}{x}$ を選ぶ[1]．ロンスキアンを計算すると

$$W[y_1, y_2](x) = \begin{vmatrix} y_1(x) & y_2(x) \\ y_1'(x) & y_2'(x) \end{vmatrix} = \begin{vmatrix} \sqrt{x} & \frac{1}{x} \\ \frac{1}{2\sqrt{x}} & -\frac{1}{x^2} \end{vmatrix} = -\frac{3}{2} x^{-\frac{3}{2}}.$$

これよりロンスキアンは 0 でないので，y_1, y_2 は基本解である．よって，一般解は

$$y = A\sqrt{x} + \frac{B}{x}.$$

さらに，初期条件を $y(1) = 1$, $y'(1) = 2$ にすれば

$$A + B = 1, \qquad \frac{1}{2} A - B = 2$$

1) 微分方程式の y に代入して確かめる．このような微分方程式に対して，“級数解法” で解を求める一般的方法がある．

より $A=2, B=-1$ になり，初期条件をみたす解は

$$y=2\sqrt{x}-\frac{1}{x}$$

となる．□

●**問 6.1** 次に答えよ．

(1) $y_1(x)=\sqrt{x}, y_2(x)=\dfrac{1}{\sqrt{x}}$ が $4x^2y''+4xy'-y=0$ の解になることを確かめよ．

(2) $W[y_1,y_2](x)$ を計算せよ．

(3) $4x^2y''+4xy'-y=0,\ y(4)=0,\ y'(4)=-1$ の解を求めよ．

6.2.2 基本解の求め方 (定数係数の場合)

前項では，解が 2 つ求まったとしてそれが基本解になるかについて述べたが，本節では，特別な場合の斉次線形の基本解を求める方法について述べる．そこで，(6.2) の係数 $p(x), q(x)$ をそれぞれ定数関数として $p(x)=a,\ q(x)=b$ と書くことにする．このとき (6.2) は

$$y''+ay'+by=0 \tag{6.8}$$

で表せる．このように，y およびその導関数に定数を乗じた形を**定数係数線形微分方程式**とよぶが，(6.8) に対して y'' を λ^2，y' を λ，y を 1 に置き換えると，次の 2 次方程式

$$\lambda^2+a\lambda+b=0 \tag{6.9}$$

を得る．この 2 次方程式 (6.9) を (6.8) に対する**特性方程式**という．

2 次方程式の解は，以下の 3 つの場合に分けられる．

(1) 2 つの異なる実数解をもつ．

(2) 1 つの実数解 (重解) をもつ．

(3) 2 つの互いに共役な虚数解をもつ．

各場合に対する (6.8) の基本解を以下で求めてみる．

(1) の場合： α を実数として，$y=e^{\alpha x}$ を (6.8) の左辺に代入すれば

$$\begin{aligned}(e^{\alpha x})''+a\,(e^{\alpha x})'+be^{\alpha x}&=\alpha^2e^{\alpha x}+a\alpha e^{\alpha x}+be^{\alpha x}\\&=(\alpha^2+a\alpha+b)e^{\alpha x}\end{aligned} \tag{6.10}$$

になるので，α が (6.9) の解であれば $e^{\alpha x}$ は (6.8) の解である．よって，もし (6.9) が 2 つの異なる実数解 α_1, α_2 をもてば，2 つの解 $e^{\alpha_1 x}, e^{\alpha_2 x}$ を得るが，これらが基本解であるかを判定するためにロンスキアンを計算する．$x=0$ の

とき

$$e^{\alpha_i x} = e^0 = 1, \qquad (e^{\alpha_i x})' = \alpha_i e^0 = \alpha_i$$

であるから,

$$W[e^{\alpha_1 x}, e^{\alpha_2 x}](0) = \alpha_2 - \alpha_1 \neq 0.$$

よって $y_1 = e^{\alpha_1 x}$, $y_2 = e^{\alpha_2 x}$ は基本解である.

例 6.2　$y'' - 2y' - 2y = 0$

[解]　特性方程式は $\lambda^2 - 2\lambda - 2 = 0$ で，解は $\lambda = 1 \pm \sqrt{3}$ となるから基本解 $e^{(1+\sqrt{3})x}$, $e^{(1-\sqrt{3})x}$ を得る．一般解は

$$y = Ae^{(1+\sqrt{3})x} + Be^{(1-\sqrt{3})x}$$

(A, B は任意定数) である．□

(2) の場合：　重解を α_1 とすれば，$e^{\alpha x}$ の形の解は $\alpha = \alpha_1$ とした関数しかないので，基本解を求めるには別の種類の関数の解が必要である．そこで試しに xe^{α_1} を (6.8) の左辺に代入してみる.

$$\begin{aligned}(xe^{\alpha_1 x})'' &+ a\,(xe^{\alpha_1 x})' + bxe^{\alpha_1 x} \\ &= 2\alpha_1 e^{\alpha_1 x} + \alpha_1^2 xe^{\alpha_1 x} + a\,(e^{\alpha_1 x} + \alpha_1 xe^{\alpha_1 x}) + bxe^{\alpha_1 x} \\ &= \left(\alpha_1^2 + a\alpha_1 + b\right) e^{\alpha_1 x} + (2\alpha_1 + a)\, e^{\alpha_1 x}.\end{aligned}$$

ここで α_1 は特性方程式の解なので第 1 項は 0 であるが，さらに重解なので $\alpha_1 = -\dfrac{a}{2}$ も成り立ち，第 2 項も 0 である．よって $xe^{\alpha_1 x}$ も (6.8) の解である.

$x = 0$ のとき

$$xe^{\alpha_1 x} = 0e^0 = 0, \quad (xe^{\alpha_1 x})' = e^{\alpha_1 x} + \alpha_1 xe^{\alpha_1 x} = e^0 + 0e^0 = 1$$

であるから,

$$W[e^{\alpha_1 x}, xe^{\alpha_1 x}](0) = 1 \times 1 - \alpha_1 \times 0 = 1 \neq 0.$$

よって，$y_1 = e^{\alpha_1 x}$, $y_2 = xe^{\alpha_1 x}$ は基本解である.

例 6.3　$y'' - 10y' + 25y = 0$

[解]　特性方程式は $\lambda^2 - 10\lambda + 25 = (\lambda - 5)^2 = 0$ で，解は重解の $\lambda = 5$ で

あるから，基本解 e^{5x}，xe^{5x} を得る．一般解は

$$y = (A + Bx)e^{5x}$$

$(A, B$ は任意定数) である．□

(3) の場合：　特性方程式の一方の虚数解の実部を β，虚部を γ で表すと，他方の虚数解と共役であるから，2 つの虚数解は $\beta \pm i\gamma$ $(\gamma \neq 0)$ で表せる．指数関数を複素関数とみなせば $e^{\alpha x}$ の α に特性方程式の虚数解を代入することができ，(C.3) より，α が虚数でも (6.10) が成り立つので，基本解

$$y_1 = e^{(\beta + i\gamma)x}, \qquad y_2 = e^{(\beta - i\gamma)x}$$

を得る．

ところが実用上は実数値関数の解が必要となることが多いことから，任意定数が実数になる実数値関数の基本解を求めてみる．この場合も (2) と同じように解になりそうな関数をみつけ，それを (6.8) の左辺の y に代入し 0 になることを確かめる．ここでは，$e^{\beta x}\sin\gamma x$ および $e^{\beta x}\cos\gamma x$ を代入してみる．まずは $y = e^{\beta x}\sin\gamma x$ とすれば

$$\begin{aligned}
&\left(e^{\beta x}\sin\gamma x\right)'' + a\left(e^{\beta x}\sin\gamma x\right)' + be^{\beta x}\sin\gamma x \\
&\qquad = \beta^2 e^{\beta x}\sin\gamma x + 2\beta\gamma e^{\beta x}\cos\gamma x - \gamma^2 e^{\beta x}\sin\gamma x \\
&\qquad\quad + a\left(\beta e^{\beta x}\sin\gamma x + \gamma e^{\beta x}\cos\gamma x\right) + be^{\beta x}\sin\gamma x \\
&\qquad = e^{\beta x}\left((\beta^2 - \gamma^2 + a\beta + b)\sin\beta x + (2\beta + a)\gamma\cos\gamma x\right).
\end{aligned}$$

ここで，$\beta \pm i\gamma$ は (6.9) の解であるから $2\beta = -a$，$\beta^2 + \gamma^2 = b$．ゆえに

$$\left(e^{\beta x}\sin\gamma x\right)'' + a\left(e^{\beta x}\sin\gamma x\right)' + be^{\beta x}\sin\gamma x = 0$$

になり，$e^{\beta x}\sin\gamma x$ は (6.8) の解である．同様に $e^{\beta x}\cos\gamma x$ も解であることが示せる[1]．

$x = 0$ のとき

$$e^{\beta x}\sin\gamma x = e^0\sin 0 = 0, \quad e^{\beta x}\cos\gamma x = e^0\cos 0 = 1,$$

$$\begin{aligned}
\left(e^{\beta x}\sin\gamma x\right)' &= \beta e^{\beta x}\sin\gamma x + \gamma e^{\beta x}\cos\gamma x \\
&= \beta e^0\sin 0 + \gamma e^0\cos 0 = \gamma,
\end{aligned}$$

1) (C.2) より $(e^{(\beta+i\gamma)x} - e^{(\beta-i\gamma)x})/2i = e^{\beta x}\sin\gamma x$，$(e^{(\beta+i\gamma)x} + e^{(\beta-i\gamma)x})/2 = e^{\beta x}\cos\gamma x$ となるので，線形性より基本解になることがわかる．

$$\begin{aligned}\left(e^{\beta x}\cos\gamma x\right)' &= \beta e^{\beta x}\cos\gamma x - \gamma e^{\beta x}\sin\gamma x\\ &= \beta e^{0}\cos 0 - \gamma e^{0}\sin 0 = \beta.\end{aligned}$$

よって，ロンスキアンは

$$W[e^{\beta x}\sin\gamma x, e^{\beta x}\cos\gamma x](0) = 0\times\beta - 1\times\gamma = -\gamma \neq 0$$

になるので，$y_1 = e^{\beta x}\sin\gamma x$，$y_2 = e^{\beta x}\cos\gamma x$ は基本解である．

例 6.4 $y'' + y' + 2y = 0$

［解］ 特性方程式は $\lambda^2 + \lambda + 2 = 0$ で，解は $\lambda = \dfrac{-1 \pm \sqrt{7}\,i}{2}$ となるから，基本解 $e^{-x/2}\sin\dfrac{\sqrt{7}}{2}x$，$e^{-x/2}\cos\dfrac{\sqrt{7}}{2}x$ を得る．一般解は

$$y = e^{-x/2}\left(A\sin\frac{\sqrt{7}}{2}x + B\cos\frac{\sqrt{7}}{2}x\right)$$

$(A, B$ は任意定数$)$ である．□

最後に，特性方程式と**基本解**，**一般解**との関係を以下の表にまとめておく．

特性方程式の解	基本解	一般解
2 つの実数解 α_1, α_2	$e^{\alpha_1 x}$，$e^{\alpha_2 x}$	$Ae^{\alpha_1 x} + Be^{\alpha_2 x}$
重解 α_1	$e^{\alpha_1 x}$，$xe^{\alpha_1 x}$	$(A + Bx)e^{\alpha_1 x}$
虚数解 $\beta \pm i\gamma$	$e^{\beta x}\sin\gamma x$，$e^{\beta x}\cos\gamma x$	$e^{\beta x}(A\sin\gamma x + B\cos\gamma x)$

●**問 6.2** 次の微分方程式の一般解を求めよ．

(1) $y'' - 2y' - 3y = 0$　　(2) $y'' + 4y' - y = 0$

(3) $y'' + 8y' + 16y = 0$　　(4) $y'' - 4y' + 13y = 0$

6.2.3 基本解の求め方 (変数係数の場合)

斉次 2 階線形微分方程式 (6.2) の係数 $p(x), q(x)$ が定数でない，つまり変数の場合は基本解が初等関数にならないことがよくある[1]．ここでは限定的ではあるが，解の 1 つがあらかじめわかっているとする．

定理 6.3 斉次 2 階線形微分方程式 (6.2) の解 y_1 に対して，z を斉次 1 階線形微分方程式

1) このような解を**特殊関数**といい，“級数解法” が用いられるが，本書では説明しない．

$$y_1 z' + (2y_1' + p(x)y_1)z = 0 \tag{6.11}$$

の1つの解とする．もし，同時に $y_1(x) = 0$, $z(x) = 0$ にならなければ，y_1 と $y_2 = y_1 \int z\,dx$ は (6.2) の基本解である．

［証明］ $u = \int z\,dx$ とすれば $u' = z$, $y_2 = uy_1$ である．y_2 を (6.2) に代入すると，y_1 は (6.2)，z は (6.11) の解であるから

$$\begin{aligned} y_2'' + p(x)y_2' + q(x)y_2 &= (uy_1)'' + p(x)(uy_1)' + q(x)uy_1 \\ &= (y_1'' + p(x)y_1' + q(x)y_1)u + (2y_1' + p(x)y_1)u' + y_1u'' \\ &= (2y_1' + p(x)y_1)z + y_1z' = 0. \end{aligned}$$

y_1 と $y_2 = uy_1$ が (6.2) の基本解であることを確かめるために，ロンスキアンを計算すれば

$$W[y_1, y_2](x) = \begin{vmatrix} y_1 & uy_1 \\ y_1' & (uy_1)' \end{vmatrix} = y_1(u'y_1 + uy_1') - uy_1y_1' = z(y_1)^2$$

になる．したがって，$W[y_1, y_2](x)$ の値が 0 にならないことがあるので，定理 6.2 より y_1, y_2 は (6.2) の基本解である．□

例 6.5 $(1 + x^2)y'' - 2xy' + 2y = 0$

［解］ $y = x$ は1つの解であるので $y_1 = x$ とする．方程式 (6.11) は

$$xz' + \left(2 - \frac{2x^2}{1 + x^2}\right)z = 0$$

になり，解は (3.3) より[1)]

$$\begin{aligned} z &= \exp\left(-\int \frac{1}{x}\left(2 - \frac{2x^2}{1 + x^2}\right)dx\right) = \exp\left(\int\left(\frac{2x}{1 + x^2} - \frac{2}{x}\right)dx\right) \\ &= \exp\left(\log\frac{1 + x^2}{x^2}\right) = \frac{1}{x^2} + 1. \end{aligned}$$

したがって，もう1つの基本解 y_2 は

1) 解は1つ求めればよいので任意定数は何でもよいが，ここでは1にする．

$$y_2 = x\int\left(\frac{1}{x^2}+1\right)dx = x\left(x-\frac{1}{x}\right) = x^2-1$$

となる．ゆえに，一般解は

$$y = Ax + B(x^2-1)$$

$(A, B$ は任意定数) である．□

例 6.6　$xy'' + (1-2x)y' + (x-1)y = 0$

［解］ $y = e^x$ は解の 1 つであるので $y_1 = e^x$ とする．方程式 (6.11) の両辺を e^x で割れば

$$z' + \frac{z}{x} = 0$$

になり，解は (3.3) より[1)]

$$z = \pm\exp\left(-\int\frac{dx}{x}\right) = \pm\exp\left(-\log|x|\right) = \frac{1}{x}.$$

したがって，

$$y_2 = e^x\int\frac{dx}{x} = e^x\log|x|$$

とすれば y_1, y_2 は基本解となるので，一般解は

$$y = (A + B\log|x|)e^x$$

$(A, B$ は任意定数) である．□

●**問 6.3**　$x(x+1)y'' - xy' + y = 0$ の解の 1 つが $y = x$ であることを利用して一般解を求めよ．

●**問 6.4**　$xy'' - (2x+1)y' + (x+1)y = 0$ の解の 1 つが $y = e^x$ であることを利用して一般解を求めよ．

1)　± については $z = 1/x$ になるように，$x > 0$ のとき ＋，$x < 0$ のとき − になるように選ぶ．

6.3 非斉次 2 階線形微分方程式

非斉次線形 (6.1) の解 (**特殊解**) が 1 つみつかれば，線形性より，それと斉次線形 (6.2) の一般解の和が (6.1) の**一般解**になる．そこで，(6.2) の基本解 y_1, y_2 がみつかったとするとき，(6.2) の解をみつけることを考える．第 3 章の 1 階線形微分方程式において，斉次線形の一般解の任意定数を未知関数に置き換えた**定数変化法**で非斉次線形の解を求めた．2 階線形でもそれにならうと，次の定理を得る．

定理 6.4 y_1, y_2 が斉次 2 階線形微分方程式 (6.2) の基本解ならば，

$$y = -y_1 \int \frac{y_2 r(x)}{W[y_1, y_2](x)}\, dx + y_2 \int \frac{y_1 r(x)}{W[y_1, y_2](x)}\, dx \tag{6.12}$$

は非斉次 2 階線形微分方程式 (6.1) の特殊解である．

[証明] (6.1) の特殊解を

$$y = A(x)y_1 + B(x)y_2$$

の形で求める．$A(x), B(x)$ は，(6.1) の解 y に対し (6.6) をみたすように選ぶ．このとき，$A(x)$ に関しては (6.7) まで正しいが，y は (6.2) の解ではないので (6.4) は成り立たない．しかし y が (6.1) の解であることを利用して，$W[y, y_2]'(x)$ を計算すると

$$\begin{aligned} W[y, y_2]'(x) &= y'y_2' + yy_2'' - y_2'y' - y_2y'' \\ &= y(-p(x)y_2' - q(x)y_2) - y_2(r(x) - p(x)y' - q(x)y) \\ &= -p(x)W[y, y_2](x) - y_2r(x) \end{aligned}$$

になるので

$$A'(x) = \frac{-y_2r(x)W[y_1, y_2](x)}{W[y_1, y_2](x)^2} = -\frac{y_2r(x)}{W[y_1, y_2](x)}.$$

よって

$$A(x) = -\int \frac{y_2r(x)}{W[y_1, y_2](x)}\, dx.$$

同様の方法により

$$B(x) = \int \frac{y_1r(x)}{W[y_1, y_2](x)}\, dx.$$

以上により，(6.3) は非斉次 (6.1) の特殊解である．□

例 6.7 $(1+x^2)y''-2xy'+2y=1+x^2$

［解］ 例 6.5 で $y_1=x$, $y_2=x^2-1$ は $(1+x^2)y''-2xy'+2y=0$ の基本解であるので，ロンスキアンは

$$W[y_1,y_2](x)=x\times 2x-(x^2-1)=x^2+1.$$

よって，定理 6.4 を適用すれば，特殊解は1)

$$\begin{aligned}y&=-x\int\frac{x^2-1}{1+x^2}\,dx+(x^2-1)\int\frac{x}{1+x^2}\,dx\\&=-x\int\frac{x^2+1-2}{1+x^2}\,dx+\frac{x^2-1}{2}\int\frac{(1+x^2)'}{1+x^2}\,dx\\&=-x\int\left(1-\frac{2}{1+x^2}\right)dx+\frac{x^2-1}{2}\log(1+x^2)\\&=-x^2+2x\arctan x+\frac{x^2-1}{2}\log(1+x^2).\end{aligned}$$

さらに，一般解は

$$y=-x^2+2x\arctan x+\frac{x^2-1}{2}\log(1+x^2)+Ax+B(x^2-1)$$

(A, B は任意定数) である．□

例 6.8 $y''-4y'+5y=\dfrac{e^{2x}}{\cos x}$

［解］ $y''-4y'+5y=0$ の基本解は $y_1=e^{2x}\sin x$, $y_2=e^{2x}\cos x$ で，ロンスキアンは $W[y_1,y_2](x)=-e^{4x}$ になるので，定理 6.4 を適用すれば，特殊解は

$$\begin{aligned}y&=e^{2x}\sin x\int\frac{e^{2x}\cdot e^{2x}\cos x}{e^{4x}\cos x}\,dx-e^{2x}\cos x\int\frac{e^{2x}\cdot e^{2x}\sin x}{e^{4x}\cos x}\,dx\\&=e^{2x}(x\sin x+(\cos x)\log|\cos x|).\end{aligned}$$

さらに，一般解は

$$y=e^{2x}(x\sin x+(\cos x)\log|\cos x|+A\sin x+B\cos x)$$

1) $r(x)$ は $1+x^2$ ではなく，y'' の係数を 1 にするために方程式の両辺を $1+x^2$ で割り $r(x)=1$ にした．

$(A, B$ は任意定数) である．□

●問 **6.5** $x(x+1)y'' - xy' + y = (x+1)^2$ の一般解を求めよ．(非斉次項を 0 とした方程式の基本解は問 6.3 で求めている．)

●問 **6.6** 次の微分方程式の一般解を求めよ．

(1) $y'' - 4y' + 4y = \dfrac{e^{2x}}{x^2}$　　(2) $y'' - 2y' + 2y = \dfrac{e^x}{\cos^3 x}$

演 習 問 題

問題 **6.1** 次の微分方程式の一般解を求めよ．

(1) $y'' + y' - 2y = e^x \left(3 \log x + \dfrac{1}{x}\right)$　　(2) $y'' - 3y' + 2y = \dfrac{1}{1+e^x}$

(3) $y'' - 2y' + y = e^x \arcsin x$　　(4) $y'' - 2y' + 5y = \dfrac{e^x}{\cos^2 x}$

問題 **6.2** 非斉次項を 0 とすれば $y = x$ が解の 1 つであることを利用して，次の微分方程式の一般解を求めよ．

(1) $x^2y'' - xy' + y = x^2 \log x$

(2) $x^2y'' - x(x+3)y' + (x+3)y = x^2e^x$

(3) $(1+x^2)y'' + 2xy' - 2y = x$

(4) $x^4y'' + x^2(x+1)y' - x(x+1)y = 1$

問題 **6.3** 非斉次項を 0 とすれば $y = e^x$ が解の 1 つであることを利用して，次の微分方程式の一般解を求めよ．

(1) $xy'' + (1-2x)y' + (x-1)y = xe^x$

(2) $xy'' - (x+3)y' + 3y = x^2$

(3) $(x^2-1)y'' - (2x^2-x-2)y' + (x^2-x-1)y = x^2e^x$

(4) $(e^{2x}+1)y'' - (e^{2x}-1)y' - 2y = e^x + e^{3x}$

問題 **6.4** 非斉次項を 0 とすれば y_0 が解の 1 つであることを利用して，次の微分方程式の一般解を求めよ．

(1) $x^2(y'' - y') - (x+2)y = x^3e^x \quad \left(y_0 = \dfrac{1}{x}\right)$

(2) $y'' + 3y' \tan x - 2y = 1 \quad (y_0 = \sin x)$

(3) $y'' \sin^2 x \cos^2 x - y' \sin x \cos^3 x + y(\cos^2 x - 2\sin^2 x) = \sin x \cos^3 x$
$(y_0 = \tan x)$

7
定数係数線形微分方程式と記号解法

前章に続き線形微分方程式を取り上げ，定数係数の場合に限定するが，階数は 3 階以上も含む．非斉次の特殊解は前章ではロンスキアンを利用したが，n 階であればロンスキアンも n 次正方行列の行列式で，計算の手間がかかるので，定数係数に限って適用でき，比較的簡便な記号解法を解説する．

7.1　高階線形微分方程式

第 6 章では，2 階だけの線形微分方程式の解法を解説したが，これを 3 階以上に拡張する．

定義 7.1 (高階線形常微分方程式)

$$y^{(n)} + p_1(x)y^{(n-1)} + \cdots + p_{n-1}(x)y' + p_n(x)y = q(x) \tag{7.1}$$

を $\boldsymbol{n}$ **階線形 (常) 微分方程式**という．

一般に 2 階以上の線形微分方程式を**高階線形微分方程式**とよぶ．1 階や 2 階と同様に $q(x)$ を**非斉次項**といい，非斉次項が 0 である方程式

$$y^{(n)} + p_1(x)y^{(n-1)} + \cdots + p_{n-1}(x)y' + p_n(x)y = 0 \tag{7.2}$$

を**斉次 (形)**，そうでないとき**非斉次 (形)** という．斉次線形については 2 階では 2 個の解の組である**基本解**があるが，n 階に対しても n 個の解の組の**基本解** $y_1, \cdots, y_n$ が存在し，**一般解**は n 個の任意定数 $C_1, \cdots, C_n$ を用いて

$$y = C_1 y_1 + \cdots + C_n y_n$$

で表される．

7.2 定数係数斉次線形微分方程式の基本解

(7.1) において $p_1(x), \cdots, p_n(x)$ が定数関数であれば，$a_i = p_i(x)$ $(i = 1, 2, \cdots, n)$ で書き直すと，(7.1) は

$$y^{(n)} + a_1 y^{(n-1)} + \cdots + a_{n-1} y' + a_n y = q(x) \tag{7.3}$$

になる．(7.3) の左辺の $y^{(k)}$ $(k = 0, 1, \cdots, n)$ を λ^k に置き換えて，右辺を 0 にした n 次方程式

$$\lambda^n + a_1 \lambda^{n-1} + \cdots + a_{n-1} \lambda + a_n = 0 \tag{7.4}$$

を 2 階と同様に**特性方程式**といい，左辺の整式を**特性多項式**という．

便宜上，(7.3) の左辺を $L[y]$，特性多項式を $P(\lambda)$ で表す．

$$\left(e^{\lambda x}\right)^{(k)} = \lambda^k e^{\lambda x} \quad (k = 0, 1, 2, \cdots)$$

になるので，次の公式を得る．

公式 7.1 $L[e^{\lambda x}] = P(\lambda) e^{\lambda x}$

この公式は (C.3) より，λ が虚数でも成り立つ．

(7.3) で $q(x)$ が 0 である斉次線形微分方程式は $L[y] = 0$ と表され，特性方程式 (7.4) は $P(\lambda) = 0$ になる．α を (7.4) の解とすれば，公式 7.1 より $L[e^{\alpha x}] = P(\alpha) e^{\alpha x} = 0$ となり $y = e^{\alpha x}$ は (7.3) の解である．もし，特性方程式が n 個の異なる解 $\alpha_1, \cdots, \alpha_n$ をもてば，n 個の (7.2) の解 $e^{\alpha_1 x}, \cdots, e^{\alpha_n x}$ は基本解である1)．

第 6 章では特性多項式が 2 次だったので，今度は 3 次以上の例を紹介する2)．

例 7.1 $y''' - 7y' + 6y = 0$

［解］ 特性方程式は

$$\lambda^3 - 7\lambda + 6 = (\lambda - 1)(\lambda^2 + \lambda - 6) = (\lambda - 1)(\lambda - 2)(\lambda + 3) = 0$$

より，$\lambda = 1, 2, -3$ となる．ゆえに，e^x, e^{2x}, e^{-3x} は基本解で，

$$y = Ae^x + Be^{2x} + Ce^{-3x}$$

(A, B, C は任意定数) は一般解である．□

---

1) 3 階以上を含めて基本解になることの証明については，例えば [8] を参照せよ．

2) 高等学校で習った因数定理 (「基礎数学」 ([13]) p.73 を参照) で因数分解する．

特性方程式に虚数解 $\alpha=\beta+i\gamma$ があれば，$\bar{\alpha}=\beta-i\gamma$ も虚数解で $y=e^{\alpha x}$ と $y=e^{\bar{\alpha}x}$ は $L[y]=0$ の解である．(C.2) より

$$e^{\beta x}\sin\gamma x=\frac{1}{2i}\left(e^{\alpha x}-e^{\bar{\alpha}x}\right),\quad e^{\beta x}\cos\gamma x=\frac{1}{2}\left(e^{\alpha x}+e^{\bar{\alpha}x}\right) \tag{7.5}$$

となるので，実数値関数 $y=e^{\beta x}\sin\gamma x$ と $y=e^{\beta x}\cos\gamma x$ は，線形性により $L[y]=0$ をみたす．したがって，基本解の $e^{\alpha x}$ と $e^{\bar{\alpha}x}$ を，$e^{\beta x}\sin\gamma x$ と $e^{\beta x}\cos\gamma x$ に代えても基本解である．

例 7.2　$y'''+y'-10y=0$

［解］ 特性方程式は

$$\lambda^3+\lambda-10=(\lambda-2)(\lambda^2+2\lambda+5)=0$$

より，$\lambda=2,-1\pm 2i$ となる．ゆえに，$e^{2x},e^{-x}\sin 2x,e^{-x}\cos 2x$ は基本解で

$$y=Ae^{2x}+(B\sin 2x+C\cos 2x)\,e^{-x}$$

$(A,B,C$ は任意定数) は一般解である．□

例 7.3　$y''''+y''+y=0$

［解］ 特性方程式は

$$\begin{aligned}\lambda^4+\lambda^2+1&=\lambda^4+2\lambda^2+1-\lambda^2=(\lambda^2+1)^2-\lambda^2\\&=(\lambda^2-\lambda+1)(\lambda^2+\lambda+1)=0\end{aligned}$$

より，$\lambda=\dfrac{1\pm\sqrt{3}\,i}{2},\dfrac{-1\pm\sqrt{3}\,i}{2}$ となる．ゆえに，

$$e^{x/2}\sin\frac{\sqrt{3}}{2}x,\quad e^{x/2}\cos\frac{\sqrt{3}}{2}x,\quad e^{-x/2}\sin\frac{\sqrt{3}}{2}x,\quad e^{-x/2}\cos\frac{\sqrt{3}}{2}x$$

は基本解で

$$y=\left(Ae^{x/2}+Be^{-x/2}\right)\sin\frac{\sqrt{3}}{2}x+\left(Ce^{x/2}+De^{-x/2}\right)\cos\frac{\sqrt{3}}{2}x$$

$(A,B,C,D$ は任意定数) は一般解である．□

特性方程式に重解があれば，$e^{\alpha x}$ のような解だけでは個数が階数 n より少なく，基本解にならない．2 階と同様に，$e^{\alpha x}$ に x のべき乗を乗じても解になる．

定理 7.1　α は定数係数斉次 n 階線形微分方程式 $L[y]=0$ の特性方程式 $P(\lambda)=0$ の解で，r 重解とする．このとき，$y=x^k e^{\alpha x}$ $(k=0,\cdots,r-1)$ は $L[y]=0$ の解である．

［証明］ 特性多項式 $P(\lambda)$ は $(\lambda-\alpha)^r$ で割り切れるので

$$P^{(k)}(\alpha)=0 \quad (k=0,1,\cdots,r-1) \tag{7.6}$$

になる．ここで $P^{(k)}$ は λ に関する k 階微分である．公式 7.1 において，λ も変数とみなして，右辺を λ で k 階偏微分すれば

$$\frac{\partial^k}{\partial\lambda^k}L[e^{\lambda x}]=L\left[\frac{\partial^k}{\partial\lambda^k}e^{\lambda x}\right]=L[x^k e^{\lambda x}] \tag{7.7}$$

となる．さらに，**ライプニッツ** (Leibniz) **の法則**[1]と公式 7.1 を用いると

$$\frac{\partial^k}{\partial\lambda^k}L[e^{\lambda x}]=\frac{\partial^k}{\partial\lambda^k}\left(P(\lambda)e^{\lambda x}\right)=\sum_{l=0}^{k}{}_k\mathrm{C}_l P^{(k-l)}(\lambda)x^l e^{\lambda x} \tag{7.8}$$

であり，(7.7) と (7.8) において $\lambda=\alpha$ を代入すれば，$k \leqq r-1$ のとき (7.6) より

$$L[x^k e^{\alpha x}]=\sum_{l=0}^{k}{}_k\mathrm{C}_l P^{(k-l)}(\alpha)x^l e^{\alpha x}=0$$

になる．したがって $y=x^k e^{\alpha x}$ は $L[y]=0$ の解である．□

$\alpha_1,\cdots,\alpha_m$ は特性方程式の互いに異なるすべての解で，α_i は r_i 重解とする．このとき

$$x^k e^{\alpha_i x} \quad (i=1,\cdots,m,\ k=0,\cdots,r_i-1)$$

を集めると n 個の解になり，基本解を構成する[2]．

例 7.4　$y'''-3y''+4y=0$

［解］ 特性方程式は

$$\lambda^3-3\lambda^2+4=(\lambda+1)(\lambda^2-4\lambda+4)=(\lambda+1)(\lambda-2)^2=0$$

より $\lambda=-1,2$ で，2 は重解である．ゆえに，e^{2x},xe^{2x},e^{-x} は基本解で

1)　「微分積分」([14]) p.37 をみよ．

2)　証明については，例えば [7] を参照せよ．

$$y = (Ax + B)e^{2x} + Ce^{-x}$$

$(A, B, C$ は任意定数$)$ は一般解である．□

例 7.5　$y''' + 6y'' + 12y' + 8y = 0$

［解］ 特性方程式は

$$\lambda^3 + 6\lambda^2 + 12\lambda + 8 = (\lambda + 2)(\lambda^2 + 4\lambda + 4) = (\lambda + 2)^3 = 0$$

より $\lambda = -2$ で 3 重解である．ゆえに，$e^{-2x}, xe^{-2x}, x^2e^{-2x}$ は基本解で

$$y = (Ax^2 + Bx + C)e^{-2x}$$

$(A, B, C$ は任意定数$)$ は一般解である．□

特性方程式に重複する虚数解 $\alpha = \beta + i\gamma$ が存在する場合，基本解のなかの解 $x^k e^{\alpha x}$ と $x^k e^{\bar{\alpha} x}$ を，$x^k e^{\beta x} \cos \gamma x$ と $x^k e^{\beta x} \sin \gamma x$ に置き換えても，(7.5) より基本解である．

例 7.6　$y'''' + 2y''' + 3y'' + 2y' + y = 0$

［解］ 特性方程式は

$$\begin{aligned} \lambda^4 + 2\lambda^3 + 3\lambda^2 + 2\lambda + 1 &= (\lambda^2 + 1)^2 + 2(\lambda^2 + 1)\lambda + \lambda^2 \\ &= (\lambda^2 + \lambda + 1)^2 = 0 \end{aligned}$$

より $\lambda = \dfrac{-1 \pm \sqrt{3}\, i}{2}$ で重解である．ゆえに，

$$e^{-x/2} \sin \frac{\sqrt{3}}{2}x, \quad e^{-x/2} \cos \frac{\sqrt{3}}{2}x, \quad xe^{-x/2} \sin \frac{\sqrt{3}}{2}x, \quad xe^{-x/2} \cos \frac{\sqrt{3}}{2}x$$

は基本解で

$$y = \left((Ax + B) \sin \frac{\sqrt{3}}{2}x + (Cx + D) \cos \frac{\sqrt{3}}{2}x \right) e^{-x/2}$$

$(A, B, C, D$ は任意定数$)$ は一般解である．□

●**問 7.1**　次の微分方程式の一般解を求めよ．

(1)　$y''' + 3y'' - y' - 3y = 0$　(2)　$y''' - 7y'' + 15y' - 9y = 0$

(3)　$y''' + y'' + 2y' - 4y = 0$　(4)　$y''' - 9y'' + 27y' - 27y = 0$

(5)　$y'''' + y'' - 12y = 0$　(6)　$y'''' - 4y''' + 4y'' + 4y' - 5y = 0$

7.3 定数係数非斉次線形微分方程式

7.3.1 微分作用素と記号解法

関数 $f(x)$ の導関数を $f'(x)$ の他に $\dfrac{df}{dx}(x)=\dfrac{d}{dx}f(x)$ で表すことがあるが，$D=\dfrac{d}{dx}$ として，$f(x)$ の導関数を形式的に D と $f(x)$ の積 $Df(x)$ と解釈する．さらに，k 階導関数 $f^{(k)}(x)=\dfrac{d^k}{dx^k}f(x)=\left(\dfrac{d}{dx}\right)^k f(x)$ を，$f(x)$ に D を k 回乗じた，あるいは $f(x)$ に D のべき乗の D^k を乗じたと解釈して $D^kf(x)$ で表し，$f(x)$ を除いた $\dfrac{d^k}{dx^k}$ を D^k とする．このとき，定数係数線形微分方程式 (7.3) の特性多項式 $P(\lambda)$ に形式的に $\lambda=D$ を代入すると

$$P(D)=D^n+a_1D^{n-1}+\cdots+a_{n-1}D+a_n$$

となる．それに解 y を乗じた形の $P(D)y$ は (7.3) の左辺である．この $P(D)$ を**微分作用素**とよび，関数 $f(x)$ に $P(D)$ を乗じて $P(D)f(x)$ を対応させることを，微分作用素を**作用させる**という．微分作用素 $P(D)$ は見た目上，整式 $P(\lambda)$ の変数 λ に “D” を代入したものであるが，D は 1 回微分する操作を意味しており，数値が代入できる変数ではないので，微分作用素は整式ではない．ところが，微分作用素を変数 D の整式とみなして解を求める方法があり，これを**記号解法**という．

これから記号解法で定数係数非斉次線形微分方程式の特殊解を求めていくが，記号解法は定数係数しか適用できない反面，微分作用素を整式のように扱えるので，2 階だけでなく 3 階以上への拡張が容易である．これから本節において $y^{(k)}$ を D^ky で表すなど，定数係数線形微分方程式を微分作用素で表現し，記号解法で解いていく．

記号解法で注意することとして，もし特性多項式 $P(\lambda)$ が $P(\lambda)=Q(\lambda)R(\lambda)$ に因数分解できると，関数 $f(x)$ に対して

$$P(D)f(x)=Q(D)\left(R(D)f(x)\right)=R(D)\left(Q(D)f(x)\right) \tag{7.9}$$

が成り立つ．つまり，$P(D)$ は $Q(D)$ と $R(D)$ の合成であるが，整式の積のように順序を変えてもよい．また，$(e^{\alpha x}f(x))'=e^{\alpha x}\left(f(x)'+\alpha f(x)\right)$ が成り立つので，D を用いて書き直すと $D\left(e^{\alpha x}f(x)\right)=e^{\alpha x}(D+\alpha)f(x)$ となる．こ

れより，一般の微分作用素 $P(D)$ に対しても

$$P(D)\left(e^{\alpha x} f(x)\right) = e^{\alpha x} P(D+\alpha)\, f(x) \tag{7.10}$$

が成り立つ[1].

7.3.2　逆作用素と特殊解

定数係数非斉次線形微分方程式 $P(D)\,y = f(x)$ の特殊解を形式的に

$$y = \frac{1}{P(D)} f(x)$$

で表す．$\dfrac{1}{P(D)}$ を微分作用素 $P(D)$ に対する**逆作用素**といい，関数 $f(x)$ に対して $\dfrac{1}{P(D)} f(x)$ を対応させることを $f(x)$ に $\dfrac{1}{P(D)}$ を**作用させる**という．形式的に微分作用素の逆数であるが，特殊解は一意でないので，逆作用素を作用させても関数は 1 つに決まらない．例えば，最も簡単な微分作用素である D に対する逆作用素は微分の逆の操作であるから，不定積分

$$\frac{1}{D}\, f(x)(x) = \int f(x)\, dx \tag{7.11}$$

である．不定積分には任意定数が現れるので $\dfrac{1}{D}\, f(x)$ は一意に決まらないが，差異は定数関数である．一般の微分作用素 $P(D)$ に対しても $\dfrac{1}{P(D)} f(x)$ は一意に定まらないが，$P(D)y = f(x)$ の特殊解である．有理式 $\dfrac{Q(\lambda)}{P(\lambda)}$ に対して $\dfrac{1}{P(D)} f(x)$ に微分作用素 $Q(D)$ を作用させた $Q(D)\dfrac{1}{P(D)} f(x)$ を $\dfrac{Q(D)}{P(D)} f(x)$ で表すと，D の有理式に対応する作用素も考えられる．このとき整式 $R(\lambda)$ に対し，$\dfrac{Q(D)}{P(D)} f(x)$ と $\dfrac{Q(D)R(D)}{P(D)R(D)} f(x)$ の差は $P(D)y = 0$ の解である．また，$Q(D) = P(D)$ のとき，特殊解に $P(D)$ を作用させると非斉次項 $f(x)$ になるが，有理式を約分して 1 になることに対応する．

非斉次の特殊解については，1 階では定理 3.1 のように積分で求まるが，定数係数に限ると，非斉次項によっては，高階でも積分なしで特殊解が求まる．

---

1)　微分作用素の線形性による．

(1) 非斉次項が整関数の場合.

$f(x)$ が整関数のとき，$P(D)y = f(x)$ の特殊解は整関数で求められる．特性多項式 $P(\lambda)$ の最低次の項を $c_0\lambda^\ell$ とすれば，$P(\lambda) - c_0\lambda^\ell$ は $\lambda^{\ell+1}$ を因数にもつので，$Q(0) = 0$ となる整式 $Q(\lambda)$ が存在して $P(\lambda) = c_0\lambda^\ell\,(1 - Q(\lambda))$ で表される．したがって，作用素として

$$\frac{1}{P(D)} = \frac{1}{c_0 D^\ell}\frac{1}{1 - Q(D)} \tag{7.12}$$

が成り立つ.

無限等比級数の和の公式 $\dfrac{1}{1-x} = 1 + x + x^2 + \cdots + x^k + \cdots$ の x に微分作用素 $Q(D)$ を形式的に代入すれば

$$\frac{1}{1 - Q(D)} = 1 + Q(D) + Q(D)^2 + \cdots + Q(D)^k + \cdots$$

となり，両辺を関数 $f(x)$ に作用させると，次の公式を得る.

公式 7.2 $f(x)$ が k 次以下の整関数であれば

$$\frac{1}{1 - Q(D)}f(x) = f(x) + Q(D)f(x) + Q(D)^2 f(x) + \cdots + Q(D)^k f(x).$$

$Q(0) = 0$，つまり $Q(\lambda)$ には定数項がないので，m を正の整数とするとき，$Q(D)^m$ には $m-1$ 次以下の項は存在しない．ゆえに，k 次式 $f(x)$ に対し $Q(D)^m f(x) = 0$ $(m > k)$ となる.

例 7.7 $(D^3 - 7D + 6)y = x$

[解] 公式 7.2 より

$$\frac{1}{D^3 - 7D + 6}x = \frac{1}{6} \times \frac{1}{1 - \frac{7D - D^3}{6}}x = \frac{1}{6}\left(1 + \frac{7D - D^3}{6}\right)x = \frac{1}{6}x + \frac{7}{36}$$

は特殊解である．□

(7.12) において $\ell \geqq 1$ のとき，(7.11) より $\dfrac{1}{P(D)}f(x)$ は $\dfrac{1}{1 - Q(D)}f(x)$ を ℓ 回積分して，$\dfrac{1}{c_0}$ を乗じたものである.

例 7.8 $(D^4 - D^3 - 2D^2)y = x^2$

［解］ 公式 7.2 より

$$\frac{1}{D^4 - D^3 - 2D^2}x^2 = -\frac{1}{2D^2}\,\frac{1}{1 - \frac{-D+D^2}{2}}x^2$$

$$= -\frac{1}{2D^2}\left(1 + \frac{-D+D^2}{2} + \left(\frac{D+D^2}{2}\right)^2\right)x^2$$

$$= -\frac{1}{2D^2}\left(x^2 - x + 1 + \frac{D^2}{4}x^2\right) = -\frac{1}{24}x^4 + \frac{1}{12}x^3 - \frac{3}{8}x^2$$

は特殊解である．□

●問 7.2　次の微分方程式の特殊解を求めよ．

(1)　$(D^2 - 3D + 2)y = x^2$　　　(2)　$(D^3 + 2D^2 + D)y = x^3$

(7.10) により

$$P(D)e^{\alpha x}\frac{1}{P(D+\alpha)}f(x) = e^{\alpha x}P(D+\alpha)\frac{1}{P(D+\alpha)}f(x) = e^{\alpha x}f(x)$$

になるので $e^{\alpha x}\dfrac{1}{P(D+\alpha)}f(x)$ は非斉次線形微分方程式 $P(D)y = e^{\alpha x}f(x)$ の特殊解である．つまり，次の公式が成り立つ．

公式 7.3　$\dfrac{1}{P(D)}e^{\alpha x}f(x) = e^{\alpha x}\dfrac{1}{P(D+\alpha)}f(x)$

非斉次項が次の (2) と (3) の場合の特殊解を求める[1)]．

(2)　非斉次項が指数関数の場合．

公式 7.3 で $f(x) = 1$ に帰着できるが，(7.12) において $P(D)$ を $P(D+\alpha)$ に代えると，$P(\alpha) \neq 0$ のとき $c_0 = P(\alpha)$，$\ell = 0$ となる．したがって，$\dfrac{1}{P(D+\alpha)} = \dfrac{1}{P(\alpha)}\dfrac{1}{1-Q(D)}$ であり，公式 7.3，および $\dfrac{1}{1-Q(D)}1 = 1$ に注意すると，次の公式を得る．

公式 7.4　$P(\alpha) \neq 0$ のとき $\dfrac{1}{P(D)}e^{\alpha x} = \dfrac{e^{\alpha x}}{P(\alpha)}.$

1)　(7.5) を用いて指数関数を三角関数または指数関数と三角関数の積に代えても途中で複素数の計算が必要であるが，特殊解は得られる．

公式 7.4 を適用できれば，簡単に特殊解が求まる．

例 7.9　$(D^2+3D-4)y = e^{2x}$

［解］特性多項式に $\lambda = 2$ を代入すれば $\lambda^2+3\lambda-4 = 6$ となるので，公式 7.4 より，$\dfrac{1}{6}e^{2x}$ は特殊解である．□

$P(\alpha) = 0$ のときは (7.12) における ℓ が 1 以上なので，1 を ℓ 階積分した $\dfrac{x^\ell}{\ell!}$ と定数 $\dfrac{1}{c_0}$ と非斉次項である指数関数の積である．

例 7.10　$(D^3-D^2-D+1)y = e^x$

［解］公式 7.2, 7.3 と (7.11) より

$$\frac{1}{D^3-D^2-D+1}e^x = e^x\frac{1}{(D+1)^3-(D+1)^2-(D+1)+1}1$$
$$= e^x\frac{1}{D^2}\frac{1}{(D+2)}1 = \frac{e^x}{2}\frac{1}{D^2}1 = \frac{x^2}{4}e^x$$

であるから，$\dfrac{x^2}{4}e^x$ は特殊解である．□

●**問 7.3**　次の微分方程式の特殊解を求めよ

(1)　$(D^3-2D-4)y = e^x$　　(2)　$(D^2-4D+4)y = e^{2x}$

(3)　$(D^3+D^2-D-2)y = e^{-x}$　　(4)　$(D^4-2D^2+1)y = e^x$

(3)　非斉次項が整関数と指数関数の積の場合．

$f(x)$ を整関数として，公式 7.3 を適用後は，(1) の場合に帰着できる．

例 7.11　$(D^3-3D^2+2D)y = x^3e^x$

［解］公式 7.3 より

$$\frac{1}{D^3-3D^2+2D}x^3e^x = e^x\frac{1}{(D+1)^3-3(D+1)^2+2(D+1)}x^3$$
$$= e^x\frac{1}{D^3-D}x^3 = -e^x\frac{1}{D(1-D^2)}x^3.$$

ここで，公式 7.2 と (7.11) より

$$\frac{1}{D(1-D^2)}x^3 = \frac{1}{D}\left(1+D^2+D^4\right)x^3 = \frac{1}{D}(x^3+6x) = \frac{1}{4}x^4+3x^2$$

になるので，$-e^x\left(\dfrac{1}{4}x^4+3x^2\right)$ は特殊解である．□

●問 **7.4** 次の微分方程式の一般解を求めよ．

(1) $(D^3+5D^2+D-7)y = x^2e^{-3x}$ (2) $(D^3-D^2-5D-3)y = x^3e^{-x}$

7.3.3 部分分数分解による逆作用素の計算

整式 $P(\lambda)$ を $P(\lambda) = Q_1(\lambda)\cdots Q_\ell(\lambda)$ と因数分解できるとき，$\dfrac{1}{P(\lambda)}$ を有理式として

$$\frac{1}{P(\lambda)} = \frac{R_1(\lambda)}{Q_1(\lambda)} + \cdots + \frac{R_\ell(\lambda)}{Q_\ell(\lambda)} \tag{7.13}$$

に変形できれば，次の定理を得る．

定理 7.2 整式 $P(\lambda) = Q_1(\lambda)\cdots Q_\ell(\lambda)$ の逆数を (7.13) に変形する．このとき，関数 $f(x)$ に対して u_i $(i=1,\cdots,\ell)$ を非斉次線形微分方程式 $Q_i(D)y = f(x)$ の特殊解とすれば

$$P(D)\left(R_1(D)u_1 + \cdots + R_\ell(D)u_\ell\right) = f(x). \tag{7.14}$$

［証明］ $i=1,\cdots,\ell$ に対して $S_i(\lambda) = \dfrac{P(\lambda)}{Q_i(\lambda)}$ とおけば，(7.9) より微分作用素の順序を変えてよいので

$$P(D)R_i(D)u_i = S_i(D)R_i(D)Q_i(D)u_i = S_i(D)R_i(D)f(x)$$

となる．したがって，(7.14) の左辺は

$$\Big(S_1(D)R_1(D) + \cdots + S_\ell(D)R_\ell(D)\Big)f(x)$$

と等しい．ここで，(7.13) の両辺に $P(\lambda)$ を乗じると

$$1 = S_1(\lambda)R_1(\lambda) + \cdots + S_\ell(\lambda)R_\ell(\lambda)$$

を得るので，(7.14) が示せた．□

この定理より，微分方程式 $Q_i(D)u_i = f(x)$ の特殊解が求まれば，$P(D) = f(x)$ の特殊解が求まる．$P(\lambda)$ の実数における因数分解が，以下のように 1 次

式と 2 次式の積になっているとする[1]).

$$P(\lambda) = (\lambda-\alpha_1)^{\ell_1}(\lambda-\alpha_2)^{\ell_2}\cdots(\lambda-\alpha_M)^{\ell_M}(\lambda^2+\beta_1\lambda+\gamma_1)^{m_1}$$
$$\times(\lambda^2+\beta_2\lambda+\gamma_2)^{m_2}\cdots(\lambda^2+\beta_N\lambda+\gamma_N)^{m_N}. \qquad (7.15)$$

ただし α_i $(i=1,2,\cdots,M)$, β_j,γ_j $(j=1,2,\cdots,N)$ はすべて実数.

ここで 2 次方程式

$$\lambda^2+\beta_1\lambda+\gamma_1=0,\ \lambda^2+\beta_2\lambda+\gamma_2=0,\ \cdots$$

はすべて虚数解をもつとする. もし, 整式 $Q(\lambda)$ の次数が $P(\lambda)$ の次数より小さいとき, 因数分解 (7.15) に対応して, 有理式 $\dfrac{Q(\lambda)}{P(\lambda)}$ は次のように変形できる.

$$\frac{Q(\lambda)}{P(\lambda)} = \sum_{p=1}^{M}\sum_{q=1}^{\ell_p-1}\frac{a_{pq}}{(\lambda-\alpha_p)^q} + \sum_{p=1}^{N}\sum_{q=1}^{m_p-1}\frac{b_{pq}\lambda+c_{pq}}{(\lambda^2+\beta_p\lambda+\gamma_p)^q} \qquad (7.16)$$

この変形を**部分分数分解**, 各々の項を**部分分数**という[2]). 逆作用素の計算では $Q(\lambda)=1$ として, (7.13) の変形に (7.16) を適用する. このとき, $Q_1(\lambda),\cdots,Q_\ell(\lambda)$ の形は $(\lambda-\alpha)^q$ または $(\lambda^2+\beta\lambda+\gamma)^q$ であるから,

$$(D-\alpha)^q y = f(x), \qquad (7.17)$$

$$(D^2+\beta D+\gamma)^q y = f(x) \qquad (7.18)$$

の特殊解を求めると, 定理 7.2 より $P(D)=f(x)$ の特殊解が得られる.

特性方程式に虚数解があるかないかで場合分けする.

(1) 特性方程式に虚数解がない場合.

(7.17) に対して, 公式 7.3 の $f(x)$ を $e^{-\alpha x}f(x)$ に代えると, 以下の公式が得られる.

公式 7.5 $\dfrac{1}{(D-\alpha)^q}f(x) = e^{\alpha x}\dfrac{1}{D^q}\left(e^{-\alpha x}f(x)\right)$

つまり, (7.11) より $e^{-\alpha x}f(x)$ を q 回不定積分して $e^{\alpha x}$ を乗じる.

1) 代数方程式の解の公式を使えば因数分解できるが, よく知られているように, 5 次以上の方程式には四則演算とべき根による解の公式は存在しない.

2) 有理関数の積分計算にも利用される (「微分積分」([14]) p.69 参照).

例 7.12　$(D^2-4D+4)y = e^{2x}\sin 3x$

［解］ 特性多項式の因数分解は $\lambda^2-4\lambda+4=(\lambda-2)^2$ になるので，公式 7.5 と (7.11) より

$$\frac{1}{D^2-4D+4}e^{2x}\sin 3x = \frac{1}{(D-2)^2}e^{2x}\sin 3x = e^{2x}\frac{1}{D^2}\sin 3x$$
$$= -\frac{1}{3}e^{2x}\frac{1}{D}\cos 3x = -\frac{1}{9}e^{2x}\sin 3x$$

となるので，$-\dfrac{1}{9}e^{2x}\sin 3x$ は特殊解である．□

例 7.13　$(D^3-D)y = \dfrac{e^x}{1+e^x}$

［解］ 特性多項式の因数分解は $\lambda^3-\lambda=\lambda(\lambda-1)(\lambda+1)$ になるので，逆数の部分分数分解は (7.16) より，a, b, c を定数として

$$\frac{1}{\lambda^3-\lambda} = \frac{a}{\lambda}+\frac{b}{\lambda-1}+\frac{c}{\lambda+1}$$
$$= \frac{a(\lambda-1)(\lambda+1)+b\lambda(\lambda+1)+c\lambda(\lambda-1)}{\lambda(\lambda-1)(\lambda+1)}$$

である．分子だけの等式に $\lambda=0$ を代入すれば $-a=1$ より $a=-1$，$\lambda=1$ を代入すれば $2b=1$ より $b=\dfrac{1}{2}$，$\lambda=-1$ を代入すれば $2c=1$ より $c=\dfrac{1}{2}$ を得る．したがって，公式 7.5 と (7.11) より

$$\frac{1}{D^3-D}\frac{e^x}{1+e^x} = \left(-\frac{1}{D}+\frac{1}{2(D-1)}+\frac{1}{2(D+1)}\right)\frac{e^x}{1+e^x}$$
$$= -\int\frac{e^x}{1+e^x}\,dx + \frac{e^x}{2}\int\frac{dx}{1+e^x} + \frac{e^{-x}}{2}\int\frac{e^{2x}}{1+e^x}\,dx.$$

ここで，以下の 3 つの不定積分は，$t=e^x$ とした置換積分で計算できる．

$$\int\frac{e^x}{1+e^x}\,dx = \int\frac{dt}{1+t} = \log(1+t) = \log(1+e^x), \tag{7.19}$$

$$\int\frac{dx}{1+e^x} = \int\frac{dt}{t(1+t)} = \int\left(\frac{1}{t}-\frac{1}{1+t}\right)dt$$
$$= \log t - \log(1+t) = x - \log(1+e^x), \tag{7.20}$$

$$\int \frac{e^{2x}}{1+e^x}\,dx = \int \frac{t}{1+t}\,dt = \int \left(1 - \frac{1}{1+t}\right) dt$$

$$= t - \log(1+t) = e^x - \log(1+e^x) \tag{7.21}$$

となるので，$\frac{1}{2}xe^x - \frac{1}{2}\left(e^{x/2} + e^{-x/2}\right)^2 \log(1+e^x)$ は特殊解である．□

●**問 7.5** 次の微分方程式の特殊解を求めよ．

(1) $(D^2 - 4D + 4)y = e^{2x} \log x$ (2) $(D^3 + 3D^2 + 3D + 1)y = \dfrac{x \sin x}{e^x}$

(2) 特性方程式に虚数解がある場合．

特性方程式に虚数解があれば，(7.16) のなかに分母が 2 次式の項がある．そこで，(7.18) を考える．

$q = 1$ のとき，特性方程式 $\lambda^2 + \beta\lambda + \gamma = 0$ の虚数解を $-\mu \pm i\nu$ (μ, ν は実数) と書けば，

$$\lambda^2 + \beta\lambda + \gamma = (\lambda + \mu)^2 + \nu^2$$

になる．ゆえに，(7.12) より

$$\frac{1}{D^2 + \beta D + \gamma} f(x) = \frac{1}{(D+\mu)^2 + \nu^2} e^{-\mu x} e^{\mu x} f(x) = e^{-\mu x} \frac{1}{D^2 + \nu^2} e^{\mu x} f(x).$$

6.2.2 項より $\sin \nu x, \cos \nu x$ は $(D^2 + \nu^2)y = 0$ の基本解で，ロンスキアンは $-\nu$ である．よって，定理 6.4 より，非斉次線形微分方程式 $(D^2 + \nu^2)y = f(x)$ の特殊解が次の公式で得られる．

公式 7.6

$$\frac{1}{D^2 + \nu^2} f(x) = \frac{1}{\nu}\left(\sin \nu x \int f(x) \cos \nu x\, dx - \cos \nu x \int f(x) \sin \nu x\, dx\right)$$

$q \geqq 2$ のときは，(7.18) に対して，この公式を繰り返し適用すればよい．

例 7.14 $(D^2 - 2D + 2)y = e^x \cos x$

［解］ 公式 7.3 と 7.6 より

$$\frac{1}{D^2 - 2D + 2} e^x \cos x = \frac{1}{(D-1)^2 + 1^2} e^x \cos x = e^x \frac{1}{D^2 + 1^2} \cos x$$

$$= e^x \left(\sin x \int \cos^2 x\, dx - \cos x \int \cos x \sin x\, dx\right)$$

$$= \frac{e^x}{2}\left(\sin x \int (1+\cos 2x)\,dx - \cos x \int \sin 2x\,dx\right)$$
$$= \frac{e^x}{4}\left((2x+\sin 2x)\sin x + \cos 2x \cos x\right)$$

となるので，$\dfrac{e^x}{4}\left((2x+\sin 2x)\sin x + \cos 2x \cos x\right)$ は特殊解である．□

例 7.15　$(D^3+3D^2+7D+5)y = \dfrac{e^{-x}}{\cos^2 2x}$

［解］ 特性多項式の因数分解は $\lambda^3+3\lambda^2+7\lambda+5 = (\lambda+1)(\lambda^2+2\lambda+5)$ になるので，逆数の部分分数分解は

$$\frac{1}{\lambda^3+3\lambda^2+7\lambda+5} = \frac{a}{\lambda+1} + \frac{b\lambda+c}{\lambda^2+2\lambda+5}$$
$$= \frac{a(\lambda^2+2\lambda+5)+(b\lambda+c)(\lambda+1)}{(\lambda+1)(\lambda^2+2\lambda+5)}$$

である．分子だけの等式に $\lambda=-1$ を代入すれば $4a=1$ より $a=\dfrac{1}{4}$，λ^2 の係数を比べれば $a+b=0$ より $b=-\dfrac{1}{4}$，定数項を比べれば $5a+c=1$ より $c=-\dfrac{1}{4}$ を得る．したがって，公式 7.3, 7.5, 7.6 と (7.11) より

$$\frac{1}{D^3+3D^2+7D+5}\frac{e^{-x}}{\cos^2 2x} = \frac{1}{4}\left(\frac{1}{D+1} - \frac{D+1}{D^2+2D+5}\right)\frac{e^{-x}}{\cos^2 2x}$$
$$= \frac{e^{-x}}{4}\left(\frac{1}{D} - \frac{D}{D^2+2^2}\right)\frac{1}{\cos^2 2x} = \frac{e^{-x}}{4}(I_1 - I_2).$$

ここで，

$$I_1 = \frac{1}{D}\frac{1}{\cos^2 2x} = \frac{1}{2}\tan 2x, \tag{7.22}$$

$$I_2 = \frac{1}{2}D\left(\sin 2x \int \frac{dx}{\cos 2x} - \cos 2x \int \frac{\sin 2x}{\cos^2 2x}\,dx\right)$$
$$= (\cos 2x)J_1 + \frac{\sin 2x}{2\cos 2x} + (\sin 2x)J_2 - \frac{\sin 2x}{2\cos 2x}$$
$$= (\cos 2x)J_1 + (\sin 2x)J_2$$

とおき，J_1, J_2 は

$$J_1 = \int \frac{dx}{\cos 2x} = \frac{1}{2}\int \frac{(\sin 2x)'}{(1-\sin 2x)(1+\sin 2x)}\,dx$$
$$= \frac{1}{4}\int \left(\frac{1}{1+\sin 2x} + \frac{1}{1-\sin 2x}\right)(\sin 2x)'\,dx$$
$$= \frac{1}{4}\log\left|\frac{1+\sin 2x}{1-\sin 2x}\right| = \frac{1}{2}\log\left|\frac{1+\sin 2x}{\cos 2x}\right|, \tag{7.23}$$
$$J_2 = \int \frac{\sin 2x}{\cos^2 2x}\,dx = -\frac{1}{2}\int \frac{(\cos 2x)'}{\cos^2 2x}\,dx = \frac{1}{2\cos 2x} \tag{7.24}$$

となるので

$$\frac{e^{-x}}{4}(I_1 - I_2) = \frac{e^{-x}}{4}\left(\frac{1}{2}\tan 2x - \frac{1}{2}\log\left|\frac{1+\sin 2x}{\cos 2x}\right|\cos 2x - \frac{\sin 2x}{2\cos 2x}\right)$$
$$= -\frac{e^{-x}(\cos 2x)}{8}\log\left|\frac{1+\sin 2x}{\cos 2x}\right|$$

は特殊解である．□

特殊解と斉次形の一般解の和が非斉次形の一般解になるので，例えば，例 7.15 の一般解は

$$y = e^{-x}\left(A + B\sin 2x + \left(C - \frac{1}{8}\log\left|\frac{1+\sin 2x}{\cos 2x}\right|\right)\cos 2x\right)$$

$(A, B, C$ は任意定数$)$ である．

●**問 7.6**　次の微分方程式の一般解を求めよ．

(1)　$(D^2 + 2D + 5)y = e^{-x}\sin x$　　(2)　$(D^3 - 3D^2 + 4D - 2)y = \dfrac{e^x}{\cos x}$

演 習 問 題

問題 7.1　次の微分方程式の一般解を求めよ．

(1)　$(D^4 - 4D^3 + 8D^2 - 8D + 3)y = x^2 e^x$

(2)　$(D^2 - 2D + 2)^2 y = \dfrac{e^x}{\cos^3 x}$

(3)　$(D^3 + 6D^2 + 11D + 6)y = \dfrac{1}{1+e^{2x}}$

(4)　$(D^3 - 6D^2 + 13D - 10)y = \dfrac{e^{2x}}{\sin 2x}$

8

線 形 系

前章までは，階数が2以上も含め未知の関数が1つの微分方程式を解いてきた．本章では未知関数が複数であるが，1階に限定した連立の微分方程式を取り上げる．1変数の常微分方程式は未知関数を増やすと1階に変換できる特徴があるので非常に一般性がある．本章では第7章で取り上げた定数係数の線形微分方程式のように，成分が定数の行列で表せる方程式に限定する．

8.1　1階微分方程式系

本章は，連立であるが階数が1階の微分方程式を対象とする．

定義 8.1　変数が x の未知関数 $y_1, y_2, \cdots, y_n$ の連立 (常) 微分方程式

$$\begin{cases} y_1' = f_1(x, y_1, y_2, \cdots, y_n), \\ y_2' = f_2(x, y_1, y_2, \cdots, y_n), \\ \quad \vdots \\ y_n' = f_n(x, y_1, y_2, \cdots, y_n) \end{cases} \tag{8.1}$$

を **1階微分方程式系** とよぶ．

ここで，方程式の個数も n 個であることに注意する．1階であるが，常微分方程式では未知関数を増やせば1階微分方程式系に変換できるので，一般性は失われない．未知の関数が y のみの n 階微分方程式 $y^{(n)} = f(x, y, y', \cdots, y^{(n-1)})$ において，解 y に対して n 個の関数を

$$y_1 = y, \quad y_2 = y', \quad \cdots, \quad y_{n-1} = y^{(n-2)}, \quad y_n = y^{(n-1)}$$

で定めると，$y_1, y_2, \cdots, y_{n-1}, y_n$ は次の等式をみたす．

$$
\begin{cases}
y_1' &= y_2, \\
y_2' &= y_3, \\
&\vdots \\
y_{n-1}' &= y_n, \\
y_n' &= f(x, y_1, y_2, \cdots, y_n).
\end{cases}
$$

これは1階微分方程式系である．

$y_1, y_2, \cdots, y_n$ を成分にしたベクトル $\boldsymbol{y} = \begin{bmatrix} y_1 \\ y_2 \\ \vdots \\ y_n \end{bmatrix}$ は n 次元ベクトル値関数であり，(8.1) の右辺を

$$
\boldsymbol{f}(x, \boldsymbol{y}) = \begin{bmatrix} f_1(x, y_1, y_2, \cdots, y_n) \\ f_2(x, y_1, y_2, \cdots, y_n) \\ \vdots \\ f_n(x, y_1, y_2, \cdots, y_n) \end{bmatrix} = \begin{bmatrix} f_1(x, \boldsymbol{y}) \\ f_2(x, \boldsymbol{y}) \\ \vdots \\ f_n(x, \boldsymbol{y}) \end{bmatrix}
$$

で表せば，(8.1) は $\boldsymbol{y}' = \boldsymbol{f}(x, \boldsymbol{y})$ になる．

8.2 線形系と行列指数関数

1階微分方程式系 (8.1) において $f_1, f_2, \cdots, f_n$ がすべて $y_1, y_2, \cdots, y_n$ に関して1次関数であるとき，(8.1) は

$$
\begin{cases}
y_1' = a_{11}(x)y_1 + a_{12}(x)y_2 + \cdots + a_{1n}(x)y_n + g_1(x), \\
y_2' = a_{21}(x)y_1 + a_{22}(x)y_2 + \cdots + a_{2n}(x)y_n + g_2(x), \\
\quad \vdots \\
y_n' = a_{n1}(x)y_1 + a_{n2}(x)y_2 + \cdots + a_{nn}(x)y_n + g_n(x)
\end{cases}
\tag{8.2}
$$

で表すことができる．さらに，すべての係数 $a_{ij}(x)$ が定数であるとき，(8.2) を**線形系**とよぶ．$a_{ij}(x)$ は定数 a_{ij} で表し，これを (i, j) 成分とする正方行列を A，第 i 成分が $g_i(x)$ のベクトル値関数を $\boldsymbol{g}(x)$ と書く．このとき，線形系 (8.2) は

$$
\boldsymbol{y}' = A\boldsymbol{y} + \boldsymbol{g}(x) \tag{8.3}
$$

で表せる．ここで，$\boldsymbol{g}(x)$ を**非斉次項**といい，$\boldsymbol{g}(x)$ が $\boldsymbol{o}$ (ゼロベクトル) のとき，線形系を**斉次 (形)**，そうでないとき**非斉次 (形)** とよぶ．未知関数が n 個

のとき，**n 次元線形系**とよぶことがある．

n 次元ベクトル $\boldsymbol{y}_0$ に対して，**行列指数関数** (C.8) を用いて

$$\boldsymbol{y} = e^{xA}\boldsymbol{y}_0 \tag{8.4}$$

とすれば，(C.9) より

$$\boldsymbol{y}(0) = E\boldsymbol{y}_0 = \boldsymbol{y}_0,$$

公式 C.1 より

$$\boldsymbol{y}' = (e^{xA})'\boldsymbol{y}_0 = Ae^{xA}\boldsymbol{y}_0 = A\boldsymbol{y}$$

になるので，$\boldsymbol{y}$ は**斉次線形系**

$$\boldsymbol{y}' = A\boldsymbol{y} \tag{8.5}$$

の解で，$x = 0$ における**初期値**が $\boldsymbol{y}_0$ である．行列指数関数 e^{xA} の成分が求まれば，(8.4) より**初期値問題**の解が求まる．したがって，e^{xA} が計算できれば線形系が解ける．

行列指数関数 e^{xA} の計算では，定理 C.2 より変換行列 P を用いて A と相似な $B = P^{-1}AP$ を用意すれば，e^{xB} から e^{xA} が求まる．もし A が対角化可能のとき，$\mathbb{R}^n$ の基底になる A の n 個の固有ベクトルが存在し，それらを P の列とすれば，$P^{-1}AP$ は対角形になる[1)]．それを B とすれば，公式 C.2 より e^{xB} が直ちに求まる．対角化可能でない場合は B を定理 C.1 で述べている**ジョルダン** (Jordan) **標準形**にすることができ，公式 C.2 と C.3 より e^{xB} が求まる．

以降，具体的な行列に対する行列指数関数の計算を線形代数の理論[2)]を用いて説明する．B を対角形やジョルダン標準形などにして e^{xB} の成分を求めてから，e^{xA} を $Pe^{xB}P^{-1}$ の形で表し，e^{xB} と P の成分のみ明記する．

8.2.1　行列指数関数 (固有値が実数で対角化可能な場合)

例 8.1　$A = \begin{bmatrix} 2 & 2 \\ 1 & 3 \end{bmatrix}$

1)　「線形代数」([15]) p.199 をみよ．

2)　この章では，[15] で述べられている簡約化，連立 1 次方程式，基底，固有値，固有空間，対角化等の基本的な理論は説明なしに用いることが多い．また，同書にならい，固有値 λ に対する固有空間を $W(\lambda) = \{\boldsymbol{x} \mid A\boldsymbol{x} = \lambda\boldsymbol{x}\}$ で表す．これは第 6 章のロンスキアンとはまったく異なるものである．

［解］ A の固有値 λ は

$$|\lambda E - A| = \begin{vmatrix} \lambda - 2 & -2 \\ -1 & \lambda - 3 \end{vmatrix} = \lambda^2 - 5\lambda + 4 = (\lambda - 1)(\lambda - 4) = 0$$

より $\lambda = 1, 4$ である．このとき，$\lambda E - A$ の $\boldsymbol{o}$ でない行を 1 つ選ぶ．

$\lambda = 1$ のとき，第 1 行の $\begin{bmatrix} -1 & -2 \end{bmatrix}$ との積が 0 になる $\boldsymbol{p}_1 = \begin{bmatrix} 2 \\ -1 \end{bmatrix}$ を $W(1)$ の基底として選ぶ．

$\lambda = 4$ のとき，同様な操作で $W(4)$ の基底として，$\boldsymbol{p}_2 = \begin{bmatrix} 1 \\ 1 \end{bmatrix}$ を選ぶ．

$\boldsymbol{p}_1, \boldsymbol{p}_2$ は $\mathbb{R}^2$ の基底となり[1)]，$P = \begin{bmatrix} 2 & 1 \\ -1 & 1 \end{bmatrix}$ にすれば $P^{-1}AP = \begin{bmatrix} 1 & 0 \\ 0 & 4 \end{bmatrix}$，よって，定理 C.2 と公式 C.2 より $e^{xA} = P\begin{bmatrix} e^x & 0 \\ 0 & e^{4x} \end{bmatrix}P^{-1}$．□

例 8.2 $A = \begin{bmatrix} 1 & -1 & 4 \\ 3 & 2 & -1 \\ 2 & 1 & -1 \end{bmatrix}$

［解］ A の固有値 λ は

$$|\lambda E - A| = \begin{vmatrix} \lambda - 1 & 1 & -4 \\ -3 & \lambda - 2 & 1 \\ -2 & -1 & \lambda + 1 \end{vmatrix} = \begin{vmatrix} \lambda - 1 & 1 & -4 \\ -3 & \lambda - 2 & 1 \\ \lambda - 3 & 0 & \lambda - 3 \end{vmatrix}$$

$$= (\lambda - 3)\begin{vmatrix} \lambda - 1 & 1 & -4 \\ -3 & \lambda - 2 & 1 \\ 1 & 0 & 1 \end{vmatrix} = (\lambda - 3)\begin{vmatrix} \lambda + 3 & 1 & -4 \\ -4 & \lambda - 2 & 1 \\ 0 & 0 & 1 \end{vmatrix}$$

$$= (\lambda - 3)\begin{vmatrix} \lambda + 3 & 1 \\ -4 & \lambda - 2 \end{vmatrix} = (\lambda - 1)(\lambda - 3)(\lambda + 2) = 0$$

より $\lambda = 1, 3, -2$ である．このとき，$\lambda E - A$ の階数は 2 なので，平行でない 2 つの行を選んでから簡約化し，$(\lambda E - A)\boldsymbol{p} = \boldsymbol{o}$ をみたすベクトル $\boldsymbol{p}$ を求める．

$\lambda = 1$ のとき，$E - A$ から第 1, 2 行を取り出し簡約化すれば

$$\begin{bmatrix} 0 & 1 & -4 \\ -3 & -1 & 1 \end{bmatrix} \to \begin{bmatrix} 1 & 0 & 1 \\ 0 & 1 & -4 \end{bmatrix}$$ になるので，$\boldsymbol{p}_1 = \begin{bmatrix} 1 \\ -4 \\ -1 \end{bmatrix}$ を選ぶ．

1) 「線形代数」([15]) p.199 をみよ．

同様に，$\lambda = 3$ のとき $\boldsymbol{p}_2 = \begin{bmatrix} 1 \\ 2 \\ 1 \end{bmatrix}$，$\lambda = -2$ のとき $\boldsymbol{p}_3 = \begin{bmatrix} 1 \\ -1 \\ -1 \end{bmatrix}$ を選ぶ．

$\boldsymbol{p}_1, \boldsymbol{p}_2, \boldsymbol{p}_3$ はそれぞれ $W(1), W(3), W(-2)$ の基底であることから，$\mathbb{R}^3$ の基底となり $P = \begin{bmatrix} 1 & 1 & 1 \\ -4 & 2 & -1 \\ -1 & 1 & -1 \end{bmatrix}$ にすれば $P^{-1}AP = \begin{bmatrix} 1 & 0 & 0 \\ 0 & 3 & 0 \\ 0 & 0 & -2 \end{bmatrix}$，よって，定理 C.2 と公式 C.2 より $e^{xA} = P \begin{bmatrix} e^x & 0 & 0 \\ 0 & e^{3x} & 0 \\ 0 & 0 & e^{-2x} \end{bmatrix} P^{-1}$．□

例 8.3　$A = \begin{bmatrix} 1 & 2 & 1 \\ -1 & 4 & 1 \\ 2 & -4 & 0 \end{bmatrix}$

［解］ A の固有値 λ は

$$|\lambda E - A| = \begin{vmatrix} \lambda - 1 & -2 & -1 \\ 1 & \lambda - 4 & -1 \\ -2 & 4 & \lambda \end{vmatrix} = \begin{vmatrix} \lambda - 1 & -2 & -1 \\ 1 & \lambda - 4 & -1 \\ 0 & 2\lambda - 4 & \lambda - 2 \end{vmatrix}$$

$$= (\lambda - 2) \begin{vmatrix} \lambda - 1 & -2 & -1 \\ 1 & \lambda - 4 & -1 \\ 0 & 2 & 1 \end{vmatrix} = (\lambda - 2) \begin{vmatrix} \lambda - 1 & 0 & -1 \\ 1 & \lambda - 2 & -1 \\ 0 & 0 & 1 \end{vmatrix}$$

$$= (\lambda - 2) \begin{vmatrix} \lambda - 1 & 0 \\ 1 & \lambda - 2 \end{vmatrix} = (\lambda - 1)(\lambda - 2)^2 = 0$$

より $\lambda = 1, 2$ で 2 は重複している．このとき，固有値 2 の重複度は 2，固有値 1 の重複度は 1 という．

$\lambda = 1$ のとき，$E - A$ から第 1，2 行を取り出し，簡約化すれば

$\begin{bmatrix} 0 & -2 & -1 \\ 1 & -3 & -1 \end{bmatrix} \to \begin{bmatrix} 1 & 0 & \frac{1}{2} \\ 0 & 1 & \frac{1}{2} \end{bmatrix}$ になるので，$\boldsymbol{p}_1 = \begin{bmatrix} 1 \\ 1 \\ -2 \end{bmatrix}$ を選ぶ．

$\lambda = 2$ のとき，$2E - A$ の 3 つの行は互いに平行，つまり階数は 1 であるから第 1 行の $\begin{bmatrix} 1 & -2 & -1 \end{bmatrix}$ との積が 0 になるベクトルで，固有空間 $W(2)$ の基底になるように，平行でない 2 つのベクトル $\boldsymbol{p}_2 = \begin{bmatrix} 2 \\ 1 \\ 0 \end{bmatrix}$，$\boldsymbol{p}_3 = \begin{bmatrix} 1 \\ 0 \\ 1 \end{bmatrix}$ を選ぶ．

$\boldsymbol{p}_1$ は $W(1)$，$\boldsymbol{p}_2, \boldsymbol{p}_3$ は $W(2)$ の基底で，これらの 3 つのベクトルで $\mathbb{R}^3$ の基

底となり[1)]，$P = \begin{bmatrix} 1 & 2 & 1 \\ 1 & 1 & 0 \\ -2 & 0 & 1 \end{bmatrix}$ にすれば $P^{-1}AP = \begin{bmatrix} 1 & 0 & 0 \\ 0 & 2 & 0 \\ 0 & 0 & 2 \end{bmatrix}$．よって，定理 C.2 と公式 C.2 より $e^{xA} = P \begin{bmatrix} e^{x} & 0 & 0 \\ 0 & e^{2x} & 0 \\ 0 & 0 & e^{2x} \end{bmatrix} P^{-1}$．□

●**問 8.1**　次の行列を A として，e^{xA} を求めよ．

(1)　$\begin{bmatrix} 7 & -6 \\ 4 & -3 \end{bmatrix}$　　(2)　$\begin{bmatrix} 4 & -6 & -4 \\ 1 & -1 & -2 \\ -1 & 2 & 3 \end{bmatrix}$　　(3)　$\begin{bmatrix} 3 & -4 & -4 \\ 4 & -5 & -4 \\ -4 & 4 & 3 \end{bmatrix}$

8.2.2　行列指数関数 (固有値が実数で対角化可能でない場合)

対角化できない場合は，定理 C.1 より $P^{-1}AP$ をジョルダン標準形 J にでき，公式 C.3 と C.4 より e^{xJ} の成分が自動的に求まる．本書は定理 C.1 の証明にはふれず，いくつかの具体例の計算方法を解説する．対角化できる場合と異なるのは，(C.6) のような非斉次連立 1 次方程式を解く必要があり，解の存在性に注意を払わなければならないことである．

まず，そのようなことを気にしなくても解ける例として，重複する固有値が 1 個で重複度が 2 になる行列からはじめる．

例 8.4　$A = \begin{bmatrix} 3 & 1 \\ -1 & 1 \end{bmatrix}$

［解］　A の固有値 λ は

$$|\lambda E - A| = \begin{vmatrix} \lambda - 3 & -1 \\ 1 & \lambda - 1 \end{vmatrix} = \lambda^2 - 4\lambda + 4 = (\lambda - 2)^2 = 0$$

より $\lambda = 2$ で，重複度は 2 である．

$2E - A$ の第 1 行の $\begin{bmatrix} -1 & -1 \end{bmatrix}$ との積が 0 になる $\boldsymbol{p}_1 = \begin{bmatrix} 1 \\ -1 \end{bmatrix}$ を $W(2)$ の基底として選ぶが，$W(2)$ の他に固有空間はないので，対角化できない．ゆえに，$P^{-1}AP$ がジョルダン標準形になる P の第 2 列 $\boldsymbol{p}_2$ を (C.6) にならい $(2E - A)\boldsymbol{p}_2 = -\boldsymbol{p}_1$ をみたすように選ぶ．$\boldsymbol{p}_2$ は非斉次連立 1 次方程式の解

1)　「線形代数」([15]) p.203 をみよ．

で拡大係数行列[1)]は $\left[\begin{array}{cc|c} -1 & -1 & -1 \\ 1 & 1 & 1 \end{array}\right]$ になるので，$\begin{bmatrix}1 & 1\end{bmatrix}\boldsymbol{p}_2 = 1$ をみたす

$\boldsymbol{p}_2 = \begin{bmatrix}1\\0\end{bmatrix}$ を選ぶ.

$\boldsymbol{p}_1, \boldsymbol{p}_2$ は $\mathbb{R}^2$ の基底となり[2)]，$P = \begin{bmatrix}1 & 1\\-1 & 0\end{bmatrix}$ にすれば，ジョルダン標準形は

$P^{-1}AP = \begin{bmatrix}2 & 1\\0 & 2\end{bmatrix}$. よって，定理C.2と公式C.4より $e^{xA} = P\begin{bmatrix}e^{2x} & xe^{2x}\\0 & e^{2x}\end{bmatrix}P^{-1}$.

□

例 8.5　$A = \begin{bmatrix}3 & 2 & 4\\2 & 0 & 7\\2 & 1 & 2\end{bmatrix}$

［解］ A の固有値 λ は

$$|\lambda E - A| = \begin{vmatrix}\lambda-3 & -2 & -4\\-2 & \lambda & -7\\-2 & -1 & \lambda-2\end{vmatrix} = \begin{vmatrix}\lambda+1 & -2 & -4\\-2\lambda-2 & \lambda & -7\\0 & -1 & \lambda-2\end{vmatrix}$$

$$= (\lambda+1)\begin{vmatrix}1 & -2 & -4\\-2 & \lambda & -7\\0 & -1 & \lambda-2\end{vmatrix} = (\lambda+1)\begin{vmatrix}1 & -2 & -4\\0 & \lambda-4 & -15\\0 & -1 & \lambda-2\end{vmatrix}$$

$$= (\lambda+1)\begin{vmatrix}\lambda-4 & -15\\-1 & \lambda-2\end{vmatrix} = (\lambda+1)^2(\lambda-7) = 0$$

より $\lambda = 7, -1$ で，-1 が重複して重複度は 2 である.

$\lambda = 7$ のとき，$W(7)$ の基底として $\boldsymbol{p}_1 = \begin{bmatrix}7\\6\\4\end{bmatrix}$ を選ぶ[3)].

$\lambda = -1$ のとき，$-E-A$ の第1, 2行を取り出し，簡約化すれば $\begin{bmatrix}-4 & -2 & -4\\-2 & -1 & -7\end{bmatrix}$

$\to \begin{bmatrix}2 & 1 & 0\\0 & 0 & 1\end{bmatrix}$ になるので，$W(-1)$ の基底として $\boldsymbol{p}_2 = \begin{bmatrix}1\\-2\\0\end{bmatrix}$ を選ぶが，$W(7)$,

$W(-1)$ は1次元で他に固有空間はないので，対角化できない．ゆえに，$P^{-1}AP$

1)　表記は「線形代数」([15]) にならう.

2)　対角化と同様に，1次独立になる.

3)　計算は読者に任せる.

がジョルダン標準形になる P の第 3 列 $\boldsymbol{p}_3$ を (C.6) にならい

$$(-E-A)\boldsymbol{p}_3 = -\boldsymbol{p}_2 \tag{8.6}$$

をみたすように選ぶ．拡大係数行列を簡約化すれば

$$\left[\begin{array}{ccc|c} -4 & -2 & -4 & -1 \\ -2 & -1 & -7 & 2 \\ -2 & -1 & -3 & 0 \end{array}\right] \to \left[\begin{array}{ccc|c} 1 & \frac{1}{2} & 1 & \frac{1}{4} \\ 0 & 0 & -5 & \frac{5}{2} \\ 0 & 0 & -1 & \frac{1}{2} \end{array}\right] \to \left[\begin{array}{ccc|c} 1 & \frac{1}{2} & 0 & \frac{3}{4} \\ 0 & 0 & 1 & -\frac{1}{2} \\ 0 & 0 & 0 & 0 \end{array}\right]$$

になるので，解として $\boldsymbol{p}_3 = \begin{bmatrix} 0 \\ \frac{3}{2} \\ -\frac{1}{2} \end{bmatrix}$ を選ぶ．$\boldsymbol{p}_3$ に分数の成分があるが，それを避けるには $\boldsymbol{p}_2$ と $\boldsymbol{p}_3$ に同じスカラーを乗じても (8.6) は成り立つので，それぞれ 2 を乗じた $\boldsymbol{p}_2 = \begin{bmatrix} 2 \\ -4 \\ 0 \end{bmatrix}$，$\boldsymbol{p}_3 = \begin{bmatrix} 0 \\ 3 \\ -1 \end{bmatrix}$ に代える．

$\boldsymbol{p}_1, \boldsymbol{p}_2, \boldsymbol{p}_3$ は $\mathbb{R}^3$ の基底で $P = \begin{bmatrix} 7 & 2 & 0 \\ 6 & -4 & 3 \\ 4 & 0 & -1 \end{bmatrix}$ にすれば，ジョルダン標準形は $P^{-1}AP = \begin{bmatrix} 7 & 0 & 0 \\ 0 & -1 & 1 \\ 0 & 0 & -1 \end{bmatrix}$ である．よって，定理 C.2 と公式 C.3，C.4 より

$$e^{xA} = P \begin{bmatrix} e^{7x} & 0 & 0 \\ 0 & e^{-x} & xe^{-x} \\ 0 & 0 & e^{-x} \end{bmatrix} P^{-1}. \quad \square$$

●**問 8.2** 次の行列を A として，e^{xA} を求めよ．

(1) $\begin{bmatrix} -5 & 4 \\ -1 & -1 \end{bmatrix}$ (2) $\begin{bmatrix} -2 & 1 & 5 \\ -2 & 3 & 2 \\ -4 & 1 & 7 \end{bmatrix}$

以上の例のように，固有値が重複しても 1 個の固有ベクトルしか選べない場合と異なり，個数が重複度より少ないが，2 つ以上の 1 次独立な固有ベクトルが選べる場合は，同じ固有値に対応する**ジョルダン細胞**が固有ベクトルと同じ個数だけある[1)]．以下の例はともに重複度 4 の固有値があり 1 次独立な固有ベクトルを 2 つ選べるが，2 つのジョルダン細胞の次数の組合せが異なる．

1) 固有値の重複度と同じ個数の固有ベクトルが選べるのが例 8.3 で，1 次のジョルダン細胞しかない，つまり対角形になる．

例 8.6　$A = \begin{bmatrix} 0 & -1 & -1 & 0 \\ -1 & 1 & 0 & 1 \\ 2 & 1 & 2 & -1 \\ -1 & -1 & -1 & 1 \end{bmatrix}$

［解］ A の固有値 λ は

$$|\lambda E - A| = \begin{vmatrix} \lambda & 1 & 1 & 0 \\ 1 & \lambda-1 & 0 & -1 \\ -2 & -1 & \lambda-2 & 1 \\ 1 & 1 & 1 & \lambda-1 \end{vmatrix} = \begin{vmatrix} \lambda & 1 & 1 & 0 \\ 1 & \lambda-1 & 0 & -1 \\ -2 & -1 & \lambda-2 & 1 \\ 1-\lambda & 0 & 0 & \lambda-1 \end{vmatrix}$$

$$= (\lambda-1)\begin{vmatrix} \lambda & 1 & 1 & 0 \\ 1 & \lambda-1 & 0 & -1 \\ -2 & -1 & \lambda-2 & 1 \\ -1 & 0 & 0 & 1 \end{vmatrix} = (\lambda-1)\begin{vmatrix} \lambda & 1 & 1 & \lambda \\ 1 & \lambda-1 & 0 & 0 \\ -2 & -1 & \lambda-2 & -1 \\ -1 & 0 & 0 & 0 \end{vmatrix}$$

$$= (\lambda-1)\begin{vmatrix} 1 & 1 & \lambda \\ \lambda-1 & 0 & 0 \\ -1 & \lambda-2 & -1 \end{vmatrix}$$

$$= -(\lambda-1)^2\begin{vmatrix} 1 & \lambda \\ \lambda-2 & -1 \end{vmatrix} = (\lambda-1)^4 = 0$$

より $\lambda = 1$ で，重複度は 4 である．

固有ベクトルは $E - A = \begin{bmatrix} 1 & 1 & 1 & 0 \\ 1 & 0 & 0 & -1 \\ -2 & -1 & -1 & 1 \\ 1 & 1 & 1 & 0 \end{bmatrix}$ との積が $\boldsymbol{o}$ で，第 1 行と第 4 行は同じ成分なので，$E - A$ から第 4 行を除き簡約化すれば

$$\begin{bmatrix} 1 & 1 & 1 & 0 \\ 1 & 0 & 0 & -1 \\ -2 & -1 & -1 & 1 \end{bmatrix} \to \begin{bmatrix} 1 & 1 & 1 & 0 \\ 0 & -1 & -1 & -1 \\ 0 & 1 & 1 & 1 \end{bmatrix} \to \begin{bmatrix} 1 & 0 & 0 & -1 \\ 0 & 1 & 1 & 1 \\ 0 & 0 & 0 & 0 \end{bmatrix} \qquad (8.7)$$

になるので，$\begin{bmatrix} 1 \\ -1 \\ 0 \\ 1 \end{bmatrix}$ と $\begin{bmatrix} 0 \\ 1 \\ -1 \\ 0 \end{bmatrix}$ は $W(1)$ の基底である．ゆえに，ジョルダン細胞は 2 個あるが，次数はまだわからない[1)]．

---

1)　2 次と 2 次，あるいは 1 次と 3 次の可能性がある．

$\boldsymbol{p}_1 \in W(1)$ は $\boldsymbol{p}_1 = c_1 \begin{bmatrix} 1 \\ -1 \\ 0 \\ 1 \end{bmatrix} + c_2 \begin{bmatrix} 0 \\ 1 \\ -1 \\ 0 \end{bmatrix} = \begin{bmatrix} c_1 \\ -c_1 + c_2 \\ -c_2 \\ c_1 \end{bmatrix}$ で表せる．(C.6) に対応した非斉次連立 1 次方程式

$$(E - A)\boldsymbol{x} = -\boldsymbol{q} \tag{8.8}$$

で $\boldsymbol{q} = \boldsymbol{p}_1$ として，解が存在するための c_1, c_2 の条件を調べる．拡大係数行列は

$$\left[\begin{array}{cccc|c} 1 & 1 & 1 & 0 & -c_1 \\ 1 & 0 & 0 & -1 & c_1 - c_2 \\ -2 & -1 & -1 & 1 & c_2 \\ 1 & 1 & 1 & 0 & -c_1 \end{array}\right]$$

であり，第 1 行と第 4 行は同じ成分なので，第 4 行を除き (8.7) と同じ基本変形で簡約化すれば

$$\left[\begin{array}{cccc|c} 1 & 1 & 1 & 0 & -c_1 \\ 1 & 0 & 0 & -1 & c_1 - c_2 \\ -2 & -1 & -1 & 1 & c_2 \end{array}\right] \to \left[\begin{array}{cccc|c} 1 & 0 & 0 & -1 & c_1 - c_2 \\ 0 & 1 & 1 & 1 & -2c_1 + c_2 \\ 0 & 0 & 0 & 0 & 0 \end{array}\right].$$

よって，任意の c_1, c_2 に対して (8.8) の解は存在する．そこで $c_1 = 1, c_2 = 0$ とした $\boldsymbol{p}_1$ を $\boldsymbol{p}_{11}$，$c_1 = 0, c_2 = 1$ とした $\boldsymbol{p}_1$ を $\boldsymbol{p}_{21}$ と表し，$\boldsymbol{q} = \boldsymbol{p}_{11}$ に対する (8.8) の解の 1 つを $\boldsymbol{p}_{12}$，$\boldsymbol{q} = \boldsymbol{p}_{21}$ に対する (8.8) の解の 1 つを $\boldsymbol{p}_{22}$ で表す．これより，2 つのジョルダン細胞の次数はともに 2 次以上で，あわせて 4 次なので 2 次が 2 つとなる．例えば，$\boldsymbol{p}_{12} = \begin{bmatrix} 1 \\ -2 \\ 0 \\ 0 \end{bmatrix}$，$\boldsymbol{p}_{22} = \begin{bmatrix} -1 \\ 1 \\ 0 \\ 0 \end{bmatrix}$ とする．

$\boldsymbol{p}_{11}, \boldsymbol{p}_{12}, \boldsymbol{p}_{21}, \boldsymbol{p}_{22}$ は $\mathbb{R}^4$ の基底で，$P = \begin{bmatrix} 1 & 1 & 0 & -1 \\ -1 & -2 & 1 & 1 \\ 0 & 0 & -1 & 0 \\ 1 & 0 & 0 & 0 \end{bmatrix}$ にすれば，ジョルダン標準形は $P^{-1}AP = \begin{bmatrix} 1 & 1 & 0 & 0 \\ 0 & 1 & 0 & 0 \\ 0 & 0 & 1 & 1 \\ 0 & 0 & 0 & 1 \end{bmatrix}$ である．よって，定理 C.2 と公式 C.3，C.4 より $e^{xA} = P \begin{bmatrix} e^x & xe^x & 0 & 0 \\ 0 & e^x & 0 & 0 \\ 0 & 0 & e^x & xe^x \\ 0 & 0 & 0 & e^x \end{bmatrix} P^{-1}$．□

例 8.7 $A=\begin{bmatrix}2&0&0&0\\3&3&-1&1\\2&1&1&1\\2&0&0&2\end{bmatrix}$

［解］ A の固有値 λ は

$$|\lambda E-A|=\begin{vmatrix}\lambda-2&0&0&0\\-3&\lambda-3&1&-1\\-2&-1&\lambda-1&-1\\-2&0&0&\lambda-2\end{vmatrix}$$

$$=(\lambda-2)\begin{vmatrix}\lambda-3&1&-1\\-1&\lambda-1&-1\\0&0&\lambda-2\end{vmatrix}$$

$$=(\lambda-2)^2\begin{vmatrix}\lambda-3&1\\-1&\lambda-1\end{vmatrix}=(\lambda-2)^4=0$$

より $\lambda=2$ で，重複度は 4 である．

固有ベクトルは $2E-A=\begin{bmatrix}0&0&0&0\\-3&-1&1&-1\\-2&-1&1&-1\\-2&0&0&0\end{bmatrix}$ との積が $\boldsymbol{o}$ で，成分が 0 しかない第 1 行を除き，簡約化すれば

$$\begin{bmatrix}-3&-1&1&-1\\-2&-1&1&-1\\-2&0&0&0\end{bmatrix}\to\begin{bmatrix}1&0&0&0\\0&-1&1&-1\\0&-1&1&-1\end{bmatrix}\to\begin{bmatrix}1&0&0&0\\0&1&-1&1\\0&0&0&0\end{bmatrix}\tag{8.9}$$

になるので，$\begin{bmatrix}0\\1\\1\\0\end{bmatrix}$ と $\begin{bmatrix}0\\-1\\0\\1\end{bmatrix}$ は $W(2)$ の基底である．ゆえに，ジョルダン細胞は 2 個あるが，次数はまだわからない．

$\boldsymbol{p}_1\in W(2)$ は $\boldsymbol{p}_1=c_1\begin{bmatrix}0\\1\\1\\0\end{bmatrix}+c_2\begin{bmatrix}0\\-1\\0\\1\end{bmatrix}=\begin{bmatrix}0\\c_1-c_2\\c_1\\c_2\end{bmatrix}$ で表せる．(C.6) に対応した非斉次連立 1 次方程式

$$(2E-A)\boldsymbol{x}=-\boldsymbol{q}\tag{8.10}$$

で $\boldsymbol{q}=\boldsymbol{p}_1$ として，解が存在する c_1,c_2 の条件を調べる．拡大係数行列は

$\left[\begin{array}{cccc|c} 0 & 0 & 0 & 0 & 0 \\ -3 & -1 & 1 & -1 & -c_1+c_2 \\ -2 & -1 & 1 & -1 & -c_1 \\ -2 & 0 & 0 & 0 & -c_2 \end{array}\right]$ であり，すべての成分が 0 の第 1 行を除き (8.9) と同じ基本変形で簡約化すれば

$$\left[\begin{array}{cccc|c} -3 & -1 & 1 & -1 & -c_1+c_2 \\ -2 & -1 & 1 & -1 & -c_1 \\ -2 & 0 & 0 & 0 & -c_2 \end{array}\right] \to \left[\begin{array}{cccc|c} 1 & 0 & 0 & 0 & \frac{1}{2}c_2 \\ 0 & 1 & -1 & 1 & c_1-\frac{5}{2}c_2 \\ 0 & 0 & 0 & 0 & -\frac{3}{2}c_2 \end{array}\right].$$

ゆえに，$c_2=0$ でないと (8.10) の解は存在しない[1)]．そこで $c_1=1, c_2=0$ とした $\boldsymbol{p}_1$ を $\boldsymbol{p}_{11}$，$c_1=0, c_2=1$ とした $\boldsymbol{p}_1$ を $\boldsymbol{p}_{21}$ で表す．$\boldsymbol{q}=\boldsymbol{p}_{21}$ とすれば解は存在せず，$\boldsymbol{q}=\boldsymbol{p}_{11}$ とすれば解は存在する．これより 2 つのジョルダン細胞のうち 1 つは 1 次になり，もう 1 つは必然的に 3 次である．

$$\boldsymbol{q}=\boldsymbol{p}_{11} \text{ とした (8.10) の解は } \boldsymbol{x}=\begin{bmatrix} 0 \\ 1 \\ 0 \\ 0 \end{bmatrix}+c_3\begin{bmatrix} 0 \\ 1 \\ 1 \\ 0 \end{bmatrix}+c_4\begin{bmatrix} 0 \\ -1 \\ 0 \\ 1 \end{bmatrix}=\begin{bmatrix} 0 \\ 1+c_3-c_4 \\ c_3 \\ c_4 \end{bmatrix}$$

で表せる．これを $\boldsymbol{p}_{12}$ で表し $\boldsymbol{q}=\boldsymbol{p}_{12}$ とした (8.10) の解が存在する c_3, c_4 の条件を調べる．拡大係数行列は $\left[\begin{array}{cccc|c} 0 & 0 & 0 & 0 & 0 \\ -3 & -1 & 1 & -1 & -1-c_3+c_4 \\ -2 & -1 & 1 & -1 & -c_3 \\ -2 & 0 & 0 & 0 & -c_4 \end{array}\right]$ であり，すべての成分が 0 の第 1 行を除き，(8.9) と同じ基本変形で簡約化すれば

$$\left[\begin{array}{cccc|c} -3 & -1 & 1 & -1 & -1-c_3+c_4 \\ -2 & -1 & 1 & -1 & -c_3 \\ -2 & 0 & 0 & 0 & -c_4 \end{array}\right] \to \left[\begin{array}{cccc|c} 1 & 0 & 0 & 0 & \frac{1}{2}c_4 \\ 0 & 1 & -1 & 1 & 1+c_3-\frac{5}{2}c_4 \\ 0 & 0 & 0 & 0 & 1-\frac{3}{2}c_4 \end{array}\right]$$

より $c_4=\dfrac{2}{3}$ のとき解は存在する．このとき，$\boldsymbol{p}_{12}=\begin{bmatrix} 0 \\ \frac{1}{3} \\ 0 \\ \frac{2}{3} \end{bmatrix}$，$\boldsymbol{p}_{13}=\begin{bmatrix} \frac{1}{3} \\ -\frac{2}{3} \\ 0 \\ 0 \end{bmatrix}$ とすれば $\boldsymbol{p}_{12}$ は $c_3=0$ としたもので，$\boldsymbol{p}_{13}$ は $\boldsymbol{q}=\boldsymbol{p}_{12}$ とした (8.10) の解の 1 つである．成分を整数にするには，$\boldsymbol{p}_{11}, \boldsymbol{p}_{12}, \boldsymbol{p}_{13}$ に同じスカラーを乗じても (8.10) は

1) 例 8.6 との違いに注意せよ．

成り立つので，それぞれに 3 を乗じて $\boldsymbol{p}_{11} = \begin{bmatrix} 0 \\ 3 \\ 3 \\ 0 \end{bmatrix}$，$\boldsymbol{p}_{12} = \begin{bmatrix} 0 \\ 1 \\ 0 \\ 2 \end{bmatrix}$，$\boldsymbol{p}_{13} = \begin{bmatrix} 1 \\ -2 \\ 0 \\ 0 \end{bmatrix}$

に置き換える．

$\boldsymbol{p}_{11}, \boldsymbol{p}_{12}, \boldsymbol{p}_{13}, \boldsymbol{p}_{21}$ は $\mathbb{R}^4$ の基底で，$P = \begin{bmatrix} 0 & 0 & 1 & 0 \\ 3 & 1 & -2 & -1 \\ 3 & 0 & 0 & 0 \\ 0 & 2 & 0 & 1 \end{bmatrix}$ にすれば，ジョルダン標準形は $P^{-1}AP = \begin{bmatrix} 2 & 1 & 0 & 0 \\ 0 & 2 & 1 & 0 \\ 0 & 0 & 2 & 0 \\ 0 & 0 & 0 & 2 \end{bmatrix}$ である．よって，定理 C.2 と公式 C.3, C.4 より $e^{xA} = P \begin{bmatrix} e^{2x} & xe^{2x} & \frac{x^2}{2}e^{2x} & 0 \\ 0 & e^{2x} & xe^{2x} & 0 \\ 0 & 0 & e^{2x} & 0 \\ 0 & 0 & 0 & e^{2x} \end{bmatrix} P^{-1}$．□

●問 **8.3**　次の行列を A として，e^{xA} を求めよ．

(1) $\begin{bmatrix} 2 & 1 & 2 \\ 7 & -1 & 5 \\ -9 & -2 & -7 \end{bmatrix}$　(2) $\begin{bmatrix} 1 & 4 & 3 \\ -4 & -9 & -6 \\ 4 & 8 & 5 \end{bmatrix}$　(3) $\begin{bmatrix} 2 & 1 & -2 & -2 \\ -3 & 2 & -2 & 1 \\ -2 & -1 & 3 & 3 \\ 1 & 1 & -2 & -1 \end{bmatrix}$

8.2.3　行列指数関数 (虚数の固有値がある場合)

これまでの例の固有値はすべて実数であるが，固有値のなかに虚数を含む場合も定理 C.1 や公式 C.2〜C.4 は成り立つ．よって，行列指数関数は複素数でも計算方法は変わらないが，手間がかかるので，簡約化のまえに行を減らしたり，行列の成分がすべて実数であれば共役な固有値に対しては固有ベクトルも成分が共役になることを利用して，できるだけ計算を軽減する．

例 8.8　$A = \begin{bmatrix} -1 & 2 \\ -5 & 3 \end{bmatrix}$

［解］ A の固有値 λ は

$$|\lambda E - A| = \begin{vmatrix} \lambda + 1 & -2 \\ 5 & \lambda - 3 \end{vmatrix} = (\lambda + 1)(\lambda - 3) + 10 = \lambda^2 - 2\lambda + 7 = 0$$

より $\lambda = 1 \pm \sqrt{6}\,i$ である．このとき，$\lambda E - A$ の $\boldsymbol{o}$ でない行を 1 つ選ぶ．

$\lambda = 1 + \sqrt{6}\,i$ のとき，第 1 行の $\begin{bmatrix} 2+\sqrt{6}\,i & -2 \end{bmatrix}$ との積が 0 になる $\boldsymbol{p}_1 = \begin{bmatrix} 2 \\ 2+\sqrt{6}\,i \end{bmatrix}$ を $W(1+\sqrt{6}\,i)$ の基底として選ぶ.

A の成分は実数なので，成分が $\boldsymbol{p}_1$ と共役な $\boldsymbol{p}_2 = \begin{bmatrix} 2 \\ 2-\sqrt{6}\,i \end{bmatrix}$ を $W(1-\sqrt{6}\,i)$ の基底として選ぶ.

$\boldsymbol{p}_1, \boldsymbol{p}_2$ は $\mathbb{C}^2$ の基底となり $P = \begin{bmatrix} 2 & 2 \\ 2+\sqrt{6}\,i & 2-\sqrt{6}\,i \end{bmatrix}$ にすれば $P^{-1}AP = \begin{bmatrix} 1+\sqrt{6}\,i & 0 \\ 0 & 1-\sqrt{6}\,i \end{bmatrix}$. よって，定理 C.2 と公式 C.2 より

$$e^{xA} = P\begin{bmatrix} e^{(1+\sqrt{6}\,i)x} & 0 \\ 0 & e^{(1-\sqrt{6}\,i)x} \end{bmatrix}P^{-1}. \quad \square$$

例 8.9　$A = \begin{bmatrix} 3 & -8 & 0 \\ 0 & -1 & -1 \\ -2 & 4 & 1 \end{bmatrix}$

［解］ A の固有値 λ は

$$|\lambda E - A| = \begin{vmatrix} \lambda-3 & 8 & 0 \\ 0 & \lambda+1 & 1 \\ 2 & -4 & \lambda-1 \end{vmatrix} = \begin{vmatrix} \lambda-3 & 8 & 0 \\ 0 & \lambda+1 & 1 \\ 2 & -4 & \lambda-1 \end{vmatrix}$$
$$= (\lambda-3)(\lambda+1)(\lambda-1) + 16 + 4(\lambda-3)$$
$$= \lambda^3 - 3\lambda^2 + 3\lambda + 7 = (\lambda+1)(\lambda^2 - 4\lambda + 7) = 0$$

より $\lambda = -1, 2 \pm \sqrt{3}\,i$ である.

$\lambda = -1$ のとき，$W(-1)$ の基底として $\boldsymbol{p}_1 = \begin{bmatrix} 2 \\ 1 \\ 0 \end{bmatrix}$ を選ぶ[1].

$\lambda = 2 + \sqrt{3}\,i$ のとき，$\lambda E - A$ の第 1, 2 行だけを取り出し簡約化すれば

$$\begin{bmatrix} -1+\sqrt{3}\,i & 8 & 0 \\ 0 & 3+\sqrt{3}\,i & 1 \end{bmatrix}$$
$$\to \begin{bmatrix} (-1+\sqrt{3}\,i)(-1-\sqrt{3}\,i) & 8(-1-\sqrt{3}\,i) & 0 \\ 0 & (3+\sqrt{3}\,i)(3-\sqrt{3}\,i) & 3-\sqrt{3}\,i \end{bmatrix}$$

1)　計算は読者に任せる.

$$\to \begin{bmatrix} 1 & 2(-1-\sqrt{3}\,i) & 0 \\ 0 & 12 & 3-\sqrt{3}\,i \end{bmatrix} \to \begin{bmatrix} 1 & 0 & \frac{3+\sqrt{3}\,i}{3} \\ 0 & 1 & \frac{3-\sqrt{3}\,i}{12} \end{bmatrix}$$

になるので，$W(2+\sqrt{3}\,i)$ の基底として $\boldsymbol{p}_2 = \begin{bmatrix} 12+4\sqrt{3}\,i \\ 3-\sqrt{3}\,i \\ -12 \end{bmatrix}$ を選ぶ.

A の成分は実数なので，$W(2-\sqrt{3}\,i)$ の基底として成分が $\boldsymbol{p}_2$ と共役な $\boldsymbol{p}_3 = \begin{bmatrix} 12-4\sqrt{3}\,i \\ 3+\sqrt{3}\,i \\ -12 \end{bmatrix}$ を選ぶ.

$\boldsymbol{p}_1, \boldsymbol{p}_2, \boldsymbol{p}_3$ は $\mathbb{C}^3$ の基底で $P = \begin{bmatrix} 2 & 12+4\sqrt{3}\,i & 12-4\sqrt{3}\,i \\ 1 & 3-\sqrt{3}\,i & 3+\sqrt{3}\,i \\ 0 & -12 & -12 \end{bmatrix}$ にすれば $P^{-1}AP = \begin{bmatrix} -1 & 0 & 0 \\ 0 & 2+\sqrt{3}\,i & 0 \\ 0 & 0 & 2-\sqrt{3}\,i \end{bmatrix}$. よって，定理 C.2 と公式 C.2 より

$$e^{xA} = P \begin{bmatrix} e^{-x} & 0 & 0 \\ 0 & e^{(2+\sqrt{3}\,i)x} & 0 \\ 0 & 0 & e^{(2-\sqrt{3}\,i)x} \end{bmatrix} P^{-1}. \quad \square$$

A の成分が実数であっても固有値が虚数であれば，固有ベクトルの成分も虚数を含み，P の成分に虚数が含まれることになる．しかし，行列指数関数の定義 C.1 をみてわかるように，実数を成分とする行列の級数の和である e^{xA} の成分はすべて実数になるので，途中の計算も虚数が現れないようにするほうが好ましい．そこで固有値が虚数になる場合に，対角化に代わる方法を紹介する.

A の固有ベクトル $\boldsymbol{p}$ に対する固有値を $\lambda = \mu + i\nu$ (μ, ν は実数) とすると，$\overline{\boldsymbol{p}}$ も A の固有ベクトルで，その固有値は $\overline{\lambda}$ になる．P を構成するときに $\boldsymbol{p}$ の隣りに $\overline{\boldsymbol{p}}$ がくるようにすれば，対角行列 $P^{-1}AP$ の対角成分は $\begin{bmatrix} \ddots & & & \\ & \lambda & & \\ & & \overline{\lambda} & \\ & & & \ddots \end{bmatrix}$ となり，$Q = P \begin{bmatrix} \ddots & & \\ & M & \\ & & \ddots \end{bmatrix}$ $\left(ただし\ M = \dfrac{1}{2}\begin{bmatrix} 1 & -i \\ 1 & i \end{bmatrix} \right)$ とおくと，Q は

P の列 $\boldsymbol{p}, \overline{\boldsymbol{p}}$ を $\mathrm{Re}\,\boldsymbol{p}$, $\mathrm{Im}\,\boldsymbol{p}$ に置き換えた行列で，$M^{-1}\begin{bmatrix}\lambda & 0\\ 0 & \overline{\lambda}\end{bmatrix}M = \begin{bmatrix}\mu & \nu\\ -\nu & \mu\end{bmatrix}$ より

$$Q^{-1}AQ = \begin{bmatrix}\ddots & & & \\ & \mu & \nu & \\ & -\nu & \mu & \\ & & & \ddots\end{bmatrix} \tag{8.11}$$

となる．この右辺を $\widetilde{D}$ とすれば，$\widetilde{D}$ は対角形ではないがそれに近い形であり，Q と $\widetilde{D}$ の成分はすべて実数である．定理 C.2 より $e^{xA} = Qe^{x\widetilde{D}}Q^{-1}$ になり，公式 C.5 より

$$e^{x\widetilde{D}} = \begin{bmatrix}\ddots & & & \\ & e^{\mu x}\cos\nu x & e^{\mu x}\sin\nu x & \\ & -e^{\mu x}\sin\nu x & e^{\mu x}\cos\nu x & \\ & & & \ddots\end{bmatrix} \tag{8.12}$$

になる．例 8.8 と 8.9 における行列指数関数を成分が実数の行列で表す．

例 8.8 ［解］ $Q = PM = \dfrac{1}{2}\begin{bmatrix}2 & 2\\ 2+\sqrt{6}\,i & 2-\sqrt{6}\,i\end{bmatrix}\begin{bmatrix}1 & -i\\ 1 & i\end{bmatrix} = \begin{bmatrix}2 & 0\\ 2 & \sqrt{6}\end{bmatrix}$ とすれば，$Q^{-1}AQ = \begin{bmatrix}1 & \sqrt{6}\\ -\sqrt{6} & 1\end{bmatrix}$.

よって，定理 C.2 と公式 C.5 より

$$e^{xA} = Q\begin{bmatrix}e^{x}\cos\sqrt{6}x & e^{x}\sin\sqrt{6}x\\ -e^{x}\sin\sqrt{6}x & e^{x}\cos\sqrt{6}x\end{bmatrix}Q^{-1}. \quad \square$$

例 8.9 ［解］ $Q = P\begin{bmatrix}1 & 0\\ 0 & M\end{bmatrix} = \begin{bmatrix}2 & 12 & 4\sqrt{3}\\ 1 & 3 & -\sqrt{3}\\ 0 & -12 & 0\end{bmatrix}$ にすれば

$$Q^{-1}AQ = \begin{bmatrix}-1 & 0 & 0\\ 0 & 2 & \sqrt{3}\\ 0 & -\sqrt{3} & 2\end{bmatrix}.$$

よって，定理 C.2 と公式 C.2, C.5 より

$$e^{xA} = Q\begin{bmatrix}e^{-x} & 0 & 0\\ 0 & e^{2x}\cos\sqrt{3}\,x & e^{2x}\sin\sqrt{3}\,x\\ 0 & -e^{2x}\sin\sqrt{3}\,x & e^{2x}\cos\sqrt{3}\,x\end{bmatrix}Q^{-1}. \quad \square$$

行列 A が対角化できずジョルダン標準形になるときは次のようにする．固有値が実数ならそのままの形でよい．固有値が虚数で重複度が n のときは，その共役も重複度 n の固有値になるのでそれらをあわせて，ジョルダン細胞は

$$\widetilde{J}=\begin{bmatrix} \mu & \nu & 1 & 0 & 0 & 0 & \cdots & 0 & 0 \\ -\nu & \mu & 0 & 1 & 0 & 0 & \cdots & 0 & 0 \\ 0 & 0 & \mu & \nu & 1 & 0 & \cdots & 0 & 0 \\ 0 & 0 & -\nu & \mu & 0 & 1 & \cdots & 0 & 0 \\ \vdots & \vdots & & \ddots & \ddots & \ddots & \ddots & \vdots & \vdots \\ 0 & 0 & 0 & 0 & 0 & 0 & \cdots & \mu & \nu \\ 0 & 0 & 0 & 0 & 0 & 0 & \cdots & -\nu & \mu \end{bmatrix}=\begin{bmatrix} \widetilde{D} & E & O & \cdots \\ O & \widetilde{D} & E & \cdots \\ \vdots & \vdots & \ddots & \ddots \\ O & O & \cdots & \widetilde{D} \end{bmatrix} \tag{8.13}$$

と相似になるようにできる[1)]．ここで $\widetilde{J}$ は $2n\times 2n$ の行列である．したがって，固有値に実数と虚数がともに存在するとき，実数に対応するジョルダン細胞はそのままで，虚数の固有値に対応するジョルダン細胞は，共役な固有値に対応するジョルダン細胞とあわせて (8.13) に置き換える．

行列指数関数については，ジョルダン細胞に対する公式 C.4 のように，

$$e^{x\widetilde{J}}=\begin{bmatrix} e^{x\widetilde{D}} & xe^{x\widetilde{D}} & \frac{x^2}{2!}e^{x\widetilde{D}} & \cdots & \frac{x^{m-1}}{(m-1)!}e^{x\widetilde{D}} \\ O & e^{x\widetilde{D}} & xe^{x\widetilde{D}} & \cdots & \frac{x^{m-2}}{(m-2)!}e^{x\widetilde{D}} \\ \vdots & \ddots & \ddots & \ddots & \vdots \\ O & & & e^{x\widetilde{D}} & xe^{x\widetilde{D}} \\ O & \cdots & \cdots & O & e^{x\widetilde{D}} \end{bmatrix}.$$

●**問 8.4**　次の行列を A として，e^{xA} を求めよ．

(1)　$\begin{bmatrix} 3 & -2 \\ 4 & -1 \end{bmatrix}$　　(2)　$\begin{bmatrix} -4 & -10 & -4 \\ 2 & 2 & -2 \\ 1 & 5 & 6 \end{bmatrix}$

8.2.4　斉次線形系の基本解と一般解

単独の斉次 n 階線形微分方程式に n 個の解から構成される基本解と一般解が定義されたが，線形系に対しても定義できる．

定義 8.2　n 次元斉次線形系の n 個の解 $\boldsymbol{y}_1,\cdots,\boldsymbol{y}_n$ があり，斉次線形系の解がすべて

1)　[6] p.95 を参照せよ．

$$\boldsymbol{y} = C_1\boldsymbol{y}_1 + \cdots + C_n\boldsymbol{y}_n \tag{8.14}$$

で表されるとき，$\boldsymbol{y}_1, \cdots, \boldsymbol{y}_n$ を**基本解**，$C_1, \cdots, C_n$ を任意定数とすれば (8.14) を**一般解**とよぶ．

行列指数関数から基本解を求めよう．固有値が，対角化可能，不可能等によって3つに分類して行列指数関数を計算したが，それと同じ分類で基本解を求める．

(1) A は実数 $\lambda_1, \lambda_2, \cdots, \lambda_n$ を固有値とする対角化可能な正方行列とする．このとき A に対して，(8.4) は

$$\boldsymbol{y} = P\begin{bmatrix} e^{\lambda_1 x} & 0 & \cdots & 0 \\ 0 & e^{\lambda_2 x} & \cdots & 0 \\ \vdots & \vdots & \ddots & \vdots \\ 0 & 0 & \cdots & e^{\lambda_n x} \end{bmatrix} P^{-1}\boldsymbol{y}_0$$

になる．n 個の任意定数 $C_1, C_2, \cdots, C_n$ に対して

$$\boldsymbol{y}_0 = P\begin{bmatrix} C_1 \\ C_2 \\ \vdots \\ C_n \end{bmatrix} \tag{8.15}$$

にすれば

$$\boldsymbol{y} = P\begin{bmatrix} e^{\lambda_1 x} & 0 & \cdots & 0 \\ 0 & e^{\lambda_2 x} & \cdots & 0 \\ \vdots & \vdots & \ddots & \vdots \\ 0 & 0 & \cdots & e^{\lambda_n x} \end{bmatrix}\begin{bmatrix} C_1 \\ C_2 \\ \vdots \\ C_n \end{bmatrix} = P\begin{bmatrix} C_1 e^{\lambda_1 x} \\ C_2 e^{\lambda_2 x} \\ \vdots \\ C_n e^{\lambda_n x} \end{bmatrix}.$$

固有値 λ_i に対する固有ベクトルを $\boldsymbol{p}_i$ とすれば，$\boldsymbol{p}_i$ は P の第 i 列であるから，$e^{\lambda_1 x}\boldsymbol{p}_1, e^{\lambda_2 x}\boldsymbol{p}_2, \cdots, e^{\lambda_n x}\boldsymbol{p}_n$ は基本解で，それらの1次結合の

$$\boldsymbol{y} = C_1 e^{\lambda_1 x}\boldsymbol{p}_1 + C_2 e^{\lambda_2 x}\boldsymbol{p}_2 + \cdots + C_n e^{\lambda_n x}\boldsymbol{p}_n$$

は一般解である．例 8.1〜8.3 の基本解は以下のとおりである．

例 8.1 ［解］ $e^x\begin{bmatrix} 2 \\ -1 \end{bmatrix}$, $e^{4x}\begin{bmatrix} 1 \\ 1 \end{bmatrix}$. □

例 8.2 ［解］ $e^x\begin{bmatrix} 1 \\ -4 \\ -1 \end{bmatrix}$, $e^{3x}\begin{bmatrix} 1 \\ 2 \\ 1 \end{bmatrix}$, $e^{-2x}\begin{bmatrix} 1 \\ -1 \\ -1 \end{bmatrix}$. □

例 8.3 ［解］ $e^{x}\begin{bmatrix}1\\1\\-2\end{bmatrix},\quad e^{2x}\begin{bmatrix}2\\1\\0\end{bmatrix},\quad e^{2x}\begin{bmatrix}1\\0\\1\end{bmatrix}.$ □

●**問 8.5** 問 8.1 の行列を A として，斉次線形系 $\boldsymbol{y}'=A\boldsymbol{y}$ の基本解を求めよ．

(2) A の固有値がすべて実数で，対角化できなければ，P を変換行列として，相似なジョルダン標準形を J で表し，$\boldsymbol{y}_0$ を (8.15) とすれば

$$\boldsymbol{y}=Pe^{xJ}\begin{bmatrix}C_1\\\vdots\\C_n\end{bmatrix}$$

は一般解になり，Pe^{xJ} の各列で基本解を構成できる．例 8.4〜8.7 の基本解は以下のとおりである．

例 8.4 ［解］ $\begin{bmatrix}1&1\\-1&0\end{bmatrix}\begin{bmatrix}e^{2x}&xe^{2x}\\0&e^{2x}\end{bmatrix}=e^{2x}\begin{bmatrix}1&x+1\\-1&-x\end{bmatrix}$

になるので，$e^{2x}\begin{bmatrix}1\\-1\end{bmatrix}$，$e^{2x}\begin{bmatrix}x+1\\-x\end{bmatrix}$ は基本解である．□

例 8.5 ［解］

$$\begin{bmatrix}7&2&0\\6&-4&3\\4&0&-1\end{bmatrix}\begin{bmatrix}e^{7x}&0&0\\0&e^{-x}&xe^{-x}\\0&0&e^{-x}\end{bmatrix}=\begin{bmatrix}7e^{7x}&2e^{-x}&2xe^{-x}\\6e^{7x}&-4e^{-x}&(-4x+3)e^{-x}\\4e^{7x}&0&-e^{-x}\end{bmatrix}$$

になるので，$e^{7x}\begin{bmatrix}7\\6\\4\end{bmatrix}$，$e^{-x}\begin{bmatrix}2\\-4\\0\end{bmatrix}$，$e^{-x}\begin{bmatrix}2x\\-4x+3\\-1\end{bmatrix}$ は基本解である．□

例 8.6 ［解］

$$\begin{bmatrix}1&1&0&-1\\-1&-2&1&1\\0&0&-1&0\\1&0&0&0\end{bmatrix}\begin{bmatrix}e^{x}&xe^{x}&0&0\\0&e^{x}&0&0\\0&0&e^{x}&xe^{x}\\0&0&0&e^{x}\end{bmatrix}=e^{x}\begin{bmatrix}1&x+1&0&-1\\-1&-x-2&1&x+1\\0&0&-1&-x\\1&x&0&0\end{bmatrix}$$

になるので，$e^{x}\begin{bmatrix}1\\-1\\0\\1\end{bmatrix}$，$e^{x}\begin{bmatrix}x+1\\-x-2\\0\\x\end{bmatrix}$，$e^{x}\begin{bmatrix}0\\1\\-1\\0\end{bmatrix}$，$e^{x}\begin{bmatrix}-1\\x+1\\-x\\0\end{bmatrix}$ は基本解である．□

例 8.7 [解] $\begin{bmatrix}0&0&1&0\\3&1&-2&-1\\3&0&0&0\\0&2&0&1\end{bmatrix}\begin{bmatrix}e^{2x}&xe^{2x}&\frac{x^2}{2}e^{2x}&0\\0&e^{2x}&xe^{2x}&0\\0&0&e^{2x}&0\\0&0&0&e^{2x}\end{bmatrix}$

$$= e^{2x}\begin{bmatrix}0&0&1&0\\3&3x+1&\frac{3}{2}x^2+x-2&-1\\3&3x&\frac{3}{2}x^2&0\\0&2&2x&1\end{bmatrix}$$

になるので，$e^{2x}\begin{bmatrix}0\\3\\3\\0\end{bmatrix}$，$e^{2x}\begin{bmatrix}0\\3x+1\\3x\\2\end{bmatrix}$，$e^{2x}\begin{bmatrix}1\\\frac{3}{2}x^2+x-2\\\frac{3}{2}x^2\\2x\end{bmatrix}$，$e^{2x}\begin{bmatrix}0\\-1\\0\\1\end{bmatrix}$ は基本解である．□

●**問 8.6** 問 8.2 の行列を A として，斉次線形系 $\boldsymbol{y}' = A\boldsymbol{y}$ の基本解を求めよ．

●**問 8.7** 問 8.3 の行列を A として，斉次線形系 $\boldsymbol{y}' = A\boldsymbol{y}$ の基本解を求めよ．

(3) A が虚数の固有値 λ をもてば，成分が実数の行列 Q を (8.11) をみたすようにとれば $e^{x\widetilde{D}}$ は (8.12) で求まる．$\boldsymbol{y}_0$ を $P = Q$ とした (8.15) とすれば

$$\boldsymbol{y} = Qe^{x\widetilde{D}}\begin{bmatrix}C_1\\\vdots\\C_n\end{bmatrix}$$

は一般解で，$Qe^{x\widetilde{D}}$ の各列で基本解を構成できる．例 8.8, 8.9 の基本解は以下のとおりである．

例 8.8 [解] $\begin{bmatrix}2&0\\2&\sqrt{6}\end{bmatrix}\begin{bmatrix}e^x\cos\sqrt{6}x&e^x\sin\sqrt{6}x\\-e^x\sin\sqrt{6}x&e^x\cos\sqrt{6}x\end{bmatrix}$

$$= e^x\begin{bmatrix}2\cos\sqrt{6}\,x&2\sin\sqrt{6}\,x\\2\cos\sqrt{6}\,x-\sqrt{6}\,\sin\sqrt{6}\,x&2\sin\sqrt{6}\,x+\sqrt{6}\,\cos\sqrt{6}\,x\end{bmatrix}$$

になるので，$e^x\begin{bmatrix}2\cos\sqrt{6}\,x\\2\cos\sqrt{6}\,x-\sqrt{6}\,\sin\sqrt{6}\,x\end{bmatrix}$，$e^x\begin{bmatrix}2\sin\sqrt{6}\,x\\2\sin\sqrt{6}\,x+\sqrt{6}\,\cos\sqrt{6}\,x\end{bmatrix}$ は基本解である．□

例 8.9 [解] $\begin{bmatrix}2&12&4\sqrt{3}\\1&3&-\sqrt{3}\\0&-12&0\end{bmatrix}\begin{bmatrix}e^{-x}\\0\\0\end{bmatrix} = e^{-x}\begin{bmatrix}2\\1\\0\end{bmatrix}$,

$$\begin{bmatrix}2&12&4\sqrt{3}\\1&3&-\sqrt{3}\\0&-12&0\end{bmatrix}\begin{bmatrix}0\\e^{2x}\cos\sqrt{3}\,x\\-e^{2x}\sin\sqrt{3}\,x\end{bmatrix}=e^{2x}\begin{bmatrix}12\cos\sqrt{3}\,x-4\sqrt{3}\,\sin\sqrt{3}\,x\\3\cos\sqrt{3}\,x+\sqrt{3}\,\sin\sqrt{3}\,x\\-12\cos\sqrt{3}\,x\end{bmatrix},$$

$$\begin{bmatrix}2&12&4\sqrt{3}\\1&3&-\sqrt{3}\\0&-12&0\end{bmatrix}\begin{bmatrix}0\\e^{2x}\sin\sqrt{3}\,x\\e^{2x}\cos\sqrt{3}\,x\end{bmatrix}=e^{2x}\begin{bmatrix}12\sin\sqrt{3}\,x+4\sqrt{3}\,\cos\sqrt{3}\,x\\3\sin\sqrt{3}\,x-\sqrt{3}\,\cos\sqrt{3}\,x\\-12\sin\sqrt{3}\,x\end{bmatrix}$$

になるので，

$$e^{-x}\begin{bmatrix}2\\1\\0\end{bmatrix},\quad e^{2x}\begin{bmatrix}12\cos\sqrt{3}\,x-4\sqrt{3}\,\sin\sqrt{3}\,x\\3\cos\sqrt{3}\,x+\sqrt{3}\,\sin\sqrt{3}\,x\\-12\cos\sqrt{3}\,x\end{bmatrix},\quad e^{2x}\begin{bmatrix}12\sin\sqrt{3}\,x+4\sqrt{3}\,\cos\sqrt{3}\,x\\3\sin\sqrt{3}\,x-\sqrt{3}\,\cos\sqrt{3}\,x\\-12\sin\sqrt{3}\,x\end{bmatrix}$$

は基本解である．□

●**問 8.8**　問 8.4 の行列を A として，斉次線形系 $\boldsymbol{y}'=A\boldsymbol{y}$ の基本解を求めよ．

8.2.5　非斉次線形系の解

非斉次の線形系 (8.3) の解で初期条件 $\boldsymbol{y}(0)=\boldsymbol{y}_0$ をみたすものを，行列指数関数 e^{xA} を使って表す．$\boldsymbol{y}$ を解とすれば，公式 C.1 より

$$\left(e^{-xA}\boldsymbol{y}(x)\right)'=e^{-xA}\left(\boldsymbol{y}'(x)-A\boldsymbol{y}(x)\right)=e^{-xA}\boldsymbol{g}(x).$$

したがって，変数 x で積分し，左から e^{xA} を乗じると

$$\boldsymbol{y}(x)-e^{xA}\boldsymbol{y}(0)=e^{xA}\int_0^x e^{-uA}\boldsymbol{g}(u)\,du=\int_0^x e^{(x-u)A}\boldsymbol{g}(u)\,du$$

になるので，次の公式を得る．

> **公式 8.1**　$\boldsymbol{y}'=A\boldsymbol{y}+\boldsymbol{g}(x)$，$\boldsymbol{y}(0)=\boldsymbol{y}_0$ の解は
>
> $$\boldsymbol{y}=e^{xA}\boldsymbol{y}_0+\int_0^x e^{(x-u)A}\boldsymbol{g}(u)\,du.$$

これは，初期値まで指定した非斉次線形系の解を求める公式である．$e^{xA}\boldsymbol{y}_0$ は初期値が $\boldsymbol{y}_0$ の斉次の解であり，それに非斉次の**特殊解**である $\displaystyle\int_0^x e^{(x-u)A}\boldsymbol{g}(u)\,du$ を加えている．この特殊解は $x=0$ のとき積分区間の幅は 0 なので初期値は $\boldsymbol{o}$ である．第 6, 7 章の単独の線形方程式では，初期値は何でもよいから非斉次の解を特殊解として，それに斉次の一般解を加えると非斉次の一般解になり，初期条件があれば，一般解の任意定数を調整して初期

条件にあわせる．ところが，線形系に関しては，公式 8.1 で $x=0$ を代入すれば初期値 $\boldsymbol{y}_0$ になるので，一般解の任意定数の調整は不要である．

以下の例の行列は前の例ですでに登場し，そこで行列指数関数は計算されているので，それを利用して初期値が $\boldsymbol{o}$ の非斉次線形系の解を求めている．

例 8.10 $A=\begin{bmatrix}2 & 2\\ 1 & 3\end{bmatrix},\quad \boldsymbol{g}(x)=\begin{bmatrix}e^{x}\\ e^{2x}\end{bmatrix}$

［解］ 行列 A は例 8.1 で現れ，そこでの変換行列 P に対して

$$P^{-1}\boldsymbol{g}(u)=\begin{bmatrix}\frac{1}{3} & -\frac{1}{3}\\ \frac{1}{3} & \frac{2}{3}\end{bmatrix}\begin{bmatrix}e^{u}\\ e^{2u}\end{bmatrix}=\begin{bmatrix}\frac{1}{3}e^{u}-\frac{1}{3}e^{2u}\\ \frac{1}{3}e^{u}+\frac{2}{3}e^{2u}\end{bmatrix}$$

になるので，

$$\begin{aligned}e^{(x-u)A}\boldsymbol{g}(u)&=P\begin{bmatrix}e^{x-u} & 0\\ 0 & e^{4(x-u)}\end{bmatrix}P^{-1}\boldsymbol{g}(u)\\ &=P\begin{bmatrix}e^{x-u} & 0\\ 0 & e^{4(x-u)}\end{bmatrix}\begin{bmatrix}\frac{1}{3}e^{u}-\frac{1}{3}e^{2u}\\ \frac{1}{3}e^{u}+\frac{2}{3}e^{2u}\end{bmatrix}=P\begin{bmatrix}\frac{1}{3}e^{x}-\frac{1}{3}e^{x+u}\\ \frac{1}{3}e^{4x-3u}+\frac{2}{3}e^{4x-2u}\end{bmatrix}.\end{aligned}$$

よって，$\boldsymbol{y}_0=\boldsymbol{o}$ とした解は，公式 8.1 より

$$\int_0^t e^{(x-u)A}\boldsymbol{g}(u)\,du=P\int_0^x\begin{bmatrix}\frac{1}{3}e^{x}-\frac{1}{3}e^{x+u}\\ \frac{1}{3}e^{4x-3u}+\frac{2}{3}e^{4x-2u}\end{bmatrix}du$$

$$=\begin{bmatrix}2 & 1\\ -1 & 1\end{bmatrix}\begin{bmatrix}\frac{x+1}{3}e^{x}-\frac{1}{3}e^{2x}\\ -\frac{1}{9}e^{x}-\frac{1}{3}e^{2x}+\frac{4}{9}e^{4x}\end{bmatrix}=\frac{1}{9}\begin{bmatrix}(6x+5)e^{x}-9e^{2x}+4e^{4x}\\ -(3x+4)e^{x}+4e^{4x}\end{bmatrix}.\quad\square$$

例 8.11 $A=\begin{bmatrix}3 & 2 & 4\\ 2 & 0 & 7\\ 2 & 1 & 2\end{bmatrix},\quad \boldsymbol{g}(x)=\begin{bmatrix}0\\ 0\\ 64x\end{bmatrix}$

［解］ 行列 A は例 8.5 で現れ，そこでの変換行列 P に対して

$$P^{-1}\boldsymbol{g}(u)=\begin{bmatrix}\frac{1}{16} & \frac{1}{32} & \frac{3}{32}\\ \frac{9}{32} & -\frac{7}{64} & -\frac{21}{64}\\ \frac{1}{4} & \frac{1}{8} & -\frac{5}{8}\end{bmatrix}\begin{bmatrix}0\\ 0\\ 64u\end{bmatrix}=\begin{bmatrix}6u\\ -21u\\ -40u\end{bmatrix}$$

になるので，

$$e^{(x-u)A}\boldsymbol{g}(u)=P\begin{bmatrix}e^{7(x-u)} & 0 & 0\\ 0 & e^{-(x-u)} & (x-u)e^{-(x-u)}\\ 0 & 0 & e^{-(x-u)}\end{bmatrix}P^{-1}\boldsymbol{g}(u)$$

$$= P\begin{bmatrix} e^{7(x-u)} & 0 & 0 \\ 0 & e^{-(x-u)} & (x-u)e^{-(x-u)} \\ 0 & 0 & e^{-(x-u)} \end{bmatrix}\begin{bmatrix} 6u \\ -21u \\ -40u \end{bmatrix}$$

$$= P\begin{bmatrix} 6ue^{7(x-u)} \\ -40u(x-u)e^{-(x-u)} - 21ue^{-(x-u)} \\ -40ue^{-(x-u)} \end{bmatrix}.$$

よって，$\boldsymbol{y}_0 = \boldsymbol{o}$ とした解は，公式 8.1 より[1]

$$\int_0^t e^{(x-u)A}\boldsymbol{g}(u)\,du = P\int_0^x \begin{bmatrix} 6ue^{7(x-u)} \\ -40u(x-u)e^{-(x-u)} - 21ue^{-(x-u)} \\ -40ue^{-(x-u)} \end{bmatrix} du$$

$$= \begin{bmatrix} 7 & 2 & 0 \\ 6 & -4 & 3 \\ 4 & 0 & -1 \end{bmatrix}\begin{bmatrix} \frac{1}{49}(6e^{7x} - 42x - 6) \\ -61x + 101 - (40x+101)e^{-x} \\ -40x + 40 - 40e^{-x} \end{bmatrix}$$

$$= \begin{bmatrix} \frac{6}{7}e^{7x} - (80x+202)e^{-x} - 128x + \frac{1408}{7} \\ \frac{36}{49}e^{7x} + (160x+284)e^{-x} + \frac{832}{7}x - \frac{13952}{49} \\ \frac{24}{49}e^{7x} + 40e^{-x} + \frac{256}{7}x - \frac{1984}{49} \end{bmatrix}. \quad \square$$

●問 **8.9**　$\boldsymbol{y}(0) = \boldsymbol{o}$ をみたす，次の非斉次線形系の解を求めよ[2]．

(1)　$\boldsymbol{y}' = \begin{bmatrix} -5 & 4 \\ -1 & -1 \end{bmatrix}\boldsymbol{y} + \begin{bmatrix} 1 \\ -1 \end{bmatrix}$　　(2)　$\boldsymbol{y}' = \begin{bmatrix} 3 & -2 \\ 4 & -1 \end{bmatrix}\boldsymbol{y} + \begin{bmatrix} -1 \\ 2x \end{bmatrix}$

演習問題

問題 8.1　行列の対角化を用いて，第 1 章，例 1.5 の連立微分方程式 (1.2) を解け．

問題 8.2　次の行列を A として，e^{xA} を求めよ．

(1)　$\begin{bmatrix} -2 & 0 & 1 & 0 \\ 3 & 1 & -1 & -2 \\ 1 & 1 & -1 & -1 \\ 0 & 1 & 1 & -2 \end{bmatrix}$　　(2)　$\begin{bmatrix} -2 & 6 & 3 & -2 \\ -4 & 10 & 5 & -4 \\ 0 & -4 & -2 & 4 \\ -5 & 7 & 3 & 0 \end{bmatrix}$

(3)　$\begin{bmatrix} 1 & 4 & -2 & -3 & -3 \\ 2 & 3 & 0 & -2 & -4 \\ -1 & -2 & -1 & 2 & 3 \\ 2 & 2 & 2 & -2 & -5 \\ 1 & 3 & -2 & -2 & -2 \end{bmatrix}$　　(4)　$\begin{bmatrix} 3 & -2 & 2 & -2 & -1 \\ 2 & -3 & 1 & -1 & 0 \\ -6 & 2 & -4 & 2 & 2 \\ 2 & -1 & 1 & -3 & 0 \\ 5 & -2 & 2 & -2 & -3 \end{bmatrix}$

問題 8.3　問題 8.2 の行列を A として，斉次線形系 $\boldsymbol{y}' = A\boldsymbol{y}$ の基本解を求めよ．

---

1)　非斉次線形系の解の計算は複雑になるので，CAS を利用した．

2)　(1) は問 8.2 (1)，(2) は問 8.4 (1) の解答を利用せよ．

A
ラプラス変換と初期値問題

ラプラス変換は非常に便利な道具で，微分方程式以外に電気回路や制御理論などさまざまな分野に応用されており，公式も多数ある．本章ではラプラス変換を用いて定数係数線形微分方程式を解くが，一般解の任意定数を初期値にあわせる操作は不要で，直接初期条件をみたす解が求められる．本書は微分方程式への応用に限定しているので，他の分野への応用などについては [12] などを参照されたい．

A.1 ラプラス変換

変数が t の関数 $f(t)$ に対して，次のように変数が s の関数を対応させる．

定義 A.1 (ラプラス変換) 関数 $f(t)$ に対して

$$\int_0^{\infty} e^{-st} f(t)\,dt = \lim_{A\to\infty} \int_0^{A} e^{-st} f(t)\,dt \tag{A.1}$$

は変数 s の関数を定め，f の**ラプラス (Laplace) 変換**とよび，$\mathcal{L}(f)(s)$ で表す．

s の定義域は (A.1) の右辺の広義積分が収束するように定めればよいが，定義域がどのような区間になっているかは気にしなくてよい[1)]．

例 A.1 $f(t) = 1$

［解］ $s > 0$ のとき $\lim_{t\to\infty} e^{-st} = 0$ になるので

$$\mathcal{L}(1)(s) = \int_0^{\infty} e^{-st} dt = \left[\frac{1}{-s} e^{-st}\right]_0^{\infty} = \frac{1}{s}. \quad \square$$

このように $e^{-st} f(t)$ の不定積分が求まれば，s が十分大きいときに広義積分が収束すればよい．実数 λ を次数とするべき関数 $f(t) = t^{\lambda}$ に対して

---

1) 本書では $\mathcal{L}(f)(s)$ の変数に数値を代入することはしない．

$$\mathcal{L}(t^\lambda)(s) = \int_0^\infty e^{-st} t^\lambda \, dt = \int_0^\infty e^{-u} \left(\frac{u}{s}\right)^\lambda \frac{du}{s} = \frac{1}{s^{\lambda+1}} \int_0^\infty e^{-u} u^\lambda \, du.$$

$\Gamma(\lambda) = \displaystyle\int_0^\infty e^{-u} u^{\lambda-1} du$ とすれば $\mathcal{L}\left(t^\lambda\right)(s) = \dfrac{\Gamma(\lambda+1)}{s^{\lambda+1}}$ を得る．Γ は**ガンマ関数**であり[1]，特に λ が自然数 n ならば，ガンマ関数の値は $(n-1)!$ であるから，以下の公式を得る．

> **公式 A.1** $\mathcal{L}\left(t^n\right)(s) = \dfrac{n!}{s^{n+1}}$

ラプラス変換に線形性[2]

$$\mathcal{L}(af + bg) = a\mathcal{L}(f) + b\mathcal{L}(g) \quad (a, b \text{ は定数})$$

が成り立つのは (A.1) より明らかなので，公式 A.1 より整関数のラプラス変換が求まる．

> **例 A.2** $f(t) = t^5 - 2t^2 + 3t$

［解］ 公式 A.1 とラプラス変換の線形性より

$$\mathcal{L}(f)(s) = \frac{5!}{s^6} - \frac{2 \times 2!}{s^3} + \frac{3}{s^2} = \frac{120}{s^6} - \frac{4}{s^3} + \frac{3}{s^2}. \quad \square$$

●**問 A.1** 次の関数のラプラス変換を求めよ．

(1) $t^3 + 2t^2 - 4t + 5$ (2) $t^6 + 3t^4 - 7t + 2$

i) まず，$f(t) = e^{at} g(t)$ に対して

$$\mathcal{L}(e^{at} g)(s) = \int_0^\infty e^{-(s-a)t} g(t) \, dt = \mathcal{L}(g)(s-a) \tag{A.2}$$

になるので，公式 A.1 とあわせれば，次の公式を得る．

> **公式 A.2** $\mathcal{L}\left(t^n e^{at}\right)(s) = \dfrac{n!}{(s-a)^{n+1}}$

> **例 A.3** $f(t) = e^t + \dfrac{t^2}{e^{2t}}$

［解］ 公式 7.2 とラプラス変換の線形性より

$$\mathcal{L}(f)(s) = \frac{1}{s-1} + \frac{2}{(s+2)^3}. \quad \square$$

---

1) 「微分積分」([14]) p.100 をみよ．

2) 「線形代数」([15]) p.162 をみよ．

●問 **A.2** 次の関数のラプラス変換を求めよ.

(1) $t^3e^{2t}+\dfrac{t}{e^{3t}}$ (2) $(t^4-2t^2+1)e^t$

ii) 次に，$f(t)=\sin t$ に対して，部分積分を 2 回繰り返せば

$$\begin{aligned}\int e^{-st}\sin t\,dt &= -\int e^{-st}(\cos t)'\,dt = -e^{-st}\cos t - s\int e^{-st}(\sin t)'\,dt \\ &= -e^{-st}\cos t - se^{-st}\sin t - s^2\int e^{-st}\sin t\,dt\end{aligned}$$

になり，右辺の積分の項を移項すれば

$$\int e^{-st}\sin t\,dt = -\frac{e^{-st}(\cos t + s\sin t)}{s^2+1}+C$$

を得る．よって $A\to\infty$ のとき

$$\int_0^A e^{-st}\sin t\,dt = \frac{1-e^{-sA}(\cos A + s\sin A)}{s^2+1}\to\frac{1}{s^2+1}$$

になるので，次の公式を得る.

公式 **A.3** $\mathcal{L}(\sin t)(s)=\dfrac{1}{s^2+1}$

同様な方法で，次も示せる.

公式 **A.4** $\mathcal{L}(\cos t)(s)=\dfrac{s}{s^2+1}$

●問 **A.3** 公式 A.4 を示せ.

iii) 最後に，$f(t)=g(bt)$ に対して

$$\mathcal{L}\left(g(bt)\right)(s)=\int_0^\infty e^{-st}g(bt)\,dt=\int_0^\infty e^{-su/b}g(u)\frac{du}{b}=\frac{1}{b}\mathcal{L}(g)\left(\frac{s}{b}\right)$$

になる．(A.2) と公式 A.3 もあわせて，次の公式を得る.

公式 **A.5** $\mathcal{L}(e^{at}\sin bt)(s)=\dfrac{b}{(s-a)^2+b^2}$

また，(A.2) と公式 A.4 もあわせて，次の公式を得る.

公式 **A.6** $\mathcal{L}(e^{at}\cos bt)(s)=\dfrac{s-a}{(s-a)^2+b^2}$

例 A.4　$f(t) = e^t \sin 3t + e^{-t}\cos 2t$

［解］ 公式 A.5 と公式 A.6 より

$$\mathcal{L}(f)(s) = \frac{3}{(s-1)^2+9} + \frac{s+1}{(s+1)^2+4} \left(= \frac{3}{s^2-2s+10} + \frac{s+1}{s^2+2s+5} \right). \quad \square$$

●**問 A.4**　次の関数のラプラス変換を求めよ．

(1)　$e^{3t}\sin 2t + e^{-t}\cos 4t$　　(2)　$e^{-2t}\sin 3t - e^{5t}\cos 2t$

A.2　ラプラス逆変換

A.2.1　ラプラス変換の逆用によるラプラス逆変換の公式

微分方程式の解を得るためには，ラプラス変換の逆変換も必要である．

定義 A.2 (ラプラス逆変換)　関数 $F(s)$ に対して

$$\mathcal{L}(f)(s) = F(s) \tag{A.3}$$

をみたす $f(t)$ を $F(s)$ の**ラプラス逆変換**とよび $f(t) = \mathcal{L}^{-1}(F)(t)$ で表す．

(A.3) をみたす $f(t)$ は 1 つしかないことは証明でき，ラプラス逆変換を積分で求めることができるが，複素平面上の積分になるので本書では避ける．方法としてラプラス変換の公式を逆用する[1)]．

自然数 n に対して，公式 A.1 より

$$\mathcal{L}\left(\frac{t^{n-1}}{(n-1)!}\right)(s) = \frac{1}{s^n}$$

になるので，次の公式を得る．

公式 A.7　$\mathcal{L}^{-1}\left(\dfrac{1}{s^n}\right)(t) = \dfrac{t^{n-1}}{(n-1)!}$

例 A.5　$F(s) = \dfrac{5}{s} - \dfrac{2}{s^3} + \dfrac{4}{s^5}$

［解］ 公式 A.7 とラプラス変換の線形性より

$$\mathcal{L}^{-1}(F)(t) = 5 - t^2 + \frac{1}{6}t^4. \quad \square$$

1)　導関数の公式の逆用で，原始関数の公式を導いて積分計算することに類似する．

●問 **A.5**　次の関数のラプラス逆変換を求めよ.

(1) $\dfrac{2}{s}+\dfrac{5}{s^2}-\dfrac{3}{s^3}$　　(2) $\dfrac{3}{s^2}-\dfrac{2}{s^4}+\dfrac{30}{s^7}$

式 (A.2) より

$$\mathcal{L}^{-1}(F(s-a))(t)=e^{at}\mathcal{L}^{-1}(F)(t).$$

公式 A.1 とあわせて，次の公式を得る.

公式 A.8　$\mathcal{L}^{-1}\left(\dfrac{1}{(s-a)^n}\right)=\dfrac{t^{n-1}e^{at}}{(n-1)!}$

例 A.6　$F(s)=\dfrac{1}{(s-3)^2}$

［解］ 公式 A.8 より $\mathcal{L}^{-1}(F)(t)=e^{3t}t.$ □

●問 **A.6**　次の関数のラプラス逆変換を求めよ.

(1) $\dfrac{1}{(s-2)^4}$　　(2) $\dfrac{1}{s+1}+\dfrac{2}{(s+3)^3}-\dfrac{3}{(s-1)^5}$

公式 A.5 と A.6 の逆用より，次の公式が得られる.

公式 A.9　$\mathcal{L}^{-1}\left(\dfrac{b}{(s-a)^2+b^2}\right)(t)=e^{at}\sin bt$

公式 A.10　$\mathcal{L}^{-1}\left(\dfrac{s-a}{(s-a)^2+b^2}\right)(t)=e^{at}\cos bt$

これらの公式は，係数が実数の 1 次式の積に因数分解できない 2 次式を，$(s-a)^2+b^2$ に変形することにより適用できる.

例 A.7　$F(s)=\dfrac{1}{s^2-2s+2}$

［解］ $F(s)$ の分母は $s^2-2s+2=(s-1)^2+1$ になるので，公式 A.10 より

$$\mathcal{L}^{-1}(F)(t)=e^{t}\sin t.\quad\square$$

●問 **A.7**　次の関数のラプラス逆変換を求めよ.

(1) $\dfrac{2}{s^2+2s+5}$　　(2) $\dfrac{s-2}{s^2-4s+5}$

A.2.2 有理関数のラプラス逆変換

$F(s)$ が有理関数であり，分母と分子の整式をそれぞれ $P(s)$ と $Q(s)$ で表す．$P(s)$ が整式として，λ を s に代えた (7.15) のように，1 次式と 2 次式の積に因数分解できている状態とする．このとき，$Q(s)$ の次数が $P(s)$ の次数より小さければ，λ を s に代えた (7.16) のような**部分分数分解**により，$F(s) = \dfrac{Q(s)}{P(s)}$ のラプラス逆変換が求められる．

まず，$P(s)$ が 2 次式で $Q(s)$ は 1 次式または定数とする．

例 A.8 $F(s) = \dfrac{2s+9}{s^2-s-6}$

[解] $s^2-s-6=(s-3)(s+2)$ に因数分解できるので，$F(s)$ を (7.16) のように部分分数分解すれば

$$F(s) = \frac{2s+9}{(s-3)(s+2)} = \frac{a}{s-3} + \frac{b}{s+2} = \frac{a(s+2)+b(s-3)}{(s-3)(s+2)}$$

となり，分子の等式は $a(s+2)+b(s-3)=2s+9$ である．$s=3$ を代入して $5a=15$ から $a=3$，$s=-2$ を代入して $-5b=5$ から $b=-1$ を得る．したがって，公式 A.8 よりラプラス逆変換は

$$\mathcal{L}^{-1}(F)(t) = 3\mathcal{L}^{-1}\left(\frac{1}{s-3}\right) - \mathcal{L}^{-1}\left(\frac{1}{s+2}\right) = 3e^{3t} - e^{-2t}. \quad \square$$

例 A.9 $F(s) = \dfrac{3s+8}{s^2+4s+4}$

[解] $s^2+4s+4=(s+2)^2$ に因数分解できるので，$F(s)$ を (7.16) のように部分分数分解すれば

$$F(s) = \frac{3s+8}{(s+2)^2} = \frac{3(s+2)-6+8}{(s+2)^2} = \frac{3}{s+2} + \frac{2}{(s+2)^2}$$

になる．したがって，公式 A.8 よりラプラス逆変換は

$$\mathcal{L}^{-1}(F)(t) = 3\mathcal{L}^{-1}\left(\frac{1}{s+2}\right) + 2\mathcal{L}^{-1}\left(\frac{1}{(s+2)^2}\right) = (3+2t)e^{-2t}. \quad \square$$

●**問 A.8** 次の関数のラプラス逆変換を求めよ．

(1) $\dfrac{5s-1}{s^2-s-2}$ (2) $\dfrac{2s-7}{s^2+5s+4}$ (3) $\dfrac{6s+7}{s^2+6s+9}$

例 A.10 $F(s) = \dfrac{2s+7}{s^2+4s+13}$

［解］ $s^2+4s+13=(s+2)^2+3^2$ になるので，

$$F(s)=\frac{2s+7}{(s+2)^2+3^2}=\frac{2(s+2)+3}{(s+2)^2+3^2}=\frac{2(s+2)}{(s+2)^2+3^2}+\frac{3}{(s+2)^2+3^2}$$

に変形できる．このとき，公式 A.9 と A.10 よりラプラス逆変換は

$$\begin{aligned}\mathcal{L}^{-1}(F)(s)&=2\mathcal{L}^{-1}\left(\frac{s+2}{(s+2)^2+3^2}\right)+\mathcal{L}^{-1}\left(\frac{3}{(s+2)^2+3^2}\right)\\&=e^{-2t}(2\cos 3t+\sin 3t).\quad\square\end{aligned}$$

●問 **A.9**　次の関数のラプラス逆変換を求めよ．

(1) $\dfrac{4s+5}{s^2-2s+10}$　　(2) $\dfrac{9s+7}{s^2+6s+13}$

$F(s)$ の分母 $P(s)$ が 3 次以上の例を紹介する．

例 A.11　$F(s)=\dfrac{2s^2-6s-16}{s^3-7s+6}$

［解］ 例 7.1 の解答より，分母の因数分解は $(s-1)(s-2)(s+3)$ となるので，$F(s)$ の部分分数分解は

$$\begin{aligned}\frac{2s^2-6s-16}{s^3-7s+6}&=\frac{a}{s-1}+\frac{b}{s-2}+\frac{c}{s+3}\\&=\frac{a(s-2)(s+3)+b(s-1)(s+3)+c(s-1)(s-2)}{(s-1)(s-2)(s+3)}\end{aligned}$$

である．$s=1$ を代入して $-4a=-20$ から $a=5$，$s=2$ を代入して $5b=-20$ から $b=-4$，$s=-3$ を代入して $20c=20$ から $c=1$ を得る．したがって，公式 A.8 より

$$\begin{aligned}\mathcal{L}^{-1}(F)(t)&=5\mathcal{L}^{-1}\left(\frac{1}{s-1}\right)-4\mathcal{L}^{-1}\left(\frac{1}{s-2}\right)+\mathcal{L}^{-1}\left(\frac{1}{s+3}\right)\\&=5e^{t}-4e^{2t}+e^{-3t}.\quad\square\end{aligned}$$

例 A.12　$F(s)=\dfrac{4s^2-4s-17}{s^3-3s^2+4}$

［解］ 例 7.4 の解答より，分母の因数分解は $(s+1)(s-2)^2$ となるので，$F(s)$ の部分分数分解は

$$\begin{aligned}\frac{4s^2-4s-17}{s^3-3s^2+4}&=\frac{a}{s+1}+\frac{b}{s-2}+\frac{c}{(s-2)^2}\\&=\frac{a(s-2)^2+b(s+1)(s-2)+c(s+1)}{(s+1)(s-2)^2}\end{aligned}$$

である．$s=-1$ を代入して $9a=-9$ から $a=-1$，$s=2$ を代入して $3b=-9$ から $c=-3$，分子の定数項を比べて $4a-2b+c=-17$ より $b=5$ を得る．したがって，公式 A.8 より

$$\begin{aligned}\mathcal{L}^{-1}(F)(t) &= -\mathcal{L}^{-1}\left(\frac{1}{s+1}\right)+5\mathcal{L}^{-1}\left(\frac{1}{s-2}\right)-3\mathcal{L}^{-1}\left(\frac{1}{(s-2)^2}\right)\\ &= -e^{-t}+(5-3t)e^{2t}. \quad \square\end{aligned}$$

例 A.13 $F(s)=\dfrac{3s^2+10s+6}{s^3+6s^2+12s+8}$

［解］ 例 7.5 の解答より，分母の因数分解は $(s+2)^3$ となるので，$F(s)$ の部分分数分解は

$$\begin{aligned}\frac{3s^2+10s+6}{s^3+6s^2+12s+8} &= \frac{3(s+2)^2-2(s+2)-2}{(s+2)^3}\\ &= \frac{3}{s+2}-\frac{2}{(s+2)^2}-\frac{2}{(s+2)^3}\end{aligned}$$

である．公式 A.8 より

$$\begin{aligned}\mathcal{L}^{-1}(F)(t) &= 3\mathcal{L}^{-1}\left(\frac{1}{s+2}\right)-2\mathcal{L}^{-1}\left(\frac{1}{(s+2)^2}\right)-2\mathcal{L}^{-1}\left(\frac{1}{(s+2)^3}\right)\\ &= (3-2t-t^2)e^{-2t}. \quad \square\end{aligned}$$

例 A.14 $F(s)=\dfrac{9s^2-7s+4}{s^3+s-10}$

［解］ 例 7.2 の解答より，分母の因数分解は $(s-2)(s^2+2s+5)$ となるので，$F(s)$ の部分分数分解は

$$\begin{aligned}\frac{9s^2-7s+4}{s^3+s-10} &= \frac{a}{s-2}+\frac{bs+c}{s^2+2s+5}\\ &= \frac{a(s^2+2s+5)+(bs+c)(s-2)}{(s-2)(s^2+2s+5)}\end{aligned}$$

となり，$s=2$ を代入して $13a=26$ から $a=2$，定数項を比べて $5a-2c=4$ から $c=3$，s^2 の係数を比べて $a+b=9$ より $b=7$ を得る．

分母が 2 次式の項は

$$\frac{7s+3}{s^2+2s+5}=\frac{7(s+1)}{(s+1)^2+2^2}-\frac{2\times 2}{(s+1)^2+2^2}$$

に変形できるので，公式 A.9, A.10 より

$$\mathcal{L}^{-1}\left(\frac{7s+3}{s^2+2s+5}\right) = e^{-t}(7\cos 2t - 2\sin 2t)$$

になる．したがって，

$$\mathcal{L}^{-1}(F)(t) = 2e^{2t} + e^{-t}(7\cos 2t - 2\sin 2t). \quad \square$$

●**問 A.10** 次の関数のラプラス逆変換を求めよ．

(1) $\dfrac{3s-11}{s^3-7s+6}$ (2) $\dfrac{2s^2+7s+7}{s^3+3s^2+3s+1}$ (3) $\dfrac{4s^2-6}{s^3-2s+4}$

分母が 2 次式のべき乗の部分分数のラプラス逆変換の計算のために

$$A_n(t) = \mathcal{L}^{-1}\left(\frac{b}{(s^2+b^2)^n}\right), \quad B_n(t) = \mathcal{L}^{-1}\left(\frac{s}{(s^2+b^2)^n}\right)$$

とおけば，以下の定理が成り立つ．

定理 A.1 自然数 n に対し

$$\begin{cases} A_{n+1}(t) = \dfrac{2n-1}{2nb^2}A_n(t) - \dfrac{t}{2nb}B_n(t), & \text{(A.4)} \\ B_{n+1}(t) = \dfrac{t}{2nb}A_n(t). & \text{(A.5)} \end{cases}$$

［証明］ 次のラプラス逆変換に関する公式[1)]

$$\mathcal{L}^{-1}(F')(t) = -t\mathcal{L}^{-1}(F)(t)$$

が成り立つ．実際に $f(t) = \mathcal{L}^{-1}(F)(t)$ とすれば，微分と積分の交換[2)]により

$$\begin{aligned} F'(s) &= \frac{d}{ds}\mathcal{L}(f)(s) = \frac{d}{ds}\int_0^\infty e^{-st}f(t)\,dt \\ &= -\int_0^\infty e^{-st}tf(t)\,dt = \mathcal{L}\left(-tf(t)\right)(s). \end{aligned}$$

$F(s) = \dfrac{b}{(s^2+b^2)^n}$ または $F(s) = \dfrac{s}{(s^2+b^2)^n}$ で，この公式を適用すれば

$$\left(\frac{b}{(s^2+b^2)^n}\right)' = -\frac{2nbs}{(s^2+b^2)^{n+1}},$$

$$\begin{aligned} \left(\frac{s}{(s^2+b^2)^n}\right)' &= \frac{1}{(s^2+b^2)^n} - \frac{2ns^2}{(s^2+b^2)^{n+1}} \\ &= \frac{1}{(s^2+b^2)^n} - \frac{2n(s^2+b^2)}{(s^2+b^2)^{n+1}} + \frac{2nb^2}{(s^2+b^2)^{n+1}} \end{aligned}$$

1) この公式は他では使わない．

2) 積分が広義積分であるが，関数が急減少するので交換できる（[10] 参照）．

$$= \frac{1-2n}{(s^2+b^2)^n} + \frac{2nb^2}{(s^2+b^2)^{n+1}}$$

になるので,

$$-tA_n(t) = -2nbB_{n+1}(t), \tag{A.6}$$

$$-tB_n(t) = \frac{1-2n}{b}A_n(t) + 2nbA_{n+1}(t) \tag{A.7}$$

を得る．(A.6) から (A.5)，(A.7) から (A.4) が導ける．□

(A.7) と (A.8) は連立の漸化式で A_1, B_1 は $a = 0$ とした公式 A.9, A.10 である．(A.7) と (A.8) を繰り返し適用すれば，すべての n に対する A_n, B_n が得られる．あとの計算のために，分母が $\left((s-a)^2+b^2\right)^2$ の有理関数のラプラス逆変換の公式を用意する．

公式 A.11 $\mathcal{L}^{-1}\left(\dfrac{b}{\left((s-a)^2+b^2\right)^2}\right)(t) = \dfrac{e^{at}}{2b^2}(\sin bt - bt\cos bt)$

公式 A.12 $\mathcal{L}^{-1}\left(\dfrac{s-a}{\left((s-a)^2+b^2\right)^2}\right)(t) = \dfrac{te^{at}}{2b}\sin bt$

分子が 1 次式であれば，公式 A.11 と A.12 が適用できる．分子が 2 次以上であれば，(7.16) のように部分分数分解すれば分母が $(s-a)^2+b^2$ の部分分数も登場し，分子はすべて 1 次以下にできる．

例 A.15 $F(s) = \dfrac{2s^3+s^2+3s+4}{(s^2+s+1)^2}$

［解］ $F(s)$ の部分分数分解は

$$\frac{2s^3+s^2+3s+4}{(s^2+s+1)^2} = \frac{as+b}{s^2+s+1} + \frac{cs+d}{(s^2+s+1)^2}$$
$$= \frac{(as+b)(s^2+s+1)+cs+d}{(s^2+s+1)^2}$$

となり，s^3 の係数を比べれば $a=2$，s^2 の係数を比べれば $a+b=1$ になるので $b=-1$，定数項を比べれば $b+d=4$ になるので $d=5$，s の係数を比べれば $a+b+c=3$ になるので $c=2$ を得る．したがって，

$$\frac{2s-1}{s^2+s+1} = \frac{2\left(s+\frac{1}{2}\right)}{\left(s+\frac{1}{2}\right)^2+\frac{3}{4}} - \frac{\frac{4}{\sqrt{3}}\times\frac{\sqrt{3}}{2}}{\left(s+\frac{1}{2}\right)^2+\frac{3}{4}},$$

$$\frac{2s+5}{(s^2+s+1)^2} = \frac{2\left(s+\frac{1}{2}\right)}{\left(\left(s+\frac{1}{2}\right)^2+\frac{3}{4}\right)^2} + \frac{\frac{8}{\sqrt{3}}\times\frac{\sqrt{3}}{2}}{\left(\left(s+\frac{1}{2}\right)^2+\frac{3}{4}\right)^2}$$

に変形できるので，公式 A.9～A.12 より

$$\mathcal{L}^{-1}\left(\frac{2s-1}{s^2+s+1}\right)=e^{-t/2}\left(2\cos\frac{\sqrt{3}}{2}t-\frac{4}{\sqrt{3}}\sin\frac{\sqrt{3}}{2}t\right),$$

$$\mathcal{L}^{-1}\left(\frac{2s+5}{(s^2+s+1)^2}\right)=\frac{2}{\sqrt{3}}te^{-t/2}\sin\frac{\sqrt{3}}{2}t + \frac{16}{3\sqrt{3}}e^{-t/2}\left(\sin\frac{\sqrt{3}}{2}t-\frac{\sqrt{3}}{2}t\cos\frac{\sqrt{3}}{2}t\right).$$

以上により，

$$\mathcal{L}^{-1}(F)(t)=e^{-t/2}\left(\left(\frac{2\sqrt{3}}{3}t+\frac{4\sqrt{3}}{9}\right)\sin\frac{\sqrt{3}}{2}t-\left(\frac{8}{3}t-2\right)\cos\frac{\sqrt{3}}{2}t\right). \quad \square$$

●問 **A.11** 次の関数のラプラス逆変換を求めよ．

(1) $\dfrac{s-2}{s^4+4s^2+4}$ (2) $\dfrac{s^2}{(s^2-2s+5)^2}$

A.3 定数係数線形微分方程式への応用

ここでは，変数を t としており，微分方程式の解を $x(t)$ で表す．第 7 章で扱った定数係数線形微分方程式は

$$x^{(n)}(t)+a_1x^{(n-1)}(t)+\cdots+a_{n-1}x'(t)+a_nx(t)=q(t) \tag{A.8}$$

で表される．

A.3.1 初期値問題とラプラス変換

n 階微分方程式 (A.8) の解 $x(t)$ に対し，定数 $c_0, c_1, \cdots, c_{n-1}$ の値をあらかじめ定めておき，$t=0$ のときの $x(t), x'(t), \cdots, x^{(n-1)}(t)$ の値が

$$x(0)=c_0,\ x'(0)=c_1,\ \cdots,\ x^{(n-1)}(0)=c_{n-1} \tag{A.9}$$

になる**初期値問題**には解が一意に存在することが知られている．

微分してラプラス変換すると，$t=0$ のときの関数とその導関数の値が現れ，初期値問題への応用の可能性がみえてくる．

定理 A.2 n 階微分可能な関数 $f(t)$ に対して

$$\mathcal{L}(f^{(n)})(s)=-f^{(n-1)}(0)-sf^{(n-2)}(0)-s^2f^{(n-3)}(0) -\cdots-s^{n-1}f(0)+s^n\mathcal{L}(f).$$

［証明］ 関数 $f(t)$ の導関数 $f'(t)$ のラプラス変換は

$$\mathcal{L}(f')(t) = \int_0^\infty e^{-st} f'(t)\,dt = \Big[e^{-st} f(t)\Big]_0^\infty - \int_0^\infty (e^{-st})' f(t)\,dt$$

$$= -f(0) + s\int_0^\infty e^{-st} f(t)\,dt = -f(0) + s\mathcal{L}(f).$$

次に f を f' にすれば

$$\mathcal{L}(f'')(t) = -f'(0) + s\mathcal{L}(f') = -f'(0) - sf(0) + s^2\mathcal{L}(f).$$

この操作を繰り返せばよい．□

この定理より (A.11) をみたす $x(t)$ に対して，(A.11) の両辺をラプラス変換すれば，初期値が (A.12) であるから

$$\begin{aligned}
&- c_{n-1} - c_{n-2}s - \cdots - c_0 s^{n-1} + s^n \mathcal{L}(x)(s) \\
&+ a_1(-c_{n-2} - \cdots - c_0 s^{n-2} + s^{n-1}\mathcal{L}(x)(s)) \\
&\qquad\qquad\vdots \\
&\qquad + a_{n-1}(-c_0 + s\mathcal{L}(x)(s)) \\
&\qquad\qquad + a_n \mathcal{L}(x)(s) = \mathcal{L}(q)(s)
\end{aligned} \tag{A.10}$$

を得る[1]．

$$P(s) = s^n + a_1 s^{n-1} + \cdots + a_{n-1}s + a_n,$$

$$\begin{aligned}
Q(s) &= \mathcal{L}(q)(s) + c_{n-1} + c_{n-2}s + \cdots + c_0 s^{n-1} + a_1(c_{n-2} + \cdots + c_0 s^{n-2}) \\
&\quad + \cdots + a_{n-1}c_0
\end{aligned} \tag{A.11}$$

とすれば $P(s)$ は (A.8) の特性多項式であり，(A.10) は $\mathcal{L}(x)(s) = \dfrac{Q(s)}{P(s)}$ に変形できる．したがって，$\dfrac{Q(s)}{P(s)}$ のラプラス逆変換は，初期条件 (A.9) をみたす (A.8) の解である．

A.3.2 斉 次 形

n 階線形微分方程式 (A.8) が斉次形であれば $q(t) = 0$ であり，(A.11) の $Q(s)$ は $n-1$ 次以下の整式で，解 $x(t)$ は分子の次数が分母の次数より小さい有理関数のラプラス逆変換である．

まず，第 6 章の別法となるが，2 階微分方程式の初期値問題の例を紹介する．ここで，(A.11) より解のラプラス変換である有理関数の分子 $Q(s)$ は $c_1 + c_0 s + a_1 c_0$ である．

1) (A.8) の係数が定数であるから，ラプラス変換に係数を乗じる形に直せることに注意する．

例 A.16　$x''(t) - x'(t) - 6x(t) = 0, \quad x(0) = 2,\ x'(0) = 11$

［解］ 解は $\mathcal{L}(x)(s) = \dfrac{11 + 2s - 2}{s^2 - s - 6} = \dfrac{2s + 9}{s^2 - s - 6}$ のラプラス逆変換である．例 A.8 より $x(t) = 3e^{3t} - e^{-2t}$．□

例 A.17　$x''(t) + 4x'(t) + 4x(t) = 0, \quad x(0) = 3,\ x'(0) = -4$

［解］ 解は $\mathcal{L}(x)(s) = \dfrac{-4 + 3s + 12}{s^2 + 4s + 4} = \dfrac{3s + 8}{s^2 + 4s + 4}$ のラプラス逆変換である．例 A.9 より $x(t) = (3 + 2t)e^{-2t}$．□

●問 **A.12**　次の微分方程式の解を求めよ．

(1)　$x'' - 2x' - 3x = 0, \quad x(0) = 7,\ x'(0) = 9$

(2)　$x'' + 6x' + 8x = 0, \quad x(0) = 2,\ x'(0) = 2$

(3)　$x'' - 6x' + 9x = 0, \quad x(0) = 5,\ x'(0) = 7$

例 A.18　$x''(t) + 4x'(t) + 13x(t) = 0, \quad x(0) = 2,\ x'(0) = -1$

［解］ 解は $\mathcal{L}(x)(s) = \dfrac{-1 + 2s + 8}{s^2 + 4s + 13} = \dfrac{2s + 7}{s^2 + 4s + 13}$ のラプラス逆変換である．例 A.10 より $x(t) = e^{-2t}(2\cos 3t + \sin 3t)$．□

●問 **A.13**　次の微分方程式の解を求めよ．

(1)　$x'' + 2x' + 5x = 0, \quad x(0) = 3,\ x'(0) = 9$

(2)　$x'' + 6x' + 13x = 0, \quad x(0) = 7,\ x'(0) = -5$

次に 3 階微分方程式の例を紹介する．ここで，(A.11) より解のラプラス変換である有理関数の分子は $c_2 + c_1 s + c_0 s^2 + a_1(c_1 + c_0 s) + a_2 c_0$ である．

例 A.19　$x'''(t) - 7x'(t) + 6x(t) = 0, \quad x(0) = 2,\ x'(0) = 6,\ x''(0) = -2$

［解］ 解は $\mathcal{L}(x)(s) = \dfrac{2s^2 - 6s - 16}{s^3 - 7s + 6}$ のラプラス逆変換である．例 A.11 より

$$x(t) = 5e^t - 4e^{2t} + e^{-3t}. \quad \square$$

例 A.20　$x'''(t) - 3x''(t) + 4x(t) = 0, \quad x(0) = -3,\ x'(0) = 2,\ x''(0) = -2$

［解］ 解は $\mathcal{L}(x)(s) = \dfrac{4s^2-4s-17}{s^3-3s^2+4}$ のラプラス逆変換である．例 A.12 より

$$x(t) = -e^{-t} + (5-3t)e^{2t}. \quad \square$$

例 A.21 $x'''(t)+6x''(t)+12x'(t)+8x(t)=0,\ x(0)=3,\ x'(0)=4,\ x''(0)=2$

［解］ 解は $\mathcal{L}(x)(s) = \dfrac{3s^2+10s+6}{s^3+6s^2+12s+8}$ のラプラス逆変換である．例 A.13 より

$$x(t) = (3-2t-2t^2)e^{-2t}. \quad \square$$

例 A.22 $x'''(t)+x'(t)-10x(t)=0, \quad x(0)=9,\ x'(0)=-7,\ x''(0)=-5$

［解］ 解は $\mathcal{L}(x)(s) = \dfrac{9s^2-7s+4}{s^3+s-10}$ のラプラス逆変換である．例 A.14 より

$$x(t) = 2e^{2t} + e^{-t}(7\cos 2t - 2\sin 2t). \quad \square$$

●**問 A.14** 次の微分方程式の解を求めよ．

(1) $x'''-2x''-x'+2x=0, \quad x(0)=3,\ x'(0)=-2,\ x''(0)=0$

(2) $x'''+x''-x'-x=0, \quad x(0)=2,\ x'(0)=3,\ x''(0)=4$

(3) $x'''-3x''+x'+5x=0, \quad x(0)=3,\ x'(0)=-1,\ x''(0)=1$

4 階微分方程式の解のラプラス変換である有理関数の分子は，(A.11) より

$$c_3+c_2s+c_1s^2+c_0s^3+a_1(c_2+c_1s+c_0s^2)+a_2(c_1+c_0s)+a_3c_0$$

である．

例 A.23 $x''''(t)+2x'''(t)+3x''(t)+2x'(t)+x(t)=0,$

$x(0)=2,\ x'(0)=-1,\ x''(0)=2,\ x'''(0)=0$

［解］ 特性多項式は因数分解により $(s^2+s+1)^2$ になるので[1]，解は $\mathcal{L}(x)(s) = \dfrac{2s^3+s^2+3s+4}{(s^2+s+1)^2}$ のラプラス逆変換である．例 A.15 より

$$x(t) = e^{-t/2}\left(\left(\frac{2\sqrt{3}}{3}t+\frac{4\sqrt{3}}{9}\right)\sin\frac{\sqrt{3}}{2}t - \left(\frac{8}{3}t-2\right)\cos\frac{\sqrt{3}}{2}t\right). \quad \square$$

1) 例 7.6 の解答をみよ．

ラプラス変換で線形微分方程式を解く強みは，一般解を求めなくても直接，初期条件をみたす解が得られることである．

A.3.3 非斉次形と合成積

2 つの関数に対する演算である**合成積**を定義する．

定義 A.3 2 つの関数 $f(t), g(t)$ に対して

$$f * g(t) = \int_0^t f(u)g(t-u)\,ds$$

を f と g の**合成積**または**畳み込み**とよぶ．

合成積とラプラス変換との関係については次が成り立つ．

定理 A.3 2 つの関数 $f(t), g(t)$ に対して

$$\mathcal{L}\left(f * g\right)(s) = \mathcal{L}(f)(s)\mathcal{L}(g)(s).$$

［証明］ 累次積分の変数の順序交換[1]より

$$\mathcal{L}(f*g)(s) = \mathcal{L}\left(\int_0^t f(u)g(t-u)\,du\right)(s) = \int_0^\infty \int_0^t e^{-st} f(u)g(t-u)\,dudt$$
$$= \int_0^\infty \left(\int_u^\infty e^{-s(t-u)} g(t-u)\,dt\right) e^{-su} f(u)\,du.$$

ここで $v = t-u$ で積分変数を t から v に置換すれば

$$\int_u^\infty e^{-s(t-u)} g(t-u)\,dt = \int_0^\infty e^{-sv} g(v)\,dv = \mathcal{L}(g)(s)$$

になり，t に依存しない．よって

$$\mathcal{L}(f*g)(s) = \int_0^\infty e^{-su} f(u)\,du \times \mathcal{L}(g)(s) = \mathcal{L}(f)(s)\mathcal{L}(g)(s). \quad \square$$

(A.8) が非斉次形のとき，(A.9) において $c_0 = c_1 = \cdots = c_{n-1} = 0$ の場合の解が求まれば，一般の初期値に対しては，もとの初期値と同じ初期値の斉次形の解との和である．初期値をすべて 0 にすれば，(A.11) より

$$\mathcal{L}(x) = \frac{\mathcal{L}(q)(s)}{s^n + a_1 s^{n-1} + \cdots + a_{n-1}s + a_n}. \tag{A.12}$$

1) 「微分積分」([14]) p.148 をみよ．

定理 A.3 より，$\mathcal{L}^{-1}\left(\dfrac{1}{s^n + a_1 s^{n-1} + \cdots + a_{n-1}s + a_n}\right)$ と $q(t)$ の合成積のラプラス変換は $\dfrac{\mathcal{L}(q)(s)}{s^n + a_1 s^{n-1} + \cdots + a_{n-1}s + a_n}$ であるので

$$\mathcal{L}^{-1}\left(\frac{\mathcal{L}(q)(s)}{s^n + a_1 s^{n-1} + \cdots + a_{n-1}s + a_n}\right)$$
$$= \mathcal{L}^{-1}\left(\frac{1}{s^n + a_1 s^{n-1} + \cdots + a_{n-1}s + a_n}\right) * q.$$

(A.12) より，(A.8) の解 $x(t)$ については次が成り立つ．

公式 A.13 $x(0) = x'(0) = \cdots = x^{(n-1)}(0) = 0$ のとき，

$$x(t) = \mathcal{L}^{-1}\left(\frac{1}{s^n + a_1 s^{n-1} + \cdots + a_{n-1}s + a_n}\right) * q$$
$$= \int_0^t \mathcal{L}^{-1}\left(\frac{1}{s^n + a_1 s^{n-1} + \cdots + a_{n-1}s + a_n}\right)(t-u)q(u)\,du.$$

以下の例は例 6.8，7.9，7.12，7.14，7.15 と同じ微分方程式であるが，初期条件があるので解が異なることがある．

例 A.24 $x''(t) + 3x'(t) - 4x(t) = e^{2t}, \qquad x(0) = x'(0) = 0$

［解］ 特性多項式の因数分解は $s^2 + 3s - 4 = (s+4)(s-1)$ になるので，逆数の部分分数分解は

$$\frac{1}{s^2+3s-4} = \frac{1}{(s+4)(s-1)} = \frac{s+4-(s-1)}{5(s+4)(s-1)} = \frac{1}{5}\left(\frac{1}{s-1} - \frac{1}{s+4}\right).$$

したがって，ラプラス逆変換は $\mathcal{L}^{-1}\left(\dfrac{1}{s^2+3s-4}\right) = \dfrac{1}{5}(e^t - e^{-4t})$ になり，公式 A.13 より解は

$$x(t) = \frac{1}{5}\int_0^t (e^{t-u} - e^{-4(t-u)})e^{2u}du = \frac{1}{5}\left(e^t \int_0^t e^u\,du - e^{-4t}\int_0^t e^{6u}\,du\right)$$
$$= \frac{1}{5}\left(e^t\Big[e^u\Big]_0^t - e^{-4t}\left[\frac{1}{6}e^{6u}\right]_0^t\right) = \frac{1}{6}e^{2t} - \frac{1}{5}e^t + \frac{1}{30}e^{-4t}. \quad \square$$

例 A.25 $x''(t) - 4x'(t) + 4x(t) = e^{2t}\sin 3t, \qquad x(0) = x'(0) = 0$

［解］ 特性多項式の因数分解は $s^2 - 4s + 4 = (s-2)^2$ になるので，逆数のラプラス逆

変換は $\mathcal{L}^{-1}\left(\dfrac{1}{s^2-4s+4}\right)=te^{2t}$ である．ゆえに，公式 A.13 より解は

$$x(t)=\int_0^t (t-u)e^{2(t-u)}e^{2u}\sin 3u\,du=-\frac{1}{3}e^{2t}\int_0^t (t-u)(\cos 3u)'\,du$$

$$=-\frac{1}{3}e^{2t}\left(-t+\int_0^t \cos 3u\,du\right)=e^{2t}\left(\frac{t}{3}-\frac{1}{9}\sin 3t\right).\quad\square$$

例 A.26　$x''(t)-4x'(t)+5x(t)=\dfrac{e^{2t}}{\cos t},\qquad x(0)=x'(0)=0$

［解］　特性多項式の逆数は $\dfrac{1}{(s-2)^2+1^2}$ になるので，ラプラス逆変換は $\mathcal{L}^{-1}\left(\dfrac{1}{s^2-4s+5}\right)=e^{2t}\sin t$ である．ゆえに，公式 A.13 より解は

$$x(t)=\int_0^t e^{2(t-u)}\sin(t-u)\,\frac{e^{2u}}{\cos u}\,du=e^{2t}\int_0^t\left(\sin t-\cos t\frac{\sin u}{\cos u}\right)du$$

$$=e^{2t}\left(t\sin t+\cos t\log|\cos t|\right).\quad\square$$

●**問 A.15**　次の微分方程式の解を求めよ．

(1)　$x''-x'-6x=e^{-2t},\quad x(0)=x'(0)=0$

(2)　$x''-6x'+9x=e^{3t}\log t,\quad x(0)=x'(0)=0$

(3)　$x''+6x'+10x=te^{-3t},\quad x(0)=x'(0)=0$

例 A.27　$x'''(t)-x'(t)=\dfrac{e^t}{1+e^t},\qquad x(0)=x'(0)=x''(0)=0$

［解］例 7.14 の解答より，特性多項式の逆数の部分分数分解は $-\dfrac{1}{s}+\dfrac{1}{2(s-1)}+\dfrac{1}{2(s+1)}$ になるので，ラプラス逆変換は

$$\mathcal{L}^{-1}\left(\frac{1}{s^3-s}\right)=-1+\frac{1}{2}e^t+\frac{1}{2}e^{-t}.$$

(7.19)〜(7.21) を利用して，右辺の各項と $\dfrac{e^t}{1+e^t}$ との合成積を計算すれば

$$-1*\frac{e^t}{1+e^t}=-\int_0^t\frac{e^u}{1+e^u}\,du=-\log(1+e^t)+\log 2,$$

$$\frac{1}{2}e^t*\frac{e^t}{1+e^t}=\frac{1}{2}\int_0^t e^{t-u}\frac{e^u}{1+e^u}\,du=\frac{e^t}{2}\int_0^t\frac{du}{1+e^u}$$

$$=\frac{e^t}{2}\left(t-\log(1+e^t)+\log 2\right),$$

$$\frac{1}{2}e^{-t} * \frac{e^t}{1+e^t} = \frac{1}{2}\int_0^t e^{-(t-u)}\frac{e^u}{1+e^u}\,du = \frac{e^{-t}}{2}\int_0^t \frac{e^{2u}}{1+e^u}\,du$$
$$= \frac{1}{2} - \frac{e^{-t}}{2}\left(\log(1+e^t) + 1 - \log 2\right).$$

したがって，公式 A.13 より解は

$$x(t) = -\frac{1}{2}\left(e^{t/2} + e^{-t/2}\right)^2 \log\frac{1+e^t}{2} + \frac{t}{2}e^t - \frac{1}{2}e^{-t} + \frac{1}{2}$$

となる．□

例 A.28 $x'''(t) + 3x''(t) + 7x'(t) + 5x(t) = \dfrac{e^{-t}}{\cos^2 2t}$,

$x(0) = x'(0) = x''(0) = 0$

［解］例 7.15 の解答より，特性多項式の逆数の部分分数分解は $\dfrac{1}{4}\left(\dfrac{1}{s+1} - \dfrac{s+1}{(s+1)^2+2^2}\right)$ になるので，ラプラス逆変換は

$$\mathcal{L}^{-1}\left(\frac{1}{s^3+3s^2+7s+5}\right) = \frac{1}{4}\left(e^{-t} - e^{-t}\cos 2t\right).$$

(7.22)〜(7.24) を利用して，右辺の括弧内の各項と $\dfrac{e^{-t}}{\cos^2 2t}$ との合成積を計算すれば

$$e^{-t} * \frac{e^{-t}}{\cos^2 2t} = e^{-t}\int_0^t \frac{du}{\cos^2 2u} = \frac{e^{-t}}{2}\tan 2t,$$

$$e^{-t}\cos 2t * \frac{e^{-t}}{\cos^2 2t} = e^{-t}\int_0^t \frac{\cos 2(t-u)}{\cos^2 2u}\,du$$
$$= e^{-t}\cos 2t\int_0^t \frac{du}{\cos 2u} + e^{-t}\sin 2t\int_0^t \frac{\sin 2u}{\cos^2 2u}\,du$$
$$= \frac{e^{-t}}{2}\left((\cos 2t)\log\left|\frac{1+\sin 2t}{\cos 2t}\right| + \tan 2t - \sin 2t\right).$$

したがって，公式 A.13 より解は

$$x(t) = \frac{e^{-t}}{8}\left(\sin 2t - (\cos 2t)\log\left|\frac{1+\sin 2t}{\cos 2t}\right|\right).$$ □

●**問 A.16** 次の微分方程式の一般解を求めよ．

$$x''' - 3x'' + 4x' - 2x = \frac{e^t}{\cos t}, \qquad x(0) = x'(0) = x''(0) = 0$$

B

微分方程式の定性的解析

B.1　解軌道と相図

第 8 章では 1 階微分方程式系である線形系の解を具体的な関数で表すことができたが，線形系でないと，具体的な関数で表せないことがあたりまえになってくる．数値計算は方法の 1 つであるが，本章では数値計算にはふれず，2 次元に限定し，解を平面上の曲線で表し，曲線としての幾何的な特徴を調べる．

B.1.1　自励系の解軌道と平衡点

1 階微分方程式系 (8.1) の解 $\boldsymbol{y}(x)$ は，媒介変数を x とした n 次元空間 $\mathbb{R}^n$ の曲線を描く．このような曲線を**解軌道**といい，解軌道が存在する $\mathbb{R}^n$ の領域を**相空間**をいう．

1 階微分方程式系のなかで，斉次線形系を含む以下の方程式を取り上げる．

定義 B.1　$\boldsymbol{f}(\boldsymbol{y})$ を $\boldsymbol{y}$ のみを変数とするベクトル値関数とする．このとき，1 階微分方程式系

$$\boldsymbol{y}' = \boldsymbol{f}(\boldsymbol{y}) \tag{B.1}$$

を**自励系**とよび，$\boldsymbol{y}$ が n 次元であれば $\boldsymbol{n}$ **次元自励系**ということがある．

自励系には次の特徴がある．

定理 B.1　2 つの実数 x_1, x_2 があり，自励系 (B.1) の 2 つの解 $\boldsymbol{y}_1(x), \boldsymbol{y}_2(x)$ が $\boldsymbol{y}_1(x_1) = \boldsymbol{y}_2(x_2)$ になるとき，

$$\boldsymbol{y}_1(x + x_1) = \boldsymbol{y}_2(x + x_2).$$

［証明］　c を任意の実数とすれば，自励系 (B.1) の解 $\boldsymbol{y}(x)$ に対して

$$(\boldsymbol{y}(x + c))' = \boldsymbol{y}'(x + c) = \boldsymbol{f}(\boldsymbol{y}(x + c))$$

になり，$\boldsymbol{y}(x + c)$ は (B.1) の解である．

$\boldsymbol{y}_2(x - x_1 + x_2)$ は $x = x_1$ のとき

$$\boldsymbol{y}_2(x_1 - x_1 + x_2) = \boldsymbol{y}_2(x_2) = \boldsymbol{y}_1(x_1)$$

になるので，$x = x_1$ のとき $\boldsymbol{y}_1(x)$ と等しい．また，$\boldsymbol{y}_2(x - x_1 + x_2)$ も (B.1) の解であるから，解の一意性より

$$\boldsymbol{y}_2(x - x_1 + x_2) = \boldsymbol{y}_1(x).$$

あとは変数を $x - x_1$ から x に変換すればよい．□

この定理より，$\mathbb{R}^n$ の点 $\boldsymbol{y}_0$ を通る自励系の解軌道は，解 $\boldsymbol{y}(x)$ が $\boldsymbol{y}_0$ に等しいときの x の値と無関係に定まる．つまり $\mathbb{R}^n$ の点に対して，その点を通る自励系の解軌道は 1 つしかなく，2 つの解軌道が交差することはない．

$\boldsymbol{y}_0$ の選び方によって，解軌道が $\boldsymbol{y}_0$ の 1 点のみになることがある．

定理 B.2 $\boldsymbol{y}_0 \in \mathbb{R}^n$ が

$$\boldsymbol{f}(\boldsymbol{y}_0) = \boldsymbol{o} \tag{B.2}$$

をみたすとき，$\boldsymbol{y}(a) = \boldsymbol{y}_0$ となる実数 a が存在する自励系 (B.1) の解 $\boldsymbol{y}(x)$ は常に $\boldsymbol{y}_0$ に等しい．

［証明］ $\widetilde{\boldsymbol{y}}(x)$ を定ベクトル値関数で，$\widetilde{\boldsymbol{y}}(x) = \boldsymbol{y}_0$ とすれば

$$\widetilde{\boldsymbol{y}}'(x) = \boldsymbol{o} = \boldsymbol{f}(\boldsymbol{y}_0) = \boldsymbol{f}(\widetilde{\boldsymbol{y}}(x))$$

となるので $\widetilde{\boldsymbol{y}}(x)$ は (B.1) の解で，$x = a$ のとき $\widetilde{\boldsymbol{y}}(a) = \boldsymbol{y}_0 = \boldsymbol{y}(a)$ となる．よって，解の一意性より $\widetilde{\boldsymbol{y}}(x) = \boldsymbol{y}(x) = \boldsymbol{y}_0$ である．□

(B.2) をみたす $\boldsymbol{y}_0$ を自励系 (B.1) の**平衡点**であるという．例えば，斉次線形系 (8.5) で A が逆行列をもてば，平衡点は原点 $\boldsymbol{o}$ のみである．

自励系 (B.1) の右辺の $\boldsymbol{f}$ は，$\mathbb{R}^n$ の点 $\boldsymbol{y}$ に対して n 次元ベクトル $\boldsymbol{f}(\boldsymbol{y})$ を対応させる．空間のすべての点に対してベクトルを対応させたものを**ベクトル場**といい，電磁気の電場・磁場や流体の流れなどを表現できる．$\boldsymbol{y}'$ は解軌道の接ベクトルであるから，接ベクトルがベクトル場と平行である曲線は (B.1) の解軌道である．

2 次元であれば解軌道は平面の曲線なので座標を (x, y) で表し，2 次元の相空間を**相平面**とよび，解軌道を描いた図を**相図**とよぶ．このとき (B.1) は

$$\begin{cases} x' = f(x, y), \\ y' = g(x, y) \end{cases} \tag{B.3}$$

で表せる．以降では 2 次元に限定し，x は座標で使われているので変数は x でなくて t で表し，解となる 2 次元ベクトル値関数を $\boldsymbol{x}(t) = \begin{bmatrix} x(t) \\ y(t) \end{bmatrix}$ と書くことにする．

B.1.2 2次元斉次線形系の相図

前章で，行列指数関数で斉次線形系の解を求める方法を紹介したが，解を具体的な関数で表し，自励系である2次元の斉次線形系

$$\boldsymbol{x}'(t) = A\boldsymbol{x}(t) \tag{B.4}$$

の解軌道の特徴を調べる．ここで A に逆行列がある，つまり0の固有値がなければ平衡点は原点のみで，原点を通らない解軌道が問題である．

成分が実数の2次正方行列 P に対して

$$(P^{-1}\boldsymbol{x})' = P^{-1}\boldsymbol{x}' = P^{-1}A\boldsymbol{x} = (P^{-1}AP)(P^{-1}\boldsymbol{x})$$

になる．したがって，$\mathbb{R}^2$ における1次変換 T を $T(\boldsymbol{x}) = P\boldsymbol{x}$ とすれば[1]，$B = P^{-1}AP$ に対する斉次線形系 $\boldsymbol{x}' = B\boldsymbol{x}$ の解軌道 $\widetilde{\boldsymbol{x}}(t)$ は T によって $\boldsymbol{x}(t)$ に移る．2次元であれば，A と相似な B を次の3つのタイプに分類できる．

$$(1)\ B = \begin{bmatrix} \alpha & 0 \\ 0 & \beta \end{bmatrix}, \quad (2)\ B = \begin{bmatrix} \alpha & 1 \\ 0 & \alpha \end{bmatrix}, \quad (3)\ B = \begin{bmatrix} \mu & \nu \\ -\nu & \mu \end{bmatrix}. \tag{B.5}$$

これらの行列に対する斉次線形系の解軌道を T で移せば，もとの斉次線形系の解軌道が求まる．各場合の相図により解の特徴が把握できる．

(1) 固有値が α, β で対角化できれば，初期値を $x(0) = x_0$，$y(0) = y_0$ とする $\boldsymbol{x}' = B\boldsymbol{x}$ の解は，公式 C.2 より

$$x(t) = e^{\alpha t}x_0, \qquad y(t) = e^{\beta t}y_0 \tag{B.6}$$

になるが，x_0, y_0 は任意なので，t を消去すれば C を任意定数として

$$y = Cx^{\beta/\alpha} \quad \text{または} \quad x = Cy^{\alpha/\beta}$$

で表すことができ，関数のグラフとして解軌道が描ける．

例 B.1 $A = \begin{bmatrix} -4 & 2 \\ -3 & 1 \end{bmatrix}$

[解] $P = \begin{bmatrix} 1 & 2 \\ 1 & 3 \end{bmatrix}$ とすれば $P^{-1}AP = \begin{bmatrix} -2 & 0 \\ 0 & -1 \end{bmatrix}$ になるので，C を任意定数とした曲線群

$$y = Cx^{1/2} \text{ または } x = Cy^2 \tag{B.7}$$

を表現行列が P の1次変換で移せば，もとの線形系の解軌道である．

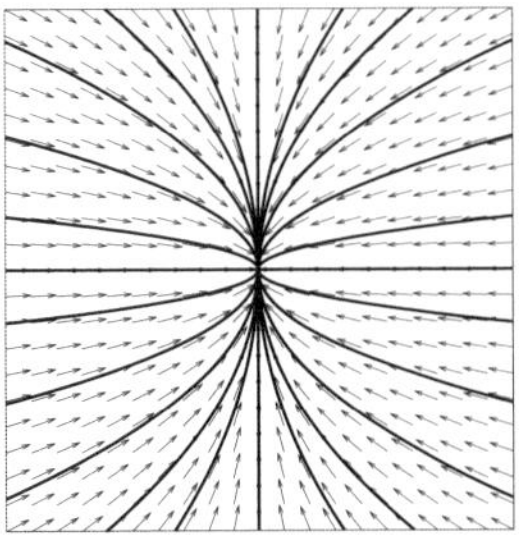

図 B.1

1) P を1次変換 T の表現行列という(「線形代数」([15]) p.163 参照).

図 B.1 は，$P^{-1}AP$ に対応する斉次線形系 $x' = -2x$，$y' = -y$ の相図で，曲線群 (B.7) と同じである．図 B.2 はもとの線形系の相図で，図 B.1 を 1 次変換した図である．2 つの図には矢印もあるが，これは自励系の相平面の点ごとに定まるベクトル場で，大きさをそろえた．変数 t を増やすと，解軌道上の点は矢印と同じ向きに移動する．

図 B.1 と図 B.2 は，$\boldsymbol{x}(0)$ が相図の中のどの点であっても，$t \to \infty$ のとき $\boldsymbol{x}(t)$ は原点に収束していく．実際，$\alpha < 0, \beta < 0$ なので，(B.6) より $t \to \infty$ のとき x 座標，y 座標は 0 に収束する．$\boldsymbol{x}(0) \neq \boldsymbol{o}$ ならば，$t \to -\infty$ のとき $\boldsymbol{x}(t)$ は相図の外に行ってしまうが，実際，(B.6) より x 座標または y 座標は発散する．さらに，図 B.1 では，x 軸と y 軸は解軌道であり，それ以外の解軌道は直線でなく，解軌道の接線は接点が原点に近づくと y 軸と平行になっていき[1]，接点が原点から離れると接線は x 軸と平行になっていく．図 B.2 では，固有値 -2 に対する固有ベクトルに平行な直線 $y = x$ と固有値 -1 に対する固有ベクトルと平行な直線 $2y = 3x$ が解軌道であり，それ以外の解軌道は直線でなく，接点が原点に近づくと接線が直線 $2y = 3x$ と平行になっていき，原点から離れると直線 $y = x$ と平行になっていく．□

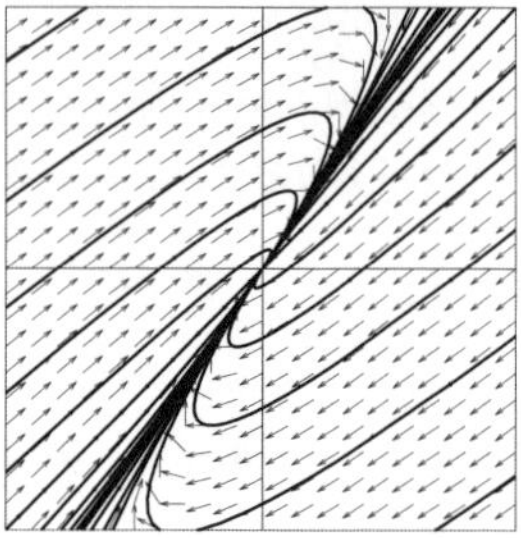

図 B.2

例 B.2　$A = \begin{bmatrix} 1 & 2 \\ -1 & 4 \end{bmatrix}$

［解］ $P = \begin{bmatrix} 2 & 1 \\ 1 & 1 \end{bmatrix}$ とすれば $P^{-1}AP = \begin{bmatrix} 2 & 0 \\ 0 & 3 \end{bmatrix}$ になるので，C を任意定数とした曲線群

$$y = Cx^{3/2} \text{ または } x = Cy^{2/3} \qquad \text{(B.8)}$$

を表現行列が P の 1 次変換で移せば，もとの線形系の解軌道である．

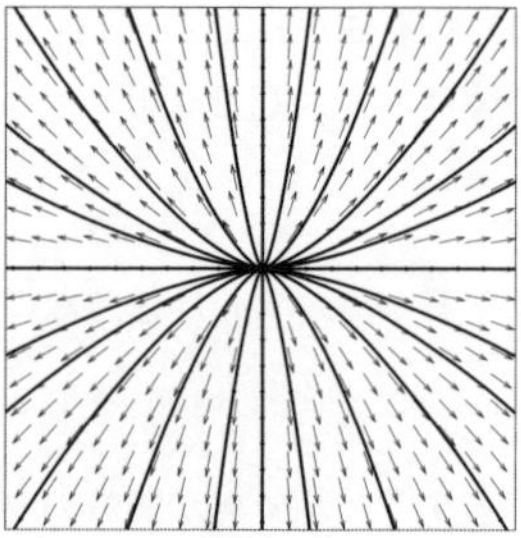

図 B.3

図 B.3 は，$P^{-1}AP$ に対応する斉次線形系 $x' = 2x$，$y' = 3y$ の相図で，曲線群 (B.8) と同じである．図 B.4 は，もとの線形系の相図で図 B.3 を 1 次変換した図である．図 B.3 と図 B.4 は，$\boldsymbol{x}(0) \neq \boldsymbol{o}$ ならば，$t \to \infty$ のとき $\boldsymbol{x}(t)$ は相図の外に行ってしまうが，実際，$\alpha > 0, \beta > 0$ なので，(B.6) より x 座標または y

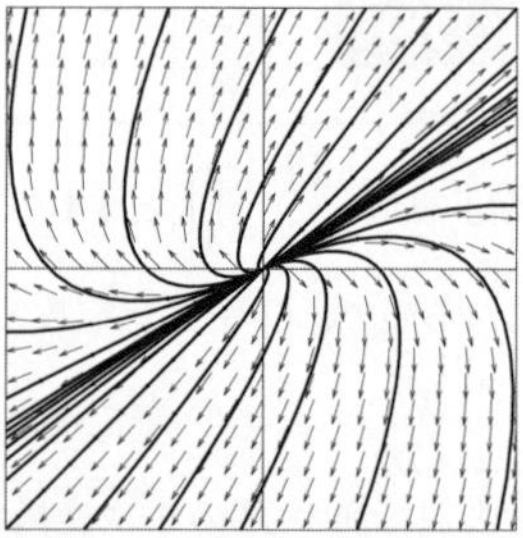

図 B.4

1)　解軌道は原点に近づくのであって原点を通過しないが，曲線が原点で y 軸と接するようにみえる．

座標は発散する．$t \to -\infty$ のとき，$\boldsymbol{x}(0)$ は相図の中のどの点であっても，$\boldsymbol{x}(t)$ は原点に収束していく．実際，(B.6) より $t \to -\infty$ のとき x 座標，y 座標は 0 に収束する．さらに，図 B.3 では，x 軸と y 軸は解軌道であり，それ以外の解軌道は直線でなく，解軌道の接線は接点が原点に近づくと x 軸と平行になっていき，原点から離れると接線は y 軸と平行になっていく．図 B.4 では，固有値 3 に対する固有ベクトルに平行な直線 $y = x$ と固有値 2 に対する固有ベクトルと平行な直線 $2y = x$ が解軌道であり，それ以外の解軌道は直線でなく，接点が原点に近づくと接線が直線 $2y = x$ と平行になっていき，原点から離れると直線 $y = x$ と平行になっていく．□

以上の例は固有値 α, β が同符号であったが，異符号の場合の相図には違った特徴がある．

例 B.3　$A = \begin{bmatrix} 4 & -3 \\ 2 & -3 \end{bmatrix}$

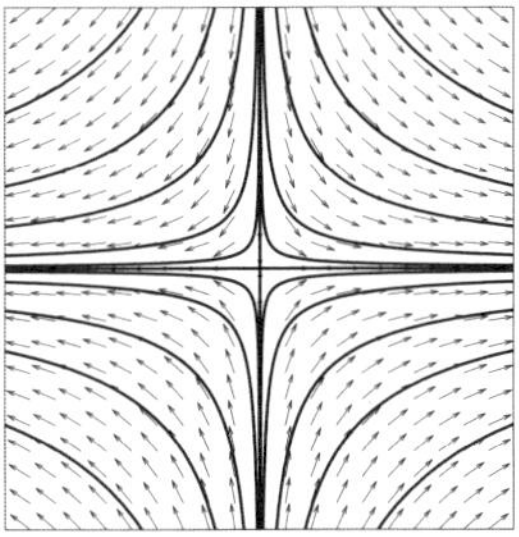

図 B.5

［解］ $P = \begin{bmatrix} 3 & 1 \\ 1 & 2 \end{bmatrix}$ とすれば $P^{-1}AP = \begin{bmatrix} 3 & 0 \\ 0 & -2 \end{bmatrix}$ になるので，C を任意定数とした曲線群

$$y = Cx^{-2/3} \text{ または } x = Cy^{-3/2} \qquad \text{(B.9)}$$

を表現行列が P の 1 次変換で移せば，もとの線形系の解軌道である．

図 B.5 は $P^{-1}AP$ に対応する斉次線形系 $x' = 3x,\ y' = -2y$ の相図で，曲線群 (B.9) と同じである．図 B.6 はもとの線形系の相図で，図 B.5 を 1 次変換した図である．

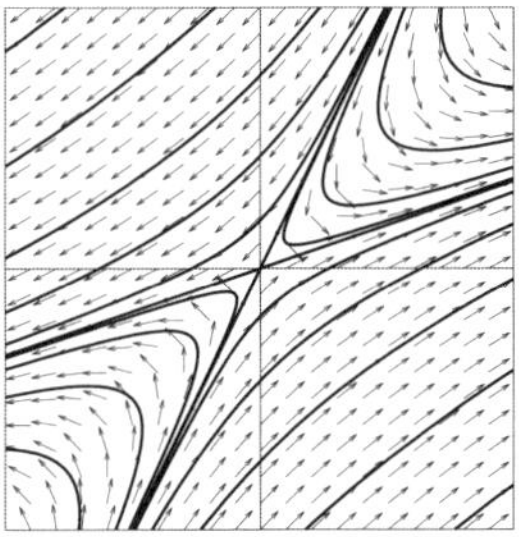

図 B.6

図 B.5 では x 軸と y 軸は解軌道であり，x (y) 軸は $t \to -\infty$ (∞) のとき原点に近づく．それ以外の解軌道は直線でなく，$t \to \infty$ ($-\infty$) のとき x (y) 軸を漸近線として相図の外に行ってしまうが，実際，$\alpha > 0, \beta < 0$ なので (B.6) より $t \to \infty$ ($-\infty$) のとき x (y) 座標は発散し，y (x) 座標は 0 に収束する．図 B.6 では，固有値 -2 に対する固有ベクトルに平行な直線 $y = 2x$ と固有値 3 に対する固有ベクトルに平行な直線 $3y = x$ が解軌道であり，直線 $y = 2x$ ($3y = x$) は $t \to \infty$ ($-\infty$) のとき原点に近づく．それ以外の解軌道は直線でなく，$t \to \infty$ ($-\infty$) のとき直線 $3y = x$ ($y = 2x$) を漸近線として相図の外に行ってしまう．□

斉次線形系に対して固有値 α, β がともに負のとき原点は**安定結節点**，α, β がともに正のとき原点は**不安定結節点**，α, β が異符号のとき原点は**鞍点**であるという．

(2) 固有値が重複して α のみで対角化できなければ，初期値を $x(0)=x_0, y(0)=y_0$ とする $\boldsymbol{x}'=B\boldsymbol{x}$ の解は公式 C.4 より

$$x(t)=e^{\alpha t}(x_0+y_0t), \quad y(t)=e^{\alpha t}y_0 \tag{B.10}$$

になるが，x_0, y_0 は任意なので，t を消去すれば C を任意定数として

$$y=0 \quad \text{または} \quad x=Cy+\frac{y}{\alpha}\log y$$

で表せ，関数のグラフとして解軌道を描ける．

例 B.4 $A=\begin{bmatrix} 3 & 2 \\ -2 & -1 \end{bmatrix}$

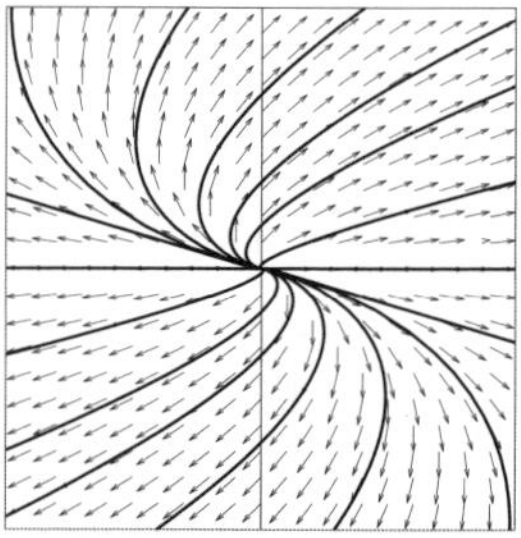

図 B.7

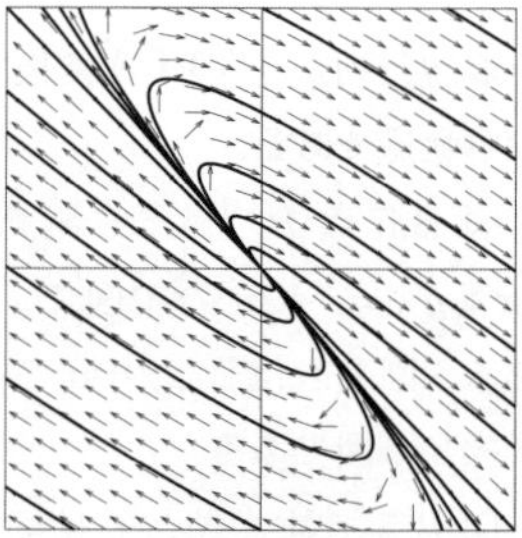

図 B.8

［解］ $P=\begin{bmatrix} 2 & 1 \\ -2 & 0 \end{bmatrix}$ とすれば $P^{-1}AP=\begin{bmatrix} 1 & 1 \\ 0 & 1 \end{bmatrix}$ になるので，C を任意定数とした曲線群

$$y=0 \text{ または } x=Cy+y\log y \tag{B.11}$$

を表現行列が P の 1 次変換で移せば，もとの線形系の解軌道である．

図 B.7 は $P^{-1}AP$ に対応する斉次線形系 $x'=x+y$, $y'=y$ の相図で，曲線群 (B.11) と同じである．図 B.8 はもとの線形系の相図で，図 B.7 を 1 次変換した図である．

図 B.7 より $\boldsymbol{x}(0)\neq\boldsymbol{o}$ であれば，$t\to\infty$ のとき相図の外に行ってしまうが，実際，$\alpha>0$ なので (B.10) より x 座標または y 座標は発散する．$t\to-\infty$ のとき $\boldsymbol{x}(t)$ は原点に収束する．図 B.8 についても同様である．図 B.7 では x 軸が解軌道で，図 B.8 では固有ベクトルに平行な直線 $y=-x$ が解軌道である．両図とも，それ以外の解軌道は直線でない．さらに図 B.7 では，解軌道の接線は，接点が原点に近づいても原点から離れても x 軸と平行になっていく．図 B.8 では，接点が原点に近づくとき，接線は直線 $y=-x$ と平行になっていき，接点が原点から離れても直線 $y=-x$ と平行になっていく．つまり，$t\to\infty$ と $t\to-\infty$ のとき，$\boldsymbol{x}(t)$ を接点とする接線が同じ直線と平行になっていく．□

例 B.4 のような対角化できない場合も含め，2 つの固有値が負 (正) であれば，$t\to\infty\,(-\infty)$ のとき解軌道はすべて原点に近づく．(1) の場合で固有値が異なれば，解軌道になる原点を通る直線は 2 つの固有ベクトルと平行なもので，他のすべての解軌道は接点が原点に近づくとき，接線がそのうち 1 つの直線に平行になっていくが，固有値

が重複すれば A は単位行列のスカラー倍なので，すべての解軌道は直線である．(2) の場合，固有値は重複するので固有ベクトルは 1 方向しかなく，解軌道になる原点を通る直線は，固有ベクトルに平行で 1 つしかなく，他のすべて解軌道は接点が原点に近づくとき，接線がその直線と平行になっていく．(2) のとき，解軌道になる直線が 1 つなので，原点は**退化結節点**であるという．

(3) 固有値が虚数で実部を μ，虚部を ν とすれば，初期値を $x(0) = x_0$，$y(0) = y_0$ とする $\boldsymbol{x}' = B\boldsymbol{x}$ の解は公式 C.5 より

$$\begin{bmatrix} x(t) \\ y(t) \end{bmatrix} = e^{\mu t} \begin{bmatrix} \cos \nu t & \sin \nu t \\ -\sin \nu t & \cos \nu t \end{bmatrix} \begin{bmatrix} x_0 \\ y_0 \end{bmatrix} \tag{B.12}$$

になる．行列 $\begin{bmatrix} \cos \nu t & \sin \nu t \\ -\sin \nu t & \cos \nu t \end{bmatrix}$ は原点を中心として負の向きに νt だけ回転する移動を表し，それに $e^{\mu t}$ を乗じる．

例 B.5　$A = \begin{bmatrix} 1 & -2 \\ 5 & 3 \end{bmatrix}$

［解］$P = \begin{bmatrix} 1 & -3 \\ -5 & 0 \end{bmatrix}$ とすれば $P^{-1}AP = \begin{bmatrix} 2 & 3 \\ -3 & 2 \end{bmatrix}$ になるので，$A = x(0)$，$B = y(0)$ として A, B を任意定数とした曲線群

$$\begin{aligned} x &= e^{2t}(A \cos 3t + B \sin 3t), \\ y &= e^{2t}(-A \sin 3t + B \cos 3t) \end{aligned} \tag{B.13}$$

を表現行列が P の 1 次変換で移せば，もとの線形系の解軌道である．

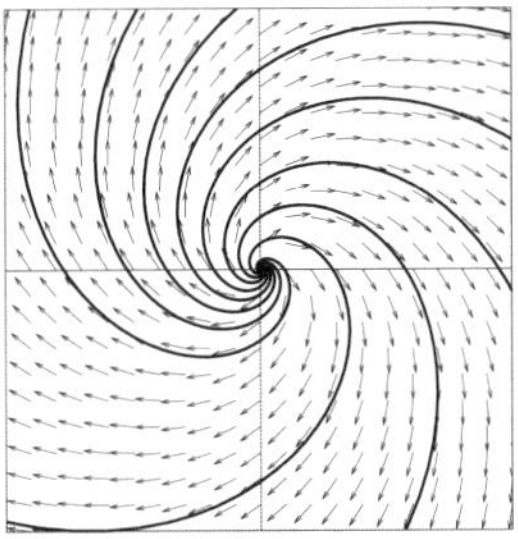
図 B.9

図 B.9 は $P^{-1}AP$ に対応する斉次線形系 $x' = 2x + 3y$，$y' = -3x + 2y$ の相図で，曲線群 (B.13) と同じである．図 B.10 はもとの線形系の相図で，図 B.9 を 1 次変換した図である．

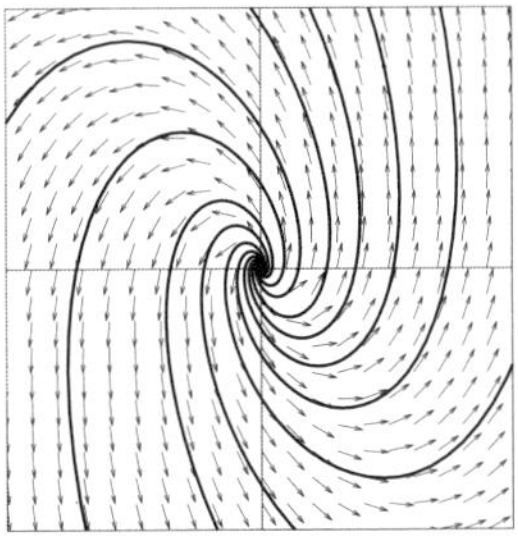
図 B.10

図 B.9 と図 B.10 はともに $t \to \infty$ のとき相図の外に行ってしまい，$t \to -\infty$ のとき原点に収束する．ところが $t \to \pm\infty$ のとき $\boldsymbol{x}(t)$ は原点のまわりを旋回するので，$\boldsymbol{x}(t)$ を接点とする接線と平行になっていく直線はない．原点のまわりの旋回は，固有値が実数の場合ではみられない現象である．□

固有値の実部が 0 の場合，(B.12) は $e^{\mu t} = e^0 = 1$ になるので回転のみである．したがって，解軌道は原点を中心とした円周の 1 次変換である楕円周である．

例 B.6 $A = \begin{bmatrix} 1 & 5 \\ -1 & -1 \end{bmatrix}$

［解］ $P = \begin{bmatrix} 1 & 2 \\ -1 & 0 \end{bmatrix}$ とすれば $P^{-1}AP = \begin{bmatrix} 0 & 2 \\ -2 & 0 \end{bmatrix}$ になるので，$A = x(0)$，$B = y(0)$ として A, B を任意定数とした曲線群

$$\begin{aligned} x &= A\cos 2t + B\sin 2t, \\ y &= -A\sin 2t + B\cos 2t \end{aligned} \qquad \text{(B.14)}$$

を表現行列が P の 1 次変換で移せば，もとの線形系の解軌道である．

図 B.11 は $P^{-1}AP$ に対応する斉次線形系 $x' = 2y$，$y' = -2x$ の相図で，曲線群 (B.14) と同じである．図 B.12 はもとの線形系の相図で，図 B.11 を 1 次変換した図である．

図 B.11 の解軌道は円周で図 B.12 の解軌道は楕円周で，ともに周期軌道で t が一定数 (周期) 増加すれば，$\boldsymbol{x}(t)$ はもとの位置に戻る．□

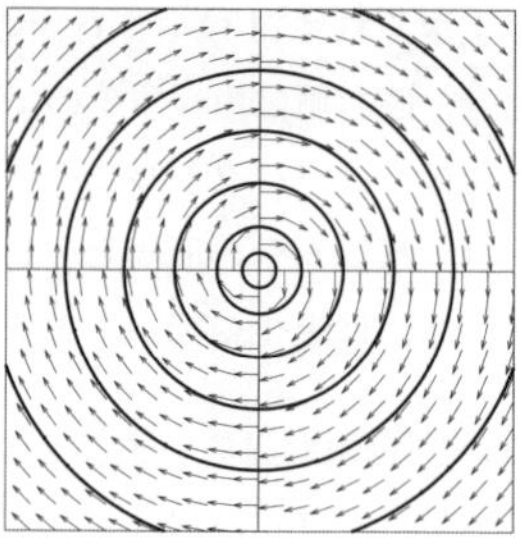

図 B.11

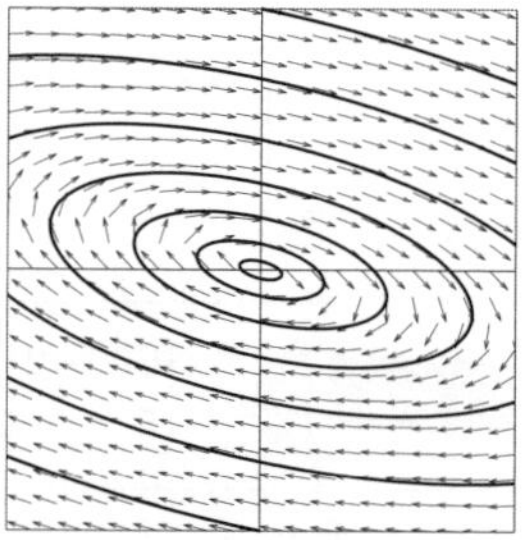

図 B.12

例 B.5 のように，固有値が虚数のとき，実部 μ が正 (負) であれば，$t \to \infty\,(-\infty)$ のとき旋回しながら原点からの距離が発散していき，$t \to -\infty\,(\infty)$ のとき旋回しながら原点に収束する．$\mu > 0$ のとき原点は**安定焦点**，$\mu < 0$ のとき原点は**不安定焦点**，両方あわせて**渦状点**という．例 B.6 のように，$\mu = 0$ のとき原点は**中心点**または**渦心点**という．また，解軌道は閉じた曲線となるが，このような解軌道を**閉軌道**とよぶ．

B.1.3 2 次元非線形自励系

前項で 2 次元斉次線形系の解軌道を調べたが，解軌道は平衡点である原点のまわりを旋回する閉軌道，あるいは原点に収束するか，原点からの距離が発散するかであった．線形系であれば第 8 章のように解を具体的な関数で表せるが，非線形自励系であれば解の存在を証明できても，解を具体的な関数で表せることはまれである．そこで 2 次元非線自励系の相平面において，平衡点の近くでの解軌道の挙動を相図から調べる．

(1) 線 形 化

非線形の自励系では，平衡点の付近において線形系に近似する．

定義 B.2　(x_0, y_0) を自励系 (B.3) の平衡点とすれば，正方行列

$$A = \begin{bmatrix} f_x(x_0, y_0) & f_y(x_0, y_0) \\ g_x(x_0, y_0) & g_y(x_0, y_0) \end{bmatrix} \tag{B.15}$$

を平衡点 (x_0, y_0) における**ヤコビ** (Jacobi) **行列**とよび，

$$\boldsymbol{x}' = A(\boldsymbol{x} - \boldsymbol{x}_0) \tag{B.16}$$

を**線形化系**という．自励系から線形化系を導くことを**線形化**という．

特に，線形系 $\boldsymbol{x}' = A\boldsymbol{x}$ では平衡点は $\boldsymbol{o}$ でヤコビ行列は A である．非線形であれば，平衡点 (x_0, y_0) は

$$f(x_0, y_0) = 0, \qquad g(x_0, y_0) = 0 \tag{B.17}$$

をみたす．このとき，2 変数のテイラー (Taylor) の定理[1]より f に対して $(\widetilde{x}, \widetilde{y}) = (x_0, y_0) + \theta_1(h, k)$ として，$0 < \theta_1 < 1$ であり

$$\begin{aligned} f(x_0 + h, y_0 + k) &= f_x(x_0, y_0)h + f_y(x_0, y_0)k \\ &\quad + \frac{1}{2}\left(f_{xx}(\widetilde{x}, \widetilde{y})h^2 + 2f_{xy}(\widetilde{x}, \widetilde{y})hk + f_{yy}(\widetilde{x}, \widetilde{y})k^2\right) \end{aligned}$$

になる θ_1 が存在する．また，g に対して $(\widehat{x}, \widehat{y}) = (x_0, y_0) + \theta_2(h, k)$ として，$0 < \theta_2 < 1$ であり

$$\begin{aligned} g(x_0 + h, y_0 + k) &= g_x(x_0, y_0)h + g_y(x_0, y_0)k \\ &\quad + \frac{1}{2}\left(g_{xx}(\widehat{x}, \widehat{y})h^2 + 2g_{xy}(\widehat{x}, \widehat{y})hk + g_{yy}(\widehat{x}, \widehat{y})k^2\right) \end{aligned}$$

になる θ_2 が存在する[2]．

2 次正方行列 A を平衡点 (x_0, y_0) におけるヤコビ行列 (B.15) として，ベクトル値関数 $\boldsymbol{r}(h, k)$ を

$$\boldsymbol{r}(h, k) = \frac{1}{2}\begin{bmatrix} f_{xx}(\widetilde{x}, \widetilde{y})h^2 + 2f_{xy}(\widetilde{x}, \widetilde{y})hk + f_{yy}(\widetilde{x}, \widetilde{y})k^2 \\ g_{xx}(\widehat{x}, \widehat{y})h^2 + 2g_{xy}(\widehat{x}, \widehat{y})hk + g_{yy}(\widehat{x}, \widehat{y})k^2 \end{bmatrix} \tag{B.18}$$

とする．$h = x - x_0$，$k = y - y_0$ のとき，(B.3) は

$$\boldsymbol{x}' = A(\boldsymbol{x} - \boldsymbol{x}_0) + \boldsymbol{r}(\boldsymbol{x} - \boldsymbol{x}_0) \tag{B.19}$$

で表され，線形化系 (B.16) は (B.19) から非線形項である $\boldsymbol{r}(\boldsymbol{x} - \boldsymbol{x}_0)$ を除いたものである．平衡点 $\boldsymbol{x}_0$ を平行移動で原点に移せば原点が平衡点になり，$(\boldsymbol{x} - \boldsymbol{x}_0)' = \boldsymbol{x}'$ より (B.16) の解軌道を平行移動すれば，線形系 $\boldsymbol{x}' = A\boldsymbol{x}$ の解軌道になる．

---

1)　「微分積分」([14]) p.110 をみよ．

2)　f に対する θ_1 とは異なる．

(2) 双曲型平衡点

ヤコビ行列の固有値の実部がすべて0でない平衡点を**双曲型平衡点**とよぶ．双曲型であれば，平衡点の近くにおける非線形自励系の解軌道とその線形化系の解軌道に共通する幾何的特徴があることを，2次元の例の相図を見ながら確認する．平衡点は平行移動で原点に移せるので，原点が平衡点になる自励系の原点付近の解軌道を描いてみる．平衡点が原点でなくても，(B.15) よりヤコビ行列を求めれば同様の結果となる．

例 B.7

$$\begin{cases} x' = 2x + 3y + xy, \\ y' = x + 4y - y^2 \end{cases}$$

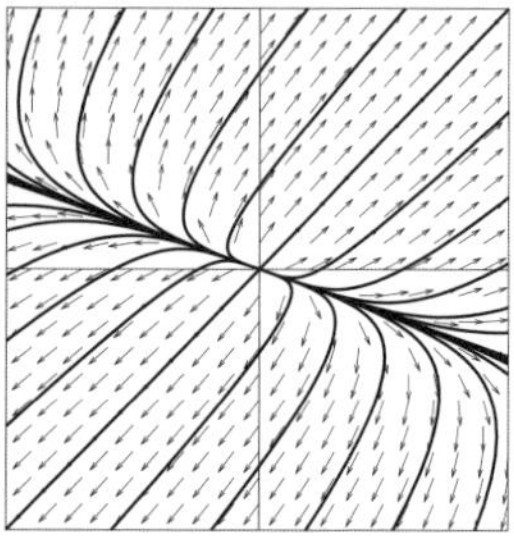

図 B.13

［解］ 原点は平衡点で，ヤコビ行列[1]は $A = \begin{bmatrix} 2 & 3 \\ 1 & 4 \end{bmatrix}$ で固有値は $1, 5$ である．原点付近の線形化系の相図は図 B.13 で，もとの自励系の相図は図 B.14 である．$t \to -\infty$ のとき，ともに平衡点である原点に近づく．

図 B.13 では，固有値1に対する固有ベクトルに平行な直線 $3y = -x$ と固有値5に対する固有ベクトルに平行な直線 $y = x$ が解軌道で，他の解軌道はすべて接点が原点に近づくと接線が直線 $3y = -x$ と平行になっていく．

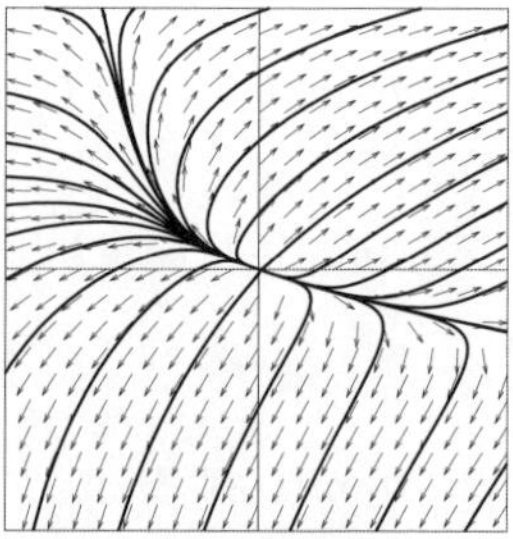

図 B.14

図 B.14 では，接点が原点に近づくと接線が直線 $y = x$ と平行になっていく解軌道が1つあり，他の解軌道はすべて接点が原点に近づくと接線が直線 $3y = -x$ に平行になっていく[2]．□

この例のヤコビ行列の固有値は2つとも正の実数であるが，2つとも負の実数の場合は $t \to \infty$ のとき原点に近づき，曲線としての幾何的特徴は変わらない．つまり，次の定理が成り立つ．

定理 B.3 2次元自励系の平衡点 $\boldsymbol{x}_0$ におけるヤコビ行列が対角化可能で固有値が同符号の実数で異なるとき，$\boldsymbol{x}_0$ における接線が絶対値が大きい固有値の固有ベクトルと平行になる曲線が1つあり，その曲線から平衡点を除くと解軌道になる．接点が $\boldsymbol{x}_0$ に近づく他の解軌道の接線は，絶対値が小さい固有値の固有ベクトルと平行になっていく．

---

1) 原点が平衡点であれば自励系の x と y の係数が，そのままヤコビ行列の成分になる．

2) 非線形では解軌道が直線であることは意味をなさず，線形系で直線の解軌道 $3y = -x$ に対応する解軌道を幾何的な特徴から特定できない．

このような平衡点で固有値が負であれば，線形系と同じように平衡点を**安定結節点**，正であれば**不安定結節点**とよぶ．

例 B.8
$$\begin{cases} x' = -x - y + \frac{1}{2}y^2, \\ y' = x - 3y - xy \end{cases}$$

［解］原点は平衡点で，ヤコビ行列は $A = \begin{bmatrix} -1 & -1 \\ 1 & -3 \end{bmatrix}$ で固有値は重複して -2 のみであり，ジョルダン標準形と相似で対角化できない．原点付近の線形化系の相図は図 B.15 で，もとの自励系の相図は図 B.16 である．$t \to \infty$ のときともに平衡点である原点に近づく．

図 B.15 では，1 方向しかない固有ベクトルに平行な直線 $y = x$ が解軌道で，他の解軌道はすべて接点が原点に近づくと接線が直線 $y = x$ に平行になっていく．

図 B.16 では，解軌道はすべて接点が原点に近づくと接線が直線 $y = x$ に平行になっていく．□

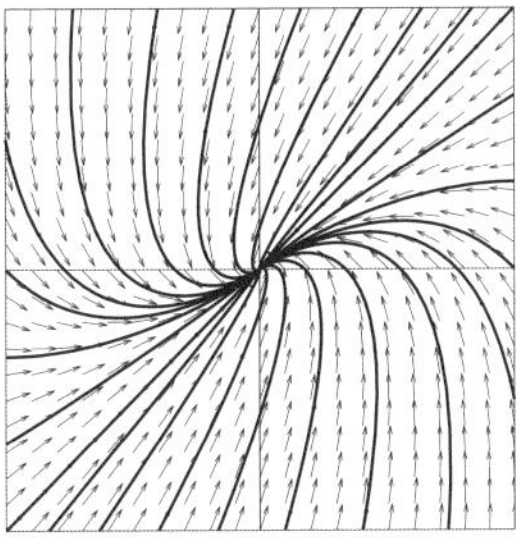
図 B.15

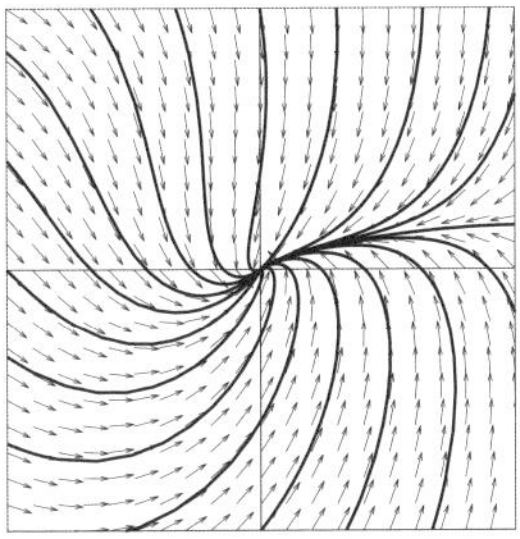
図 B.16

この例のヤコビ行列の固有値は負の実数で重複しているが，正の実数の場合は $t \to -\infty$ のとき原点に近づくが，幾何的特徴は変わらない．つまり次の定理が成り立つ．

定理 B.4　2 次元自励系の平衡点 $\boldsymbol{x}_0$ におけるヤコビ行列が対角化可能でなければ，接点が $\boldsymbol{x}_0$ に近づくすべての解軌道の接線は 1 つしかない固有値の固有ベクトルと平行になっていく．

このような平衡点を線形系と同じように**退化結節点**とよぶ．

例 B.9
$$\begin{cases} x' = x - 4y + \frac{1}{5}xy^2, \\ y' = 2x - 3y - \frac{1}{3}x^2 \end{cases}$$

［解］原点は平衡点で，ヤコビ行列は $A = \begin{bmatrix} 1 & -4 \\ 2 & -3 \end{bmatrix}$ で固有値は $-1 \pm 2i$ であり，虚数である．線形化系の解軌道は図 B.17 で，もとの自励系の相図は図 B.18 である．$t \to \infty$ のとき，ともに旋回しながら平衡点である原点に近づく．□

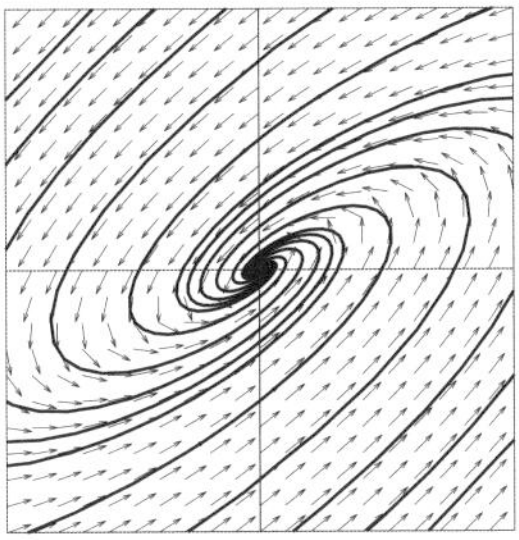
図 B.17

この例のヤコビ行列の固有値は実部が負の虚数であるが正の実部の場合は $t \to -\infty$ のとき旋回しながら原点に近づく．平衡点におけるヤコビ行列の固有値が虚数で実部が負のとき平衡点を**安定焦点**，正のとき**不安定焦点**，両方あわせて**渦状点**とよぶ[1]．

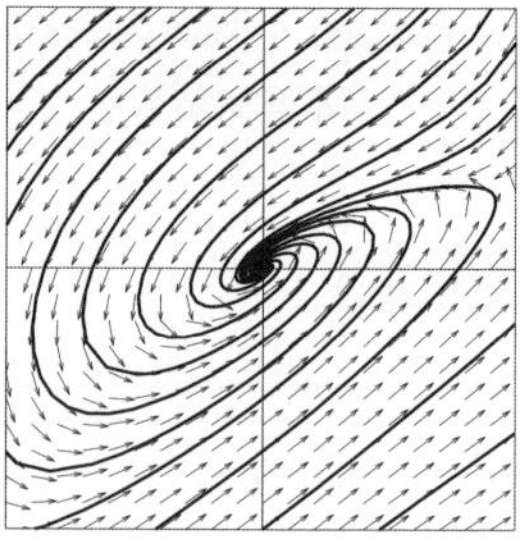

図 B.18

例 B.10 $\begin{cases} x' = 3x - 4y + \frac{1}{2}x^2, \\ y' = x - 2y - \frac{1}{3}xy^2 \end{cases}$

［解］ 原点は平衡点で，ヤコビ行列は $A = \begin{bmatrix} 3 & -4 \\ 1 & -2 \end{bmatrix}$ で固有値は $2, -1$ であり，正と負の実数である．原点付近の線形化系の相図は図 B.19 で，もとの自励系の相図は図 B.20 である．

図 B.19 では，固有値 -1 に対する固有ベクトルに平行な直線 $y = x$ と固有値 2 に対する固有ベクトルに平行な直線 $4y = x$ が解軌道であり，直線 $y = x$ $(4y = x)$ は $t \to \infty$ $(-\infty)$ のとき原点に近づく．それ以外の解軌道は直線でなく，$t \to -\infty$ (∞) のとき直線 $y = x$ $(4y = x)$ を漸近線として相図の外に行ってしまう．

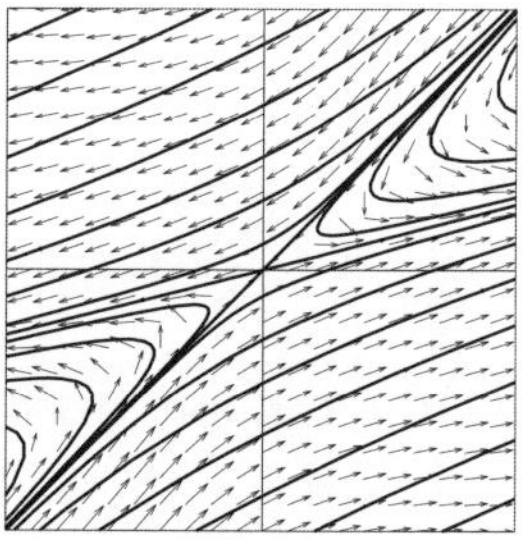

図 B.19

図 B.20 では，接点が原点に近づくとき，接線が直線 $y = x$ に平行になっていく解軌道と，接線が直線 $4y = x$ に平行になっていく解軌道が 1 つずつある．他のすべての解軌道は $t \to \pm\infty$ のとき原点に収束せず，原点に収束する 2 つの解軌道を漸近線として遠くに行ってしまうようにみえるが，非線形の場合は，平衡点から離れると非線形項の影響が強くなり，漸近線になっているか判断できない．□

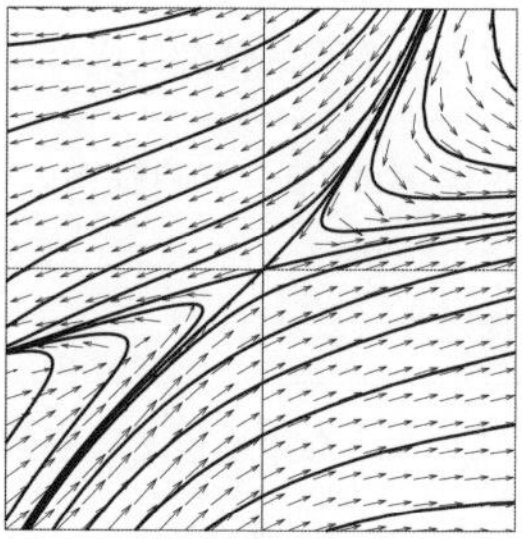

図 B.20

この例のように，平衡点におけるヤコビ行列の 2 つの固有値が異符号のとき，次の定理が成り立つ．

定理 B.5 2 次元自励系の平衡点 $\boldsymbol{x}_0$ におけるヤコビ行列の固有値が実数で異符号であれば，$\boldsymbol{x}_0$ における接線が負の固有値の固有ベクトルと平行になる曲線と正の固有

1) 非線形でヤコビ行列の固有値が純虚数であっても，閉軌道にならず平衡点に収束する例 B.15, B.16 があるので，非線形のときは中心点 (渦心点) といわない．

値の固有ベクトルと平行になる曲線が 1 つずつあり，それぞれを C_1 と C_2 とすれば $\boldsymbol{x}_0$ を除くと解軌道になり，$t \to \infty\,(-\infty)$ のとき，$C_1\ (C_2)$ の点は平衡点に収束し，C_1, C_2 以外の解軌道は $t \to \pm\infty$ のとき，平衡点に収束しない．

このような平衡点を線形系と同じように**鞍点**とよぶ．さらに，C_1 を**安定曲線**，C_2 を**不安定曲線**とよぶ．

(3)　ヘテロクリニック軌道とホモクリニック軌道

非線形自励系は平衡点が複数個あるのがあたりまえで，各々の平衡点におけるヤコビ行列より平衡点の近くの解軌道の様相が把握できる．さらに，相平面全体における解軌道の様相も知りたいが，ヤコビ行列の計算だけでなく CAS などを用いて相図を描いてみる．

平衡点の座標 (x_0, y_0) は連立方程式 (B.17) の解であり，それを (B.15) に代入すればヤコビ行列である．あらかじめ (B.15) の成分として偏導関数を計算しておくとよい．

例 B.11　$\begin{cases} x' = x + y - xy - x^3, \\ y' = 2x - xy - y^3 \end{cases}$

［解］ 平衡点の座標を求めると $x + y - xy - x^3 = 0,\ 2x - xy - y^3 = 0$ より

$$x - y + x^3 - y^3 = (x - y)(1 + x^2 + xy + y^2) = 0.$$

ここで，$1 + x^2 + xy + y^2 \geqq 1$ であるから，$x = y$．このとき

$$x + y - xy - x^3 = x + x - x^2 - x^3 = -x(x + 2)(x - 1) = 0$$

より $x = 0, -2, 1$．したがって，平衡点は $(0,0), (-2,-2), (1,1)$ の 3 点である．

$A = \begin{bmatrix} 1 - y - 3x^2 & 1 - x \\ 2 - y & -x - 3y^2 \end{bmatrix}$ に平衡点の座標を代入するとヤコビ行列になる．

$(0,0)$ に対しては $A = \begin{bmatrix} 1 & 1 \\ 2 & 0 \end{bmatrix}$ で，固有値は $-1, 2$ であるので鞍点．

$(-2,-2)$ に対しては $A = \begin{bmatrix} -9 & 3 \\ 4 & -10 \end{bmatrix}$ で，固有値は $-6, -13$ であるので安定結節点．

$(1,1)$ に対しては $A = \begin{bmatrix} -3 & 0 \\ 1 & -4 \end{bmatrix}$ で，固有値は $-3, -4$ であるので安定結節点．

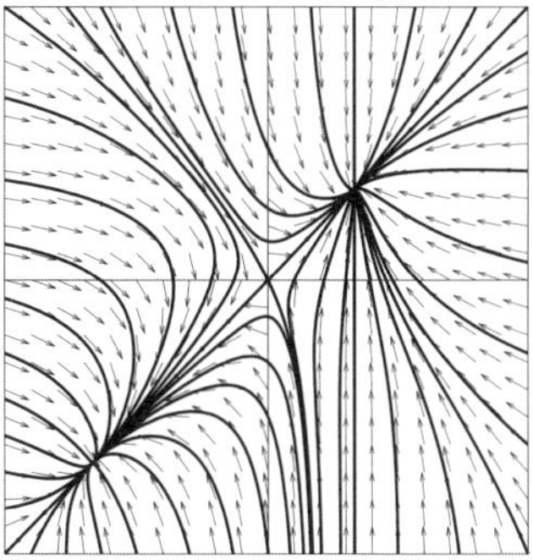

図 B.21

図 B.21 より，鞍点である原点の不安定曲線は $t \to \infty$ のとき他の 2 つの安定結節点である平衡点に近づくが，原点の安定曲線は，$t \to -\infty$ のとき相図の外に行ってしまう．

□

例 B.12
$$\begin{cases} x' = y + xy + y^2 \\ y' = -3x + 2y + xy \end{cases}$$

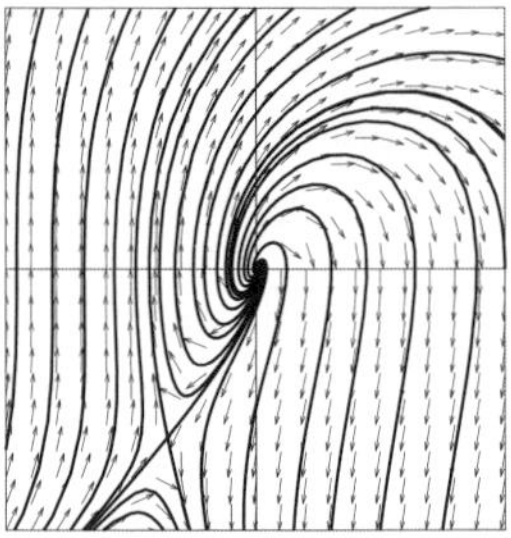

図 B.22

［解］ 平衡点の座標を求めると

$$y + xy + y^2 = 0 = y(1 + x + y) = 0$$

より $y = 0$，または $y = -1 - x$．

$y = 0$ のとき，$-3x = 0$ より $x = 0$．$y = -1 - x$ のとき，

$$-3x + 2(-1 - x) + x(-1 - x) = -x^2 - 6x - 2 = 0$$

より $x = -3 \pm \sqrt{7}, y = 2 \mp \sqrt{7}$．よって，平衡点は $(0,0), (-3 \pm \sqrt{7}, 2 \mp \sqrt{7})$ の 3 点である．

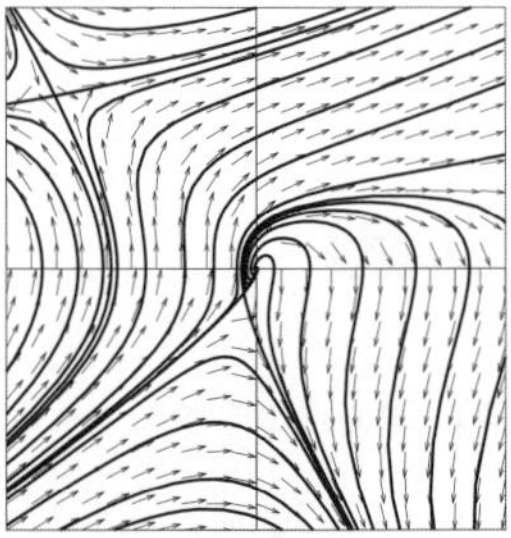

図 B.23

$A = \begin{bmatrix} y & 1 + x + 2y \\ -3 + y & 2 + x \end{bmatrix}$ に平衡点の座標を代入するとヤコビ行列になる．

$(0,0)$ に対しては $A = \begin{bmatrix} 0 & 1 \\ -3 & 2 \end{bmatrix}$ で，固有値は $1 \pm \sqrt{2}\,i$ であるので不安定焦点．$(-3 \pm \sqrt{7}, 2 \mp \sqrt{7})$ に対しては $A = \begin{bmatrix} 2 \mp \sqrt{7} & 2 \mp \sqrt{7} \\ -1 \mp \sqrt{7} & -1 \pm \sqrt{7} \end{bmatrix}$ で，固有値は $\lambda^2 - \lambda \pm 4\sqrt{7} - 14 = 0$ より $\left(1 \pm \sqrt{57 \mp 16\sqrt{7}}\right)/2$ $\left(\sqrt{57 - 16\sqrt{7}} = 3.829879\cdots\right)$ で，正と負の固有値が 1 つずつあるので鞍点である．

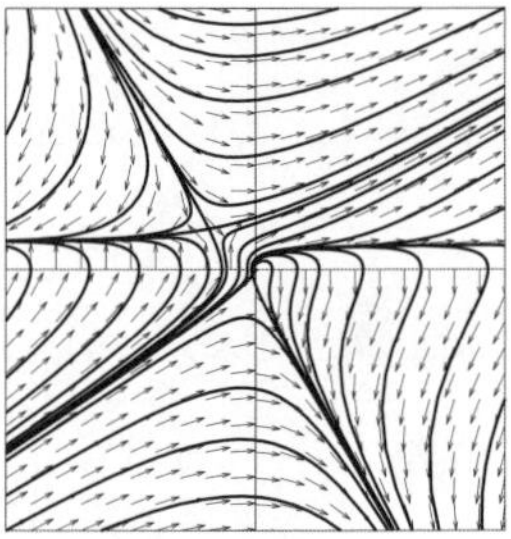

図 B.24

図 B.22 は，平衡点 $(0,0)$ と $(-3 + \sqrt{7}, 2 - \sqrt{7})$ を含んでおり，$(-3 + \sqrt{7}, 2 - \sqrt{7})$ は鞍点で，安定曲線の 1 つが $t \to -\infty$ のとき不安定焦点の $(0,0)$ に近づく．図 B.23 は，原点を中心に範囲を拡げて，もう 1 つの鞍点 $(-3 - \sqrt{7}, 2 + \sqrt{7})$ を含んでいる．この鞍点の安定曲線と不安定曲線は他の平衡点に近づかず，平衡点を結ぶ解軌道は図 B.22 で確認できるもの以外はなさそうである．もっと拡げると図 B.24 になり，$(-3 + \sqrt{7}, 2 - \sqrt{7})$ の 2 本の不安定曲線で仕切られた領域の解軌道は，$t \to -\infty$ のとき原点に旋回しながら近づき，$t \to \infty$ のとき 1 本の安定曲線以外は相図の外に行ってしまう．□

相図から，2つの平衡点を結ぶ解軌道を発見することがある．このような解軌道を**ヘテロクリニック軌道**とよぶ．それに対して同じ平衡点に戻ってくる解軌道を**ホモクリニック軌道**とよぶ．相図より，例B.11には2つの，例B.12には1つのヘテロクリニック軌道が確認でき，両方にホモクリニック軌道は確認できない．

●問 **B.1**　次の微分方程式の平衡点をすべて求め，ヤコビ行列の固有値を求めよ．

(1)　$x' = 2x + y - 3x^2y, \quad y' = x + 2y - 3xy^2$

(2)　$x' = x + 3y - 6xy + 2x^3, \quad y' = 3x + y - 6xy + 2x^2y$

(4)　ハミルトン系

自励系 (B.3) の f, g が

$$f(x, y) = \frac{\partial H}{\partial y}(x, y), \qquad g(x, y) = -\frac{\partial H}{\partial x}(x, y) \tag{B.20}$$

をみたすような2変数関数 $H(x, y)$ が存在するとき，この自励系を**ハミルトン** (Hamilton) **系**，$H(x, y)$ を**ハミルトン関数**とよぶ．平衡点は関数 $H(x, y)$ の停留点[1]でもある．そこで鞍点[2]であれば自励系としても鞍点である．ハミルトン系には次の定理が成り立つ．

定理 B.6　ハミルトン関数を $H(x, y)$ とするハミルトン系の解軌道は，C を定数として $H(x, y) = C$ で表せる．

［証明］ H を解軌道に沿って微分すれば

$$\begin{aligned} \frac{d}{dt}H(x(t), y(t)) &= \frac{\partial H}{\partial x}(x, y)\frac{dx}{dt} + \frac{\partial H}{\partial y}(x, y)\frac{dy}{dt} \\ &= \frac{\partial H}{\partial x}(x, y)\frac{\partial H}{\partial y}(x, y) - \frac{\partial H}{\partial y}(x, y)\frac{\partial H}{\partial x}(x, y) = 0 \end{aligned}$$

になるので，H は解軌道に沿って定数である．□

定理 B.7　ハミルトン系の双曲型平衡点は鞍点だけである．

［証明］ ハミルトン関数を H とすれば，ヤコビ行列は $\begin{bmatrix} H_{xy} & H_{yy} \\ -H_{xx} & H_{yx} \end{bmatrix}$ となり，

$$\begin{vmatrix} \lambda - H_{xy} & -H_{yy} \\ H_{xx} & \lambda + H_{yx} \end{vmatrix} = \lambda^2 - (H_{xy}^2 - H_{xx}H_{yy}) = 0$$

1)　「微分積分」([14]) p.113 をみよ．

2)　「微分積分」([14]) p.115 をみよ．

が固有方程式である．よって，固有値は $\lambda = \pm\sqrt{H_{xy}^2 - H_{xx}H_{yy}}$ となる．$H_{xy}^2 - H_{xx}H_{yy} > 0$ のとき，λ は実数で正と負なので鞍点である．$H_{xy}^2 - H_{xx}H_{yy} \leqq 0$ のとき，λ の実部が 0 であるから平衡点は双曲型でない．□

前項でホモクリニック軌道の例は紹介しなかったが，ハミルトン系には**ホモクリニック軌道**が存在することがある．

例 B.13 $H(x,y) = \dfrac{x^4}{4} - \dfrac{x^2}{2} + \dfrac{y^2}{2}$

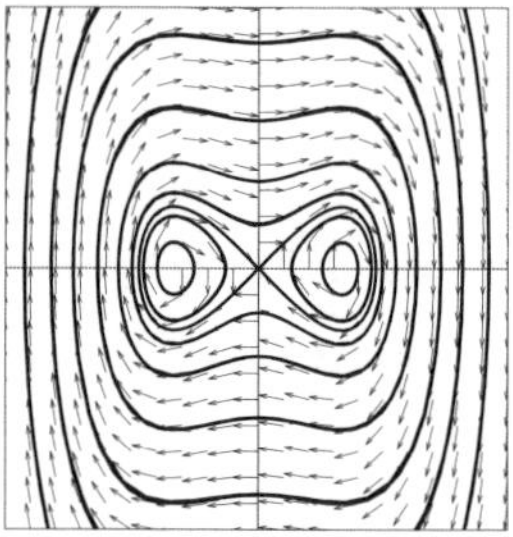

図 B.25

［解］ ハミルトン系は $\begin{cases} x' = y, \\ y' = -x^3 + x \end{cases}$ であり，平衡点は原点と $(\pm 1, 0)$ の 3 点であるが，原点以外は双曲型でない．原点は鞍点で，安定曲線と不安定曲線は曲線 $H(x,y) = 0$ と重なる．この曲線に他の平衡点はないので，安定曲線は $t \to -\infty$ のとき原点に収束するしかなく，ホモクリニック軌道である (図 B.25)．なお，平衡点 $(\pm 1, 0)$ におけるヤコビ行列の固有値は $\pm\sqrt{2}\,i$ の純虚数であるが，平衡点のまわりを旋回する閉軌道がある．□

B.2 安定性とリアプノフ関数

2 次元自励系の相図を描くと，解軌道が平衡点に収束したり，相図の外に行く様子がみえるが，非線形の場合は解を具体的な関数で表せないので，図を描くだけでは証明にならない．本節で平衡点における安定性を定義し，判定の方法を解説する．

B.2.1 漸近安定性と安定性・不安定性

2 次元自励系の平衡点におけるヤコビ行列の固有値の実部が 2 つとも負であれば，$t \to \infty$ のとき解軌道が平衡点に近づくことを相図を描いて確認した．この現象を以下の定義で定式化する．ここで，ベクトル $\boldsymbol{x}$ のノルム (大きさ) を $\|\boldsymbol{x}\|$ で表す．

定義 B.3 自励系 $\boldsymbol{x}' = \boldsymbol{f}(\boldsymbol{x})$ に対して $\boldsymbol{x}_0$ を平衡点として，自励系の解 $\boldsymbol{x}(t)$ が

$$\|\boldsymbol{x}(0) - \boldsymbol{x}_0\| < \delta \text{ であれば } \lim_{t\to\infty} \boldsymbol{x}(t) = \boldsymbol{x}_0 \tag{B.21}$$

となる $\delta > 0$ が存在するとき，平衡点 $\boldsymbol{x}_0$ において**漸近安定**であるいう．

線形系では，$\boldsymbol{x}_0 = \boldsymbol{o}$ でヤコビ行列の固有値の実部が 2 つとも負のとき，第 8 章の解を具体的な関数で表すことにより，$\boldsymbol{x}(0)$ がどんなに原点から離れていても $t \to \infty$

のとき $\boldsymbol{x}(t) \to \boldsymbol{o}$ であるから $\delta = \infty$ としてよい．非線形自励系は平衡点から離れると非線形項の影響が強くなるので，δ を有限値である程度小さくせざるをえない．

定義 B.4　$\boldsymbol{x}_0$ を自励系 $\boldsymbol{x}' = \boldsymbol{f}(\boldsymbol{x})$ の平衡点として，任意の $\varepsilon > 0$ に対して

$$\|\boldsymbol{x}(0) - \boldsymbol{x}_0\| < \delta \text{ ならば } \|\boldsymbol{x}(t) - \boldsymbol{x}_0\| < \varepsilon \tag{B.22}$$

となるような $\delta > 0$ が存在するとき，$\boldsymbol{x}_0$ において**安定**という．また安定でないとき**不安定**という．

線形系でヤコビ行列の固有値が純虚数の場合の解軌道は閉軌道で，$t \to \infty$ のとき $\|\boldsymbol{x}(t)\|$ は 0 に収束しないし，∞ に発散もしない．この状態では原点において漸近安定でないが，$\boldsymbol{x}(0)$ が原点の近くであれば解軌道も原点に近いところで留まる．図 B.12 をみてわかるように，解軌道は相似な楕円周で，長径と短径の比を C とすると，ε に対して $\delta = \varepsilon/C$ とすれば (B.22) が成り立つので，原点で安定である．

B.2.2　2 次元双曲型平衡点における漸近安定性

非線形系の平衡点における安定性を調べるとき，自励系を (B.19) に変形し，座標軸を平行移動することにより平衡点を原点にできるので，$\boldsymbol{x}_0 = \boldsymbol{o}$ とした

$$\boldsymbol{x}' = A\boldsymbol{x} + \boldsymbol{r}(\boldsymbol{x}) \tag{B.23}$$

に直す．ヤコビ行列は A で，正則行列 P に対して

$$\left(P^{-1}\boldsymbol{x}\right)' = P^{-1}AP\left(P^{-1}\boldsymbol{x}\right) + P^{-1}\boldsymbol{r}\left(P\left(P^{-1}\boldsymbol{x}\right)\right)$$

になり，$P^{-1}\boldsymbol{x}$ を解とする自励系になる．定義 B.3 と B.4 に関しては 1 次変換しても変わらない性質で，2 次元であれば，前節で述べたように $P^{-1}AP$ を (B.5) の 3 つのタイプに分類できる．

非線形項の $\boldsymbol{r}(\boldsymbol{x})$ に関しては

$$\|\boldsymbol{r}(\boldsymbol{x})\| \leqq C\|\boldsymbol{x}\|^2 \tag{B.24}$$

をみたす正の定数 C が存在する．1 次変換後に $P^{-1}\boldsymbol{x}(t)$ を $\boldsymbol{x}(t)$ に代え，非線形項は $P^{-1}\boldsymbol{r}(P\boldsymbol{x})$ から $\boldsymbol{r}(\boldsymbol{x})$ に代えるが，(B.24) をみたすことは変わらない．したがって，1 次変換でヤコビ行列 A を (B.5) のような形にして，$\boldsymbol{r}(\boldsymbol{x})$ は (B.24) をみたすと仮定して，漸近安定性を示していく．

$\boldsymbol{x}(t) \to \boldsymbol{o}$ は $\|\boldsymbol{x}(t)\| \to 0$ をいえばよい．$\boldsymbol{x}$ と $\boldsymbol{y}$ の内積を $(\boldsymbol{x}, \boldsymbol{y})$ で表せば，$\|\boldsymbol{x}\|^2 = (\boldsymbol{x}, \boldsymbol{x})$ となる．

定理 B.8　平衡点 $\boldsymbol{x}_0$ における自励系のヤコビ行列のすべての固有値の実部が負であれば，$\boldsymbol{x}_0$ において自励系は漸近安定である．

[証明] 平衡点を原点として，自励系を (B.23) で表し，相平面の 1 次変換により，行列 A を (B.5) の 3 つのタイプのいずれかとする．

(1) $A = \begin{bmatrix} \alpha & 0 \\ 0 & \beta \end{bmatrix}$ で $\alpha < 0, \beta < 0$ とする．(B.23) の解[1]を $\boldsymbol{x}(t)$ で表せば

$$\left(\|\boldsymbol{x}(t)\|^2\right)' = (\boldsymbol{x}(t), \boldsymbol{x}(t))' = 2\left(\boldsymbol{x}'(t), \boldsymbol{x}(t)\right)$$
$$= 2\left(A\boldsymbol{x}(t), \boldsymbol{x}(t)\right) + 2\left(\boldsymbol{r}\left(\boldsymbol{x}(t)\right), \boldsymbol{x}(t)\right). \tag{B.25}$$

$\rho = \min(-\alpha, -\beta)$ とすれば，$\rho > 0$ で

$$(A\boldsymbol{x}(t), \boldsymbol{x}(t)) = \alpha x(t)^2 + \beta y(t)^2 \leqq -\rho(x(t)^2 + y(t)^2) = -\rho\|\boldsymbol{x}(t)\|^2. \tag{B.26}$$

したがって，(B.24)∼(B.26) より

$$\left(\|\boldsymbol{x}(t)\|^2\right)' \leqq -2\rho\|\boldsymbol{x}(t)\|^2 + 2C\|\boldsymbol{x}(t)\|^3 = 2\|\boldsymbol{x}(t)\|^2\left(C\|\boldsymbol{x}(t)\| - \rho\right).$$

$0 < \widetilde{\rho} < \rho$ になるように $\widetilde{\rho}$ を選べば

$$\left(e^{2\widetilde{\rho}t}\|\boldsymbol{x}(t)\|^2\right)' = e^{2\widetilde{\rho}t}\left(\|\boldsymbol{x}(t)\|^2\right)' + 2\widetilde{\rho}e^{2\widetilde{\rho}t}\|\boldsymbol{x}(t)\|^2$$
$$\leqq 2e^{2\widetilde{\rho}t}\|\boldsymbol{x}(t)\|^2\left(C\|\boldsymbol{x}(t)\| - \rho\right) + 2\widetilde{\rho}e^{2\widetilde{\rho}t}\|\boldsymbol{x}(t)\|^2$$
$$= 2e^{2\widetilde{\rho}t}\|\boldsymbol{x}(t)\|^2\left(C\|\boldsymbol{x}(t)\| - \rho + \widetilde{\rho}\right). \tag{B.27}$$

$\boldsymbol{x}(0)$ を

$$C\|\boldsymbol{x}(0)\| - \rho + \widetilde{\rho} < 0 \tag{B.28}$$

をみたすように選べば，$t = 0$ のとき

$$\left(e^{2\widetilde{\rho}t}\|\boldsymbol{x}(t)\|^2\right)' < 0 \tag{B.29}$$

となるが，t を大きくしていくとき

$$\left(e^{2\widetilde{\rho}t}\|\boldsymbol{x}(t)\|^2\right)' = 0 \tag{B.30}$$

をみたす t が存在すると仮定して，(B.30) になる最小の t を t_0 にすれば，$0 < t < t_0$ のとき (B.29) である．ゆえに，$e^{2\widetilde{\rho}t}\|\boldsymbol{x}(t)\|^2$ は単調減少で，さらに $e^{\widetilde{\rho}t}$ は単調増加であるから $\|\boldsymbol{x}(t)\|$ は単調減少である．したがって，$t = t_0$ のとき $C\|\boldsymbol{x}(t)\| - \rho + \widetilde{\rho} < 0$ になり，(B.27) より $\left(e^{2\widetilde{\rho}t}\|\boldsymbol{x}(t)\|^2\right)' < 0$ であるので (B.30) と矛盾する．結局，(B.30) にならないので $e^{2\widetilde{\rho}t}\|\boldsymbol{x}(t)\|^2$ は常に単調減少で

$$e^{2\widetilde{\rho}t}\|\boldsymbol{x}(t)\|^2 \leqq \|\boldsymbol{x}(0)\|^2 \tag{B.31}$$

になる．$\delta = (\rho - \widetilde{\rho})/C$ として $\|\boldsymbol{x}(0)\| < \delta$ のとき (B.28) をみたすので，(B.31) から (B.21) が成り立つ．

---

1) 解の一意存在性は認めている．証明については，例えば [10] を参照せよ．

(2) $A = \begin{bmatrix} \alpha & 1 \\ 0 & \alpha \end{bmatrix}$ で $\alpha < 0$ とする．$\epsilon > 0$ として $P = \begin{bmatrix} 1 & 0 \\ 0 & \epsilon \end{bmatrix}$ とおけば

$$P^{-1}AP = \begin{bmatrix} \alpha & \epsilon \\ 0 & \alpha \end{bmatrix}$$

になる．したがって，$A = \begin{bmatrix} \alpha & \epsilon \\ 0 & \alpha \end{bmatrix}$ に代えると解軌道は 1 次変換されるが，漸近安定性は変わらない．このとき

$$\begin{aligned}(A\boldsymbol{x}(t), \boldsymbol{x}(t)) &= (\alpha x(t) + \epsilon y(t))\, x(t) + \alpha y(t)^2 \\ &= \alpha \|\boldsymbol{x}(t)\|^2 + \epsilon x(t) y(t) \leqq \alpha \|\boldsymbol{x}(t)\|^2 + \frac{\epsilon}{2} \|\boldsymbol{x}(t)\|^2\end{aligned}$$

になるので，$\rho = -\alpha - \epsilon/2$ として，$\rho > 0$ になるように ϵ を十分小さくすれば，(B.26) と同様な不等式を得るので，あとは (B.27) からの議論を繰り返せば漸近安定であることが示せる．

(3) $A = \begin{bmatrix} \mu & \nu \\ -\nu & \mu \end{bmatrix}$ で $\mu < 0$ とする．このとき，

$$\begin{aligned}(A\boldsymbol{x}(t), \boldsymbol{x}(t)) &= (\mu x(t) + \nu y(t))\, x(t) + (-\nu x(t) + \mu y(t))\, y(t) \\ &= \mu \|\boldsymbol{x}(t)\|^2. \qquad \text{(B.32)}\end{aligned}$$

$\mu < 0$ なので，$\rho = -\mu$ として (B.27) からの議論を繰り返せば，漸近安定であることが示せる．□

B.2.3 2 次元双曲型平衡点における不安定性

自励系のヤコビ行列の固有値の実部が正の場合は漸近安定性が成り立たないだけでなく，以下の定理より不安定になる．

> **定理 B.9** 平衡点 $\boldsymbol{x}_0$ における自励系のヤコビ行列のすべての固有値の実部が正であれば，$\delta > 0$ があり，$0 < \|\boldsymbol{x}(0) - \boldsymbol{x}_0\| < \delta$ をみたすすべての解軌道 $\boldsymbol{x}(t)$ に対して，$\|\boldsymbol{x}(t) - \boldsymbol{x}_0\| \geqq \delta$ になる $t > 0$ が存在する．

［証明］ 平衡点を原点として，自励系を (B.23) で表し，定理 B.8 の証明のように，行列 A を (B.5) の 3 つのタイプのいずれかとする．

(1) $A = \begin{bmatrix} \alpha & 0 \\ 0 & \beta \end{bmatrix}$ で $\alpha > 0, \beta > 0$ とする．$\rho = \min(\alpha, \beta)$ とすれば，$\rho > 0$ で

$$(A\boldsymbol{x}(t), \boldsymbol{x}(t)) = \alpha x(t)^2 + \beta y(t)^2 \geqq \rho(x(t)^2 + y(t)^2) = \rho \|\boldsymbol{x}(t)\|^2. \qquad \text{(B.33)}$$

(B.24), (B.25), (B.33) より

$$\left(\|\boldsymbol{x}(t)\|^2\right)' \geqq 2\rho\|\boldsymbol{x}(t)\|^2 - 2C\|\boldsymbol{x}\|^3 = 2\|\boldsymbol{x}(t)\|^2\left(\rho - C\|\boldsymbol{x}(t)\|\right). \tag{B.34}$$

$0 < \widetilde{\rho} < \rho$ になるように $\widetilde{\rho}$ を選べば

$$\begin{aligned}\left(e^{-2\widetilde{\rho}t}\|\boldsymbol{x}(t)\|^2\right)' &= e^{-2\widetilde{\rho}t}\left(\|\boldsymbol{x}(t)\|^2\right)' - 2\widetilde{\rho}e^{-2\widetilde{\rho}t}\|\boldsymbol{x}(t)\|^2 \\ &\geqq 2e^{-2\widetilde{\rho}t}\|\boldsymbol{x}(t)\|^2\left(\rho - C\|\boldsymbol{x}(t)\|\right) - 2\widetilde{\rho}e^{-2\widetilde{\rho}t}\|\boldsymbol{x}(t)\|^2 \\ &= 2e^{-2\widetilde{\rho}t}\|\boldsymbol{x}(t)\|^2\left(\rho - \widetilde{\rho} - C\|\boldsymbol{x}(t)\|\right). \end{aligned} \tag{B.35}$$

$\delta = (\rho - \widetilde{\rho})/C$ とすれば，$\boldsymbol{x}(0) \neq \boldsymbol{o}$ で $\|\boldsymbol{x}(0)\| < \delta$ のとき (B.35) より $\|\boldsymbol{x}(t)\| = \delta$ になるまで $e^{-2\widetilde{\rho}t}\|\boldsymbol{x}(t)\|^2$ は単調増加であるから

$$\|\boldsymbol{x}(t)\|^2 \geqq e^{2\widetilde{\rho}t}\|\boldsymbol{x}(0)\|^2.$$

したがって，$\|\boldsymbol{x}(0)\|$ がいくら小さくても 0 でなければ，t が十分大きいとき $\|\boldsymbol{x}(t)\| \geqq \delta$ になる．

(2) $A = \begin{bmatrix}\alpha & 1 \\ 0 & \alpha\end{bmatrix}$ で $\alpha > 0$ とする．定理 B.8 の証明で述べたように，A を相似な行列 $\begin{bmatrix}\alpha & \epsilon \\ 0 & \alpha\end{bmatrix}$ $(\epsilon > 0)$ に代えると，解軌道は 1 次変換されるが，安定性は変わらない．このとき，

$$(A\boldsymbol{x}(t), \boldsymbol{x}(t)) = \alpha\|\boldsymbol{x}(t)\|^2 + \epsilon x(t)y(t) \geqq \alpha\|\boldsymbol{x}(t)\|^2 - \frac{\epsilon}{2}\|\boldsymbol{x}(t)\|^2$$

になるので，$\rho = \alpha - \epsilon/2$ として $\rho > 0$ になるように ϵ を十分小さくすれば (B.34) が成り立ち，(B.35) 以降の議論を繰り返せば同様の結果を得る．

(3) $A = \begin{bmatrix}\mu & \nu \\ -\nu & \mu\end{bmatrix}$ で $\mu > 0$ とする．このとき (B.32) が成り立つので，$\rho = \mu$ として (B.34) からの議論を繰り返せば，同様の結果を得る．□

定理 B.9 より，$\boldsymbol{x}(0)$ はどんなに平衡点 $\boldsymbol{x}_0$ に近い位置であっても，ヤコビ行列の固有値の実部が 2 つとも正であれば $\boldsymbol{x}(t)$ が $\boldsymbol{x}_0$ から一定の距離以上に離れていくことがあるので，安定でない，つまり不安定である．

平衡点が鞍点の場合，例えば図 B.20 では，相平面に安定曲線があり，$\boldsymbol{x}(0)$ がその上になければ $\boldsymbol{x}(t)$ は必ず平衡点から離れていくことがわかる．一般の鞍点でも同様な現象が起こることを証明するのは難しいので[1)]，ここでは，不安定性が導ける次の定理を紹介する．

1) 例えば [9] を参照せよ．

定理 B.10 平衡点 $\boldsymbol{x}_0$ における自励系のヤコビ行列に正と負の固有値が 1 つずつあれば, $\delta > 0$ があり, 任意の $\varepsilon > 0$ に対して $0 < \|\boldsymbol{x}(0) - \boldsymbol{x}_0\| < \varepsilon$ で, $\|\boldsymbol{x}(t) - \boldsymbol{x}_0\| \geqq \delta$ をみたす $t > 0$ が存在するような解軌道 $\boldsymbol{x}(t)$ が存在する.

[証明] 1 次変換により $A = \begin{bmatrix} \alpha & 0 \\ 0 & \beta \end{bmatrix}$ で $\alpha > 0, \beta < 0$ とする. $\rho = \min(\alpha, -\beta)$ として, $\|\boldsymbol{x}\|^2$ の代わりに $H(\boldsymbol{x}) = x^2 - y^2$ に解 $\boldsymbol{x}(t)$ を代入して t で微分する. このとき $\boldsymbol{x}(t)$ に対して $\widetilde{\boldsymbol{x}}(t) = \begin{bmatrix} x(t) \\ -y(t) \end{bmatrix}$ とすれば, (B.24) より

$$\begin{aligned}(H(\boldsymbol{x}(t)))' &= 2x(t)x'(t) - 2y(t)y'(t) \\ &= 2\alpha x(t)^2 - 2\beta y(t)^2 + 2\left(\widetilde{\boldsymbol{x}}(t), \boldsymbol{r}(\boldsymbol{x}(t))\right) \\ &\geqq 2\|\boldsymbol{x}(t)\|^2(\rho - C\|\boldsymbol{x}(t)\|).\end{aligned}$$

したがって, $0 < \widetilde{\rho} < \rho$ になるように $\widetilde{\rho}$ を選べば

$$\begin{aligned}\left(e^{-2\widetilde{\rho}t}H(\boldsymbol{x}(t))\right)' &= e^{-2\widetilde{\rho}t}\left(H(\boldsymbol{x}(t))' - 2\widetilde{\rho}e^{-2\widetilde{\rho}t}H(\boldsymbol{x}(t)\right) \\ &\geqq 2e^{-2\widetilde{\rho}t}\|\boldsymbol{x}(t)\|^2\left(\rho - C\|\boldsymbol{x}(t)\|\right) - 2\widetilde{\rho}e^{-2\widetilde{\rho}t}\|\boldsymbol{x}(t)\|^2 \\ &= 2e^{-2\widetilde{\rho}t}\|\boldsymbol{x}(t)\|^2\left(\rho - \widetilde{\rho} - C\|\boldsymbol{x}(t)\|\right). \end{aligned} \tag{B.36}$$

$\delta = (\rho - \widetilde{\rho})/C$ とすれば, $H(x(0)) > 0$ で $\|\boldsymbol{x}(0)\| < \delta$ のとき, (B.36) より $\|\boldsymbol{x}(t)\| = \delta$ になるまで $e^{-2\widetilde{\rho}t}H\left(\boldsymbol{x}(t)\right)$ は単調増加であるから

$$\|\boldsymbol{x}(t)\|^2 \geqq H(\boldsymbol{x}(t)) \geqq e^{2\widetilde{\rho}t}H(\boldsymbol{x}(0)).$$

したがって, $\|\boldsymbol{x}(0)\|$ がいくら小さくても $H\left(\boldsymbol{x}(0)\right) > 0$ [1]であれば, t が十分大きいとき $\|\boldsymbol{x}(t)\| \geqq \delta$ になる. □

●**問 B.2** 次の微分方程式の平衡点をすべて求め, 漸近安定または不安定であるかを判定せよ (ヤコビ行列の固有値が 0 を含む場合は安定性の判定をしなくてよい).

(1) $x' = x - y - y^2, \quad y' = x + 2y - 2xy$

(2) $x' = y - x^2, \quad y' = -2x - y + 2x^3 + x^2y$

B.2.4 リアプノフ関数

$V(\boldsymbol{x})$ は $\mathbb{R}^n$ 上の連続関数で自励系 $\boldsymbol{x}' = \boldsymbol{f}(\boldsymbol{x})$ の平衡点の $\boldsymbol{x}_0$ 以外で微分可能であるとする. 以下の条件をみたすとき V は**正定値**であるという.

---

1) 不安定結節点であれば $H\left(\boldsymbol{x}(0)\right) \leqq 0$ でもよい.

(1) $\boldsymbol{x} \neq \boldsymbol{x}_0$ のとき $V(\boldsymbol{x}) > 0$,

(2) $V(\boldsymbol{x}_0) = 0$.

さらに，$\boldsymbol{f}$ の第 i 成分を f_i で表し，正定値の $V(\boldsymbol{x})$ が

(3) $\dfrac{\partial V}{\partial x_1}(\boldsymbol{x})f_1(\boldsymbol{x}) + \cdots + \dfrac{\partial V}{\partial x_n}(\boldsymbol{x})f_n(\boldsymbol{x}) \leqq 0$

をみたすとき，$V(\boldsymbol{x})$ を**リアプノフ (Lyapunov) 関数**という．

ヤコビ行列でなく，**リアプノフの定理**により平衡点の安定性が導けることがある．

定理 B.11 (リアプノフの定理 (その 1)) 平衡点 $\boldsymbol{x}_0$ に対して，(3) をみたす正定値な関数 $V(\boldsymbol{x})$ が存在すれば，自励系は $\boldsymbol{x}_0$ で安定である．

［証明］ (1), (2) より，$c > 0$ に対する曲面 $V(\boldsymbol{x}) = c$ の内部に $\boldsymbol{x}_0$ を含み，$c \to +0$ のとき $V(\boldsymbol{x}) = c$ は 1 点 $\boldsymbol{x}_0$ に収縮してしまう．任意の $\varepsilon > 0$ に対して

$$V(\boldsymbol{x}) < c \quad \text{ならば} \quad \|\boldsymbol{x} - \boldsymbol{x}_0\| < \varepsilon$$

となるように $c > 0$ を選び，さらに

$$\|\boldsymbol{x} - \boldsymbol{x}_0\| < \delta \quad \text{ならば} \quad V(\boldsymbol{x}) < c$$

となるように $\delta > 0$ を選ぶ.

自励系の解の初期値 $\boldsymbol{x}(0)$ が $\|\boldsymbol{x}(0) - \boldsymbol{x}_0\| < \delta$ ならば，$V(\boldsymbol{x}(0)) < c$ である．関数 $V(\boldsymbol{x})$ を解軌道 $\boldsymbol{x}(t)$ に沿って微分すると

$$\frac{dV}{dt}(\boldsymbol{x}(t)) = \frac{\partial V}{\partial x_1}(\boldsymbol{x})\frac{dx_1}{dt} + \cdots + \frac{\partial V}{\partial x_n}(\boldsymbol{x})\frac{dx_n}{dt}$$

になるが，解の導関数の成分 $\dfrac{dx_i}{dt}$ は $f_i(\boldsymbol{x})$ に置き換わり，(3) より $\dfrac{dV}{dt} \leqq 0$ になるので

$$V(\boldsymbol{x}(t)) \leqq V(\boldsymbol{x}(0)) < c$$

である．よって，$\|\boldsymbol{x}(t) - \boldsymbol{x}_0\| < \varepsilon$ となり，$\boldsymbol{x}_0$ において安定である．□

上記の (3) をやや強めた条件

(3)′ $\boldsymbol{x} \neq \boldsymbol{x}_0$ のとき $\dfrac{\partial V}{\partial x_1}(\boldsymbol{x})f_1(\boldsymbol{x}) + \cdots + \dfrac{\partial V}{\partial x_n}(\boldsymbol{x})f_n(\boldsymbol{x}) < 0$

を用意し，リアプノフ関数が (3)′ をみたすとする．

定理 B.12 (リアプノフの定理 (その 2)) 平衡点 $\boldsymbol{x}_0$ に対して (3)′ をみたす正定値な関数 $V(\boldsymbol{x})$ が存在すれば，自励系は $\boldsymbol{x}_0$ で漸近安定である．

［証明］ $(3)'$ ならば (3) をみたすので $\boldsymbol{x}_0$ において安定であるから，$\boldsymbol{x}(0)$ が $\boldsymbol{x}_0$ に十分近ければ $t \to \infty$ のとき $\|\boldsymbol{x}(t) - \boldsymbol{x}_0\|$ は発散しない．もし $\boldsymbol{x}(t)$ が $\boldsymbol{x}_0$ に収束しなければ，発散する数列 $\{t_n\}$ を適当に選ぶと $\{\boldsymbol{x}(t_n)\}$ は $\boldsymbol{x}_0$ と異なる点 $\boldsymbol{x}_1$ に収束する[1)]．このとき，V は連続関数であるから $\{V(\boldsymbol{x}(t_n))\}$ は $V(\boldsymbol{x}_1)$ に収束するが，$(3)'$ より $V(\boldsymbol{x}(t))$ は単調減少なので，任意の t に対して $t_k \leqq t \leqq t_{k+1}$ になるように k を選ぶと

$$V(\boldsymbol{x}(t_k)) \geqq V(\boldsymbol{x}(t)) \geqq V(\boldsymbol{x}(t_{k+1})).$$

$t \to \infty$ のとき $k \to \infty$ になるので $V(\boldsymbol{x}(t))$ は収束し，極限値は $\lim_{n\to\infty} V(\boldsymbol{x}(t_n))$ に等しいので

$$\lim_{t\to\infty} V(\boldsymbol{x}(t)) = \lim_{n\to\infty} V(\boldsymbol{x}(t_n)) = V(\boldsymbol{x}_1)$$

を得る．ここで，$(3)'$ より $V(\boldsymbol{x}(t))$ は単調減少で $t \to \infty$ のとき収束するから

$$\lim_{t\to\infty} \frac{dV}{dt}(\boldsymbol{x}(t)) = 0 \tag{B.37}$$

になるが[2)]，$\boldsymbol{x}_1 \neq \boldsymbol{x}_0$ なので $(3)'$ より

$$\begin{aligned}
&\lim_{n\to\infty} \frac{dV}{dt}(\boldsymbol{x}(t_n)) \\
&\quad = \lim_{n\to\infty} \left(\frac{\partial V}{\partial x_1}(\boldsymbol{x}(t_n))\, f_1(\boldsymbol{x}(t_n)) + \cdots + \frac{\partial V}{\partial x_n}(\boldsymbol{x}(t_n))\, f_n(\boldsymbol{x}(t_n)) \right) \\
&\quad = \frac{\partial V}{\partial x_1}(\boldsymbol{x}_1) f_1(\boldsymbol{x}_1) + \cdots + \frac{\partial V}{\partial x_n}(\boldsymbol{x}_1) f_n(\boldsymbol{x}_1) < 0.
\end{aligned} \tag{B.38}$$

(B.37) と (B.38) は矛盾なので，$\boldsymbol{x}_0$ において漸近安定である．□

漸近安定の定義 B.3 において δ は正であると述べているが，$\boldsymbol{x}(0)$ が “平衡点 $\boldsymbol{x}_0$ に十分近い” とき $\lim_{t\to\infty} \boldsymbol{x}(t) = \boldsymbol{x}_0$ だけで，$\boldsymbol{x}(0)$ がどの程度 $\boldsymbol{x}_0$ から離れてよいかはわからない．もし，定数 $c > 0$ に対して領域 $D_c = \{\boldsymbol{x} \mid V(\boldsymbol{x}) < c\}$ が有界で，D_c のすべての点で $(3)'$ が成立している場合，$V(\boldsymbol{x}(0)) < c$ であれば解軌道は有界領域 D_c に留まっており，定理 B.12 の証明における議論を振り返ると $\lim_{t\to\infty} \boldsymbol{x}(t) = \boldsymbol{x}_0$ となる．特に $\mathbb{R}^n$ 全体で $(3)'$ が成立して $\|\boldsymbol{x}\| \to \infty$ のとき $V(\boldsymbol{x}) \to \infty$ であれば，すべての $c > 0$ のとき D_c は有界で，すべての点 $\boldsymbol{x}$ に対して，c を十分大きくとれば $\boldsymbol{x} \in D_c$ であるから，$\boldsymbol{x}(0)$ がどこにあっても $\boldsymbol{x}(0) \in D_c$ になる c はあるので，$\boldsymbol{x}(t)$ は必ず $\boldsymbol{x}_0$ に収束する．

---

1) $\boldsymbol{x}_0$ から一定の距離以上離れた点が無限個あることから，ボルツァーノ–ワイエルシュトラス (Bolzano-Weierstrass) の定理 (例えば [10] を参照) を適用する．

2) 単調減少で $-\infty$ に発散しない関数のグラフの傾きが 0 になっていくことより理解できる．

例 B.14　$\begin{cases} x' = -ax + bxy^2, \\ y' = -cy + dx^2y \end{cases}$　(a, b, c, d は正の定数)

［解］ 平衡点は $(0,0)$，$(\pm\sqrt{c/d}, \pm\sqrt{a/b})$ (符号の選び方は自由) の 5 点である．ヤコビ行列の固有値を計算すれば，原点 $(0,0)$ は安定結節点であり，他の 4 点は鞍点であることがわかる．リアプノフ関数を

$$V(x,y) = \frac{d}{c}x^2 + \frac{b}{a}y^2$$

とすれば，解軌道に沿った微分は，原点でない (x,y) が原点の近くでは

$$\frac{dV}{dt}(x,y) = -\frac{2d}{c}x^2(a - by^2) - \frac{2b}{a}y^2(c - dx^2) < 0 \tag{B.39}$$

になり，原点で 0 になるので，定理 B.11 より原点で漸近安定がわかる．リアプノフ関数を用いて $V(x,y) < C$ で定まる領域において，原点以外で (B.39) が成り立てば解軌道は原点に収束するので，そのような定数 C の最大値を求めていく．

$$X = \frac{d}{c}x^2, \qquad Y = \frac{b}{a}y^2 \tag{B.40}$$

と変数変換すれば，V，$\dfrac{dV}{dt}$ が変数 X, Y の関数

$$V(x,y) = X + Y,$$

$$\frac{dV}{dt}(x,y) = -2X(a - aY) - 2Y(c - cX) = -2aX - 2cY + 2(a+c)XY$$

で表せる．定数 C に対して

$$V(x,y) = X + Y = C \tag{B.41}$$

のときの $\dfrac{dV}{dt}$ の極値を求める．

$$U(X, Y, \lambda) = -2aX - 2cY + 2(a+c)XY - \lambda(X + Y - C)$$

とすれば，ラグランジュの乗数法[1)]により，

$$\frac{\partial U}{\partial X} = -2a + 2(a+c)Y - \lambda = 0, \qquad \frac{\partial U}{\partial Y} = -2c + 2(a+c)X - \lambda = 0$$

が成り立つ．これらを X, Y の連立 1 次方程式とみなせば

$$X = \frac{2c + \lambda}{2(a+c)}, \qquad Y = \frac{2a + \lambda}{2(a+c)}$$

1)　「微分積分」([14]) p.132 をみよ．

になり，(B.41) に代入すれば $\lambda = (a+c)(C-1)$ を得るので

$$X = \frac{c-a}{2(a+c)} + \frac{C}{2}, \qquad Y = \frac{a-c}{2(a+c)} + \frac{C}{2}. \tag{B.42}$$

このとき，$\dfrac{dV}{dt}$ の極値として

$$\frac{dV}{dt} = \frac{a+c}{2}(C-1)^2 - \frac{2ac}{a+c} \tag{B.43}$$

を得る．条件が (B.41) のみで X, Y はすべての実数になりうるとすれば，$X \to \pm\infty$ のとき $\dfrac{dV}{dt} \to -\infty$ であり，極値になる (X, Y) は (B.42) しかないので，極値は最大値である．実際は (B.40) より $X \geqq 0$, $Y \geqq 0$ であり，もし (B.42) となる X, Y が $X > 0$, $Y > 0$ であれば $\dfrac{a-c}{a+c} < C$, $\dfrac{c-a}{a+c} < C$，つまり

$$\frac{|a-c|}{a+c} < C \tag{B.44}$$

である．このとき (B.43) は最大値で，もしそれが 0 より小さければ

$$\frac{a+c}{2}(C-1)^2 < \frac{2ac}{a+c}, \quad \text{ゆえに} \quad \frac{(\sqrt{a}-\sqrt{c})^2}{a+c} < C < \frac{(\sqrt{a}+\sqrt{c})^2}{a+c}$$

である．ここで $(\sqrt{a}-\sqrt{c})^2 \leqq |a-c|$ に注意すれば，(B.44) から

$$\frac{(\sqrt{a}-\sqrt{c})^2}{a+c} \leqq \frac{|a-c|}{a+c} < C.$$

したがって，(B.44) かつ

$$C < \frac{(\sqrt{a}+\sqrt{c})^2}{a+c} \tag{B.45}$$

のとき，$V(x,y) = C$ ならば，$\dfrac{dV}{dt}(x,y) < 0$ になる．

(B.44) でなければ，$0 < X < C$ のとき $\dfrac{dV}{dt}$ は最大値にならない．$a \geqq c$ の場合，$X = 0$, $Y = C$ のとき最大値は $-2cC$，$a < c$ の場合，$X = C$, $Y = 0$ のとき最大値は $-2aC$ になり，いずれも 0 より小さい．

以上により，原点でない点 (x,y) に対して $V(x,y) < C$ ならば (B.39) になる最大の C は $\dfrac{(\sqrt{a}+\sqrt{c})^2}{a+c}$ である．よって，解軌道の初期値 $\boldsymbol{x}(0)$ が領域

$$\left\{ (x,y) \,\middle|\, V(x,y) < \frac{(\sqrt{a}+\sqrt{c})^2}{a+c} \right\}$$

の点であれば，$t \to \infty$ のとき解軌道は原点に収束する．□

図 B.26[1]をみると，$C = \dfrac{(\sqrt{a}+\sqrt{c})^2}{a+c}$ のとき，楕円周 $V(x,y) = C$ の内部の点を初期値とする解軌道は，$t \to \infty$ のとき原点に収束することがわかる．さらに x 軸を漸近線とする 4 本の安定曲線と接し，接点を通る解軌道は鞍点に収束するので，C をこれ以上大きくすると，原点に収束しない解軌道の点を含んでしまう．

図 B.26

定理 B.12 における条件 (3)$'$ を以下のようにゆるめても，$\boldsymbol{x}_0$ において漸近安定であることが示せる．

> **(3)$''$** 条件 (3) をみたし，$\boldsymbol{x} \neq \boldsymbol{x}_0$ のとき $\boldsymbol{x}$ を通る解軌道 $\boldsymbol{x}(t)$ に沿って $\dfrac{dV}{dt}(\boldsymbol{x}(t))$ は恒等的に 0 になることはない．

[証明] $\boldsymbol{x}_0$ において漸近安定であることを否定すれば，$t \to \infty$ のとき $\boldsymbol{x}(t) \to \boldsymbol{x}_0$ にならない解 $\boldsymbol{x}(t)$ が存在するが，条件 (3)$'$ をみたすときと同様に $\boldsymbol{x}_1 \neq \boldsymbol{x}_0$ で $\lim\limits_{n\to\infty} \boldsymbol{x}(t_n) = \boldsymbol{x}_1$ となる発散する数列 $\{t_n\}$ が存在する．このとき，$\widetilde{\boldsymbol{x}}(0) = \boldsymbol{x}_1$ となるような解を $\widetilde{\boldsymbol{x}}(t)$ とすれば

$$\widetilde{\boldsymbol{x}}(0) = \lim_{n\to\infty} \boldsymbol{x}(t_n).$$

$\{\boldsymbol{x}(t+t_n)\}$ は初期値を $\boldsymbol{x}(t_n)$ とする自励系の解の列で，初期値 $\boldsymbol{x}(t_n)$ が解 $\widetilde{\boldsymbol{x}}(t)$ の初期値 $\widetilde{\boldsymbol{x}}(0)$ に収束するので $t \neq 0$ のときも収束する，つまり

$$\widetilde{\boldsymbol{x}}(t) = \lim_{n\to\infty} \boldsymbol{x}(t+t_n).$$

$V(\boldsymbol{x}(t))$ は単調減少であり，$n \to \infty$ のとき $t_n \to \infty$，$t + t_n \to \infty$ であるから

$$\lim_{n\to\infty} V(\boldsymbol{x}(t_n)) = \lim_{n\to\infty} V(\boldsymbol{x}(t+t_n)) = \lim_{t\to\infty} V(\boldsymbol{x}(t)).$$

したがって

$$V(\widetilde{\boldsymbol{x}}(t)) = \lim_{n\to\infty} V(\boldsymbol{x}(t+t_n)) = \lim_{n\to\infty} V(\boldsymbol{x}(t_n)) = V(\boldsymbol{x}_1)$$

になり，解軌道 $\widetilde{\boldsymbol{x}}(t)$ に沿って V は定数である．ゆえに，$\dfrac{dV}{dt}(\widetilde{\boldsymbol{x}}(t)) \equiv 0$ となるが，これは (3)$''$ に反するので $\boldsymbol{x}_1 = \boldsymbol{x}_0$，つまり $t \to \infty$ のとき $\boldsymbol{x}(t) \to \boldsymbol{x}_0$ となる．□

非線形自励系が平衡点におけるヤコビ行列の固有値の実部に 0 を含むときは双曲型でないが，もしリアプノフ関数をみつけることができれば，安定性や漸近安定性が示せる．

---

1) 図 B.26 は $x' = -x + 2xy^2$，$y' = -4y + 3x^2y$ の解軌道．

次の 2 つの例の平衡点は原点のみで，ヤコビ行列の固有値は純虚数となり，このままでは安定性は判定できないが，リアプノフ関数をみつけることで，原点において漸近安定であることがわかる．

例 B.15
$$\begin{cases} x' = -y, \\ y' = x - x^2 y \end{cases}$$

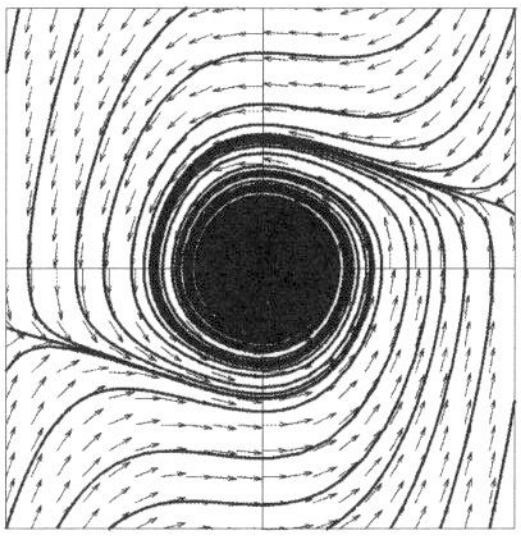

図 B.27

［解］ リアプノフ関数として $V(x,y) = x^2 + y^2$ とすれば

$$\frac{dV}{dt}(x,y) = 2x(-y) + 2y(x - x^2 y) = -2x^2y^2 \leqq 0$$

であるから安定である．さらに $\dfrac{dV}{dt} = 0$ になるのは $x = 0$ または $y = 0$ であるが，$x(0) = 0$ とすれば $y(0) \neq 0$ のとき，$x'(0) \neq 0$ であるから $x(t) \equiv 0$ にならない．また $y(0) = 0$ とすれば $x(0) \neq 0$ のとき，$y'(0) \neq 0$ であるから $y(t) \equiv 0$ にならない．したがって，$\boldsymbol{x}(0)$ が平衡点の原点でなければ，解軌道は $x = 0$ または $y = 0$ に留まることはないので原点において漸近安定である．また，$(3)''$ は $\mathbb{R}^2$ 全体で成り立ち V は原点からの距離の 2 乗なので，$V(x,y) < c$ は有界領域となり，初期値が何であろうと $t \to \infty$ のとき $\boldsymbol{x}(t)$ は原点に収束する (図 B.27)．□

例 B.16
$$\begin{cases} x' = -y, \\ y' = g(x) - h(y) \end{cases}$$
ただし，関数 g, h は微分可能で

$$g(0) = h(0) = 0,\ z \neq 0 \ \text{のとき}\ zg(z) > 0,\ zh(z) \geqq 0$$

をみたす．

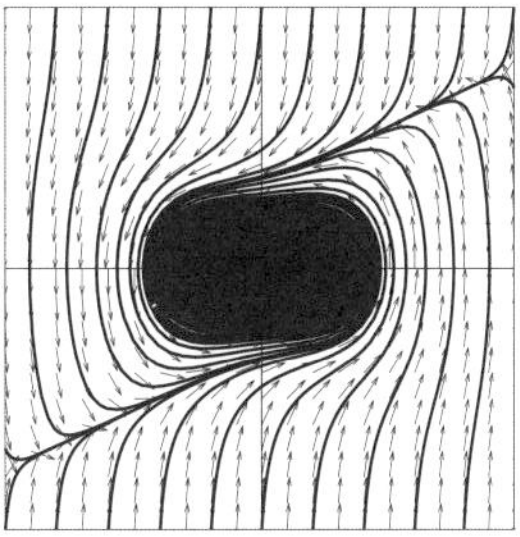

図 B.28

［解］ リアプノフ関数として $V(x,y) = \dfrac{1}{2}y^2 + \displaystyle\int_0^x g(z)\,dz$ とすれば，

$$\begin{aligned} \frac{dV}{dt}(x,y) &= g(x)(-y) + y\,(g(x) - h(y)) \\ &= -yh(y) \leqq 0 \end{aligned}$$

であるので安定である．さらに $z \neq 0$ のとき $zh(z) > 0$ を仮定すれば，$\dfrac{dV}{dt} = 0$ になるのは $y = 0$ のみである．このとき，$x \neq 0$ ならば $y'(0) \neq 0$ であるから $y \equiv 0$ にならない．したがって，原点において漸近安定である．また，g の選び方によって，$\|\boldsymbol{x}\| \to \infty$ のとき $V(\boldsymbol{x}) \to \infty$

になれば，初期値 $\boldsymbol{x}(0)$ がどこにあっても，$\boldsymbol{x}(t)$ は必ず原点に収束する[1].

$h(z) \equiv 0$ であれば $\dfrac{dV}{dt}(x, y) = 0$ より $V(\boldsymbol{x}(t))$ は定数で，$t \to \infty$ のとき 0 に収束しない．したがって，$\boldsymbol{x}(t) \to \boldsymbol{o}$ にならないので漸近安定ではない．□

●**問 B.3** 関数 $V(x, y)$ を使い，次の微分方程式が原点で安定または漸近安定であるかを判定せよ．

(1) $x' = xy - xy^2,\ y' = -x^2 - y^3 \quad (V(x, y) = x^2 + y^2)$

(2) $x' = -2y^3 + xy^4,\ y' = x - x^2y \quad (V(x, y) = x^2 + y^4)$

B.3 極限閉軌道

自励系の解軌道については平衡点に収束することを中心に述べてきたが，変数 t が大きくなると解軌道が 1 点に収束しないで，閉曲線とほとんど同じになっていくことがある．本節では，そのような現象が起こる自励系を解説する．

B.3.1 極 限 集 合

前節では，$t \to \infty$ のとき自励系の解 $\boldsymbol{x}(t)$ が平衡点に収束する条件を紹介した．$\boldsymbol{x}(t)$ が平衡点に収束しなければ，$\boldsymbol{x}(t)$ が際限なく遠方に行ってしまう現象の他に，有界な領域に留まることもある．そこで次の非線形自励系の解軌道を調べる．

例 B.17
$$\begin{cases} x' = y - \frac{1}{3}x^3 + x, \\ y' = -x \end{cases}$$

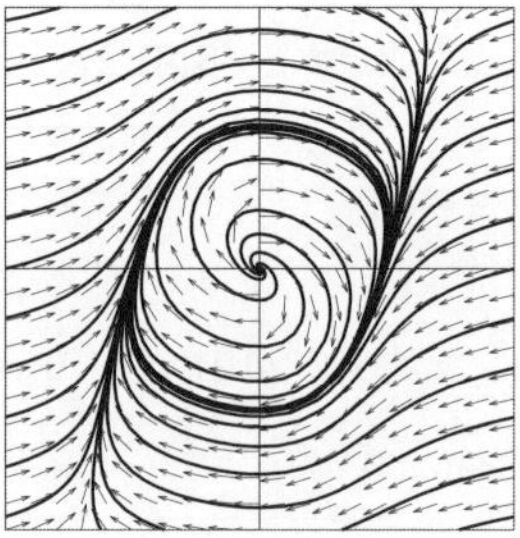

図 B.29

[解] 平衡点は原点のみで，ヤコビ行列の固有値は $\left(1 \pm \sqrt{3}\,i\right)/2$ で不安定焦点である．この自励系の解軌道を描いた図 B.29 をみると，原点を内部に含む閉軌道 (図 B.30) があり，他の解軌道は $t \to \infty$ のとき，その閉軌道にまとわりながら近づいていくようにみえる．□

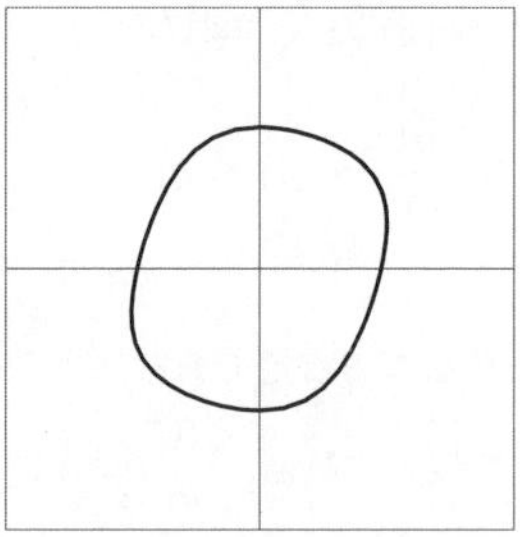

図 B.30

例 B.17 をファンデルポール (Van der Pol) の方程式とよび，非線形回路のモデルなどで登場する．図

---
1) $g(x) = x^3,\ h(y) = y^5$ としている図 B.28 を参照.

B.29 をみると，図 B.30 の閉軌道は原点以外を初期値とする解軌道上の無限個の点列が収束する点を集めた曲線のようである．このような曲線は次で定義される集合である．

定義 B.5 (極限集合) 初期値を $\boldsymbol{u}$ とする自励系の解 $\boldsymbol{x}$ に対して，

$$\lim_{n\to\infty} t_n = \infty, \qquad \lim_{n\to\infty} \boldsymbol{x}(t_n) = \widetilde{\boldsymbol{x}}$$

となる数列 $\{t_n\}$ が存在する点 $\widetilde{\boldsymbol{x}}$ の集合を**極限集合**とよび，$\omega(\boldsymbol{u})$ で表す．

$t \to \infty$ のとき $\|\boldsymbol{x}(t)\| \to \infty$ であれば $\omega(\boldsymbol{u})$ は空集合である．$\boldsymbol{x_0}$ が平衡点で $\boldsymbol{u}$ が $\boldsymbol{x}_0$ に十分近く，$\boldsymbol{x}_0$ におけるヤコビ行列の固有値の実部がすべて負，または $\boldsymbol{x_0}$ が鞍点で $\boldsymbol{u}$ が安定曲線上にあれば $\omega(\boldsymbol{u}) = \{\boldsymbol{x}_0\}$ となる．興味深いのは，極限集合が空集合や 1 点でない場合で，ファンデルポールの方程式に対しては，$\boldsymbol{u} \neq \boldsymbol{o}$ のとき $\omega(\boldsymbol{u})$ はすべて図 B.30 の閉軌道である．極限集合が閉軌道になるとき，**極限閉軌道**または**リミットサイクル**とよぶ[2)]．図 B.30 の曲線は極限閉軌道である．

B.3.2 リエナールの方程式と極限閉軌道

ファンデルポールの方程式を次のように一般化する．

定義 B.6 (リエナールの方程式)

$$\begin{cases} x' = y - F(x), \\ y' = -g(x) \end{cases} \tag{B.46}$$

ただし，$F(x), g(x)$ は微分可能な関数で以下の条件をみたす．

(1) $F(-x) = -F(x)$,

(2) $g(-x) = -g(x)$,

(3) $x > 0$ のとき $g(x) > 0$,

(4) $0 < x < x_0$ のとき $F(x) < 0$，$x_0 < x$ のとき $F(x) > 0$ となる x_0 がある，

(5) $x_0 < x$ のとき $F(x)$ は単調増加で $\lim_{x\to\infty} F(x) = \infty$.

このとき，(B.46) を**リエナール (Lienard) の方程式**とよぶ．

$F(x) = x^3/3 - x$，$g(x) = x$ とすればファンデルポールの方程式になる．次の定理より，リエナールの方程式には極限閉軌道が存在する．

定理 B.13 自励系 (B.46) が定義 B.6 の条件 (1)〜(5) をみたすならば，閉軌道は 1 つ存在し，$\boldsymbol{u} \neq \boldsymbol{o}$ のとき，極限集合 $\omega(\boldsymbol{u})$ はすべてその閉軌道である．

---

2) 2 次元自励系の解軌道の極限集合が有界で平衡点を含まなければ閉軌道になる，ポアンカレ–ベンディクソン (Poincaré-Bendixson) の定理が知られている ([9] 参照).

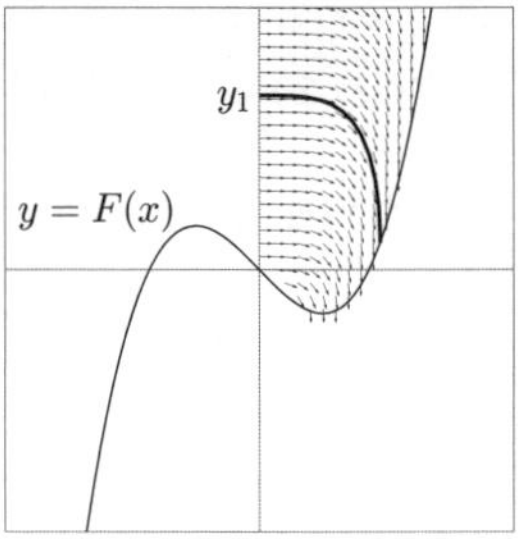

図 B.31

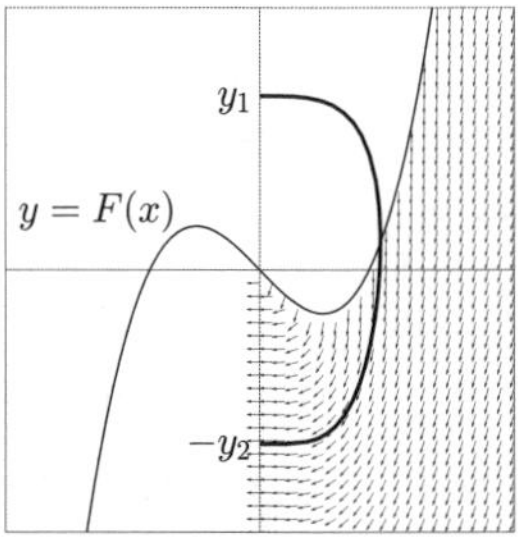

図 B.32

［証明］ y 軸上の原点より上にある点を $\mathrm{A}(0, y_1)$ $(y_1 > 0)$ とする．y 軸より右側は $y' = -g(x) < 0$ であるので，変数 t が増加するとき解軌道の y 座標は減少する．$x' = y - F(x)$ より，曲線 $y = F(x)$ より上部の領域では $x' > 0$ なので x 座標は増加，下部の領域では $x' < 0$ なので x 座標は減少する．(5) より，A を起点とする解軌道は，必ず曲線 $y = F(x)$ と交わり (図 B.31)，交差前は右下がりであるが，交差後は左下がりで，$y = F(x)$ と再び共有点をもつことはなく，y 軸に到達する (図 B.32)．このときの変数 t の値を t_1 として，交点を $\mathrm{B}(0, -y_2)$ $(y_2 > 0)$，A から B までの解軌道を C と書く．解軌道を B から延ばしても，原点を右側に回り，再び x 軸と交わり，交点を $\widetilde{\mathrm{A}}$ とする．A と $\widetilde{\mathrm{A}}$ は一致すれば閉軌道である．

(B.46) の解 $\boldsymbol{x}(t) = {}^t\left[x(t) \quad y(t)\right]$ [1]の解軌道と原点対称な曲線は $-\boldsymbol{x}(t)$ であるが，(1) と (2) より

$$
\begin{aligned}
(-x(t))' &= -x'(t) = -y(t) + F\left(x(t)\right) \\
&= -y(t) - F\left(-x(t)\right), \\
(-y(t))' &= -y'(t) = g\left(x(t)\right) = -g(-x(t))
\end{aligned}
$$

が成り立つので，$-\boldsymbol{x}(t)$ は (B.46) の解である．よって，B から $\widetilde{\mathrm{A}}$ までの解軌道と原点対称な曲線を $\widetilde{C}$ と書けば，$\widetilde{C}$ も解軌道である．$\mathrm{A} = \widetilde{\mathrm{A}}$ かつ $y_1 \neq y_2$ を仮定すれば，2 つの解軌道の C と $\widetilde{C}$ が交点をもつことになり，定理 B.1 に反し矛盾する．したがって，$y_1 = y_2$ の場合のみ閉軌道になる．

$$
V(x, y) = \int_0^x g(s)\,ds + \frac{y^2}{2}
$$

として，もし $V(0, y_1) = V(0, -y_2)$ となれば，$y_1^2/2 = y_2^2/2$ より $y_1 = y_2$ となる．(B.46) より

$$
\frac{dV}{dt} = g(x)x'(t) + y(t)y'(t) = g(x)(y - F(x)) - yg(x) = -g(x)F(x)
$$

であり，C に沿って $dV/dt(x(t), y(t))$ を積分すると $V(x(t), y(t))$ になるから

$$
\frac{1}{2}(y_2^2 - y_1^2) = V(0, -y_2) - V(0, y_1) = V(x(t_1), y(t_1)) - V(x(0), y(0))
$$

---

1)　${}^t\left[x(t) \quad y(t)\right]$ は成分を縦に並べる転置行列である (「線形代数」([15]) p.36).

$$= \int_0^{t_1} \frac{dV}{dt}(x(t), y(t))\, dt = -\int_0^{t_1} g\,(x(t))\, F(x(t))\, dt. \tag{B.47}$$

もし $y_1 = 0$ であれば初期値が原点なので，解軌道は曲線でなく原点だけであるが，y_1 を 0 から少しずつ大きくすれば，C も原点だけから曲線として少しずつ変化し[1]，y_1 が小さいうちは，C は直線 $x = x_0$ より左側に留まる (図 B.33)．よって，(3) と (4) より $g\,(x(t))\, F(x(t)) < 0$ なので，(B.47) より

$$y_2^2 - y_1^2 > 0. \tag{B.48}$$

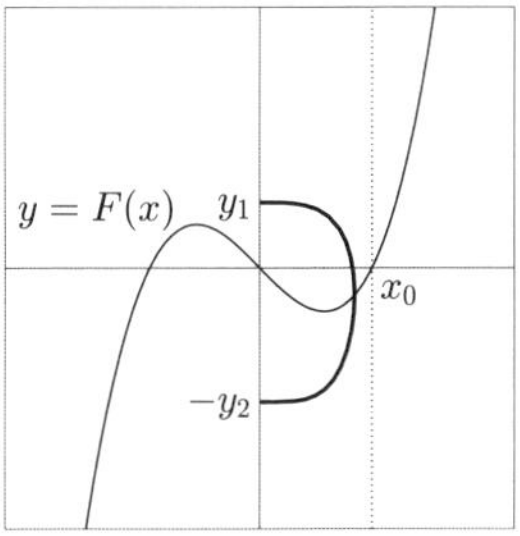

図 B.33

y_1 を大きくしていくと，C と $x = x_0$ の交点は 2 個あり (図 B.34)，座標を $(x(s_1), y(s_1))$，$(x(s_2), y(s_2))$ $(0 < s_1 < s_2 < t_1)$ で表し，(B.47) の積分を以下のように 3 つに分ける．

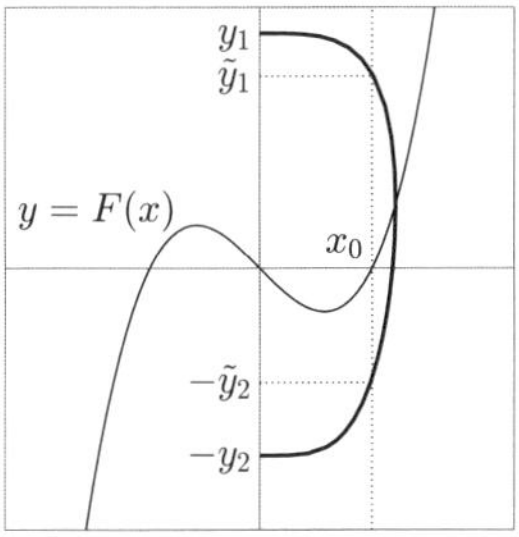

図 B.34

$$\begin{aligned}
&-\int_0^{s_1} g(x(t))F(x(t))\, dt \\
&-\int_{s_1}^{s_2} g(x(t))F(x(t))\, dt \\
&-\int_{s_2}^{t_1} g(x(t))F(x(t))\, dt = I_1 + I_2 + I_3.
\end{aligned}$$

変数を t から x へ置換すれば

$$I_1 = -\int_0^{x_0} g(x(t))F(x(t)) \frac{dx}{x'(t)} = -\int_0^{x_0} \frac{g(x)F(x)}{y - F(x)}\, dx,$$

$$I_3 = -\int_{x_0}^{0} g(x(t))F(x(t)) \frac{dx}{x'(t)} = \int_0^{x_0} \frac{g(x)F(x)}{y - F(x)}\, dx$$

になる．$y(s_1) = \widetilde{y}_1$，$y(s_2) = -\widetilde{y}_2$ と書き，変数を t から x へ置換すれば

$$\begin{aligned}
I_2 &= -\int_{s_1}^{s_2} g(x(t))F(x(t)) \frac{dy}{y'(t)} \\
&= -\int_{\widetilde{y}_1}^{-\widetilde{y}_2} g(x(t))F(x(t)) \frac{dy}{-g(x(t))} = -\int_{-\widetilde{y}_2}^{\widetilde{y}_1} F(x)\, dy
\end{aligned}$$

になる．

$0 < x < x_0$ なので，(3) と (4) より I_1 と I_3 における被積分関数の分子の $g(x)F(x)$ は負で，値は y_1 に関係しない．y_1 が増加するとき，分母の $y - F(x)$ は I_1 の積分路に

---

1)　常微分方程式の解の初期値に関する連続性による．

おいては正で単調増加し，I_3 の積分路においては負で単調減少するので，I_1 と I_3 の値は正で単調減少する．また，$y_1 \to \infty$ のとき，$0 < x < x_0$ における C の点の y 座標は発散するので，分母の $y - F(x)$ は発散し

$$\lim_{y_1 \to \infty} I_1 = \lim_{y_1 \to \infty} I_3 = 0. \tag{B.49}$$

I_2 については (4) より $I_2 < 0$ であるが，y_1 が増えると I_2 の値がどのように変化するかを調べる．$y_1' > y_1$ として $\mathrm{A}'(0, y_1')$ を起点とする解軌道と y 軸との交点を $\mathrm{B}'(0, -y_2')$ として A' から B' までの解軌道を C' と書く (図 B.35)．C を C' に置き換えたとき，$\tilde{y}_1, \tilde{y}_2$ を $\tilde{y}_1', \tilde{y}_2'$ に，I_2 を I_2' に書き換え，I_2' を 3 個の積分の和

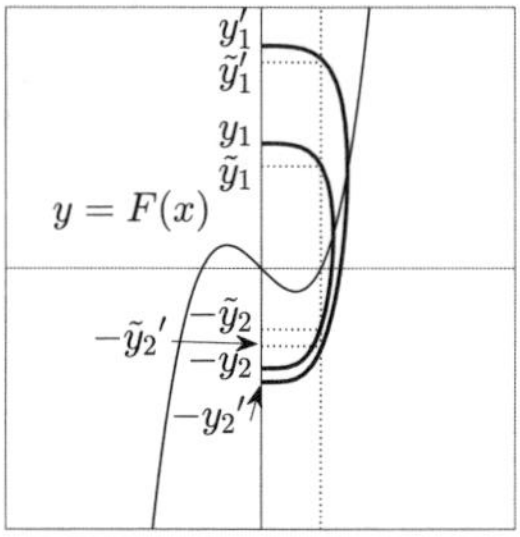

図 B.35

$$I_2' = -\int_{-\tilde{y}_2'}^{\tilde{y}_1'} F(x)\,dy$$

$$= -\int_{\tilde{y}_1}^{\tilde{y}_1'} F(x)\,dy - \int_{-\tilde{y}_2}^{\tilde{y}_1} F(x)\,dy - \int_{-\tilde{y}_2'}^{-\tilde{y}_2} F(x)\,dy = J_1 + J_2 + J_3$$

で表す．

$x > x_0$ なので (4) より $F(x) > 0$ であるから，J_1 と J_3 は負である．J_2 については，積分区間が C に対する I_2 と共通の $-\tilde{y}_2 \leqq y \leqq \tilde{y}_1$ であるが，C' は C より外側を回るので同じ y に対する x の値は C' のほうが大きい．(5) より $F(x)$ は単調増加であるから $J_2 < I_2$ となる．以上により

$$I_2' = J_1 + J_2 + J_3 < J_2 < I_2 < 0$$

になるので，I_2 は負で y_1 が増えれば単調減少する．(B.49) を振り返れば，y_1 が十分大きいとき (B.47) は負，つまり

$$y_2^2 - y_1^2 < 0 \tag{B.50}$$

がわかる．

(B.48) と (B.50) より y_1 によって $y_2^2 - y_1^2$ は正にも負にもなるので，中間値の定理[1]より，$y_2^2 - y_1^2 = 0$ になる y_1 が存在する．また，このとき $I_1 + I_3 = -I_2$ となるが，I_1，I_3 は単調減少，$-I_2$ は単調増加なので，$y_1 = y_2$ になる y_1 は 1 つしかない．

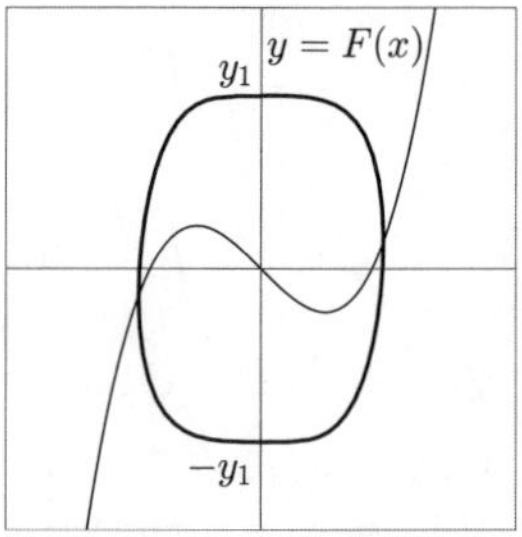

図 B.36

C と原点対称になる曲線も解軌道で，$y_1 = y_2$ のとき C とつなげると閉軌道となり (図 B.36)，これを

1) 「微分積分」([14]) p.8 をみよ (証明は [10] を参照).

C_0 と書く．他の解軌道については，C_0 の外側では y 軸の原点より上の半直線との交点の列は単調に下がっていくが，C_0 にない点に収束すれば，この点を起点とする解軌道は閉軌道である．極限閉軌道は 1 つなので C_0 となる．C_0 の内部の軌道も同様で，結局，C_0 のどの点に対しても，原点以外を初期値とする解軌道から無限個の点列を選び，その点に収束させることができる．つまり，$\boldsymbol{u} \neq \boldsymbol{o}$ のとき $\omega(\boldsymbol{u}) = C_0$ である．□

●**問 B.4**　次の微分方程式に極限閉軌道が存在することを示せ．

(1)　$x' = y - x^3 + 4x, \quad y' = -x\exp(-x^2)$

(2)　$x' = y - x^5 + 3x^3 + 4x, \quad y' = -x(x^2 + \sin^2 x)$

B.3.3　摂 動 法

ファンデルポールの方程式はもともと，2 階微分方程式

$$\frac{d^2x}{dt^2} + x = \varepsilon(1 - x^2)\frac{dx}{dt} \tag{B.51}$$

であり，

$$y = \frac{dx}{dt} - \varepsilon\left(x - \frac{x^3}{3}\right) \tag{B.52}$$

とすれば

$$\frac{dx}{dt} = y - \varepsilon\left(x - \frac{x^3}{3}\right), \qquad \frac{dy}{dt} = \frac{d^2x}{dt^2} - \varepsilon(1 - x^2) = -x$$

により非線形自励系に変換でき，特に $\varepsilon = 1$ のとき例 B.17 になる．ε が 1 でなくても正であればリエナールの方程式の条件をみたし，定理 B.13 より極限閉軌道が存在する．$\varepsilon = 0$ のときは線形微分方程式であり，解は三角関数であるが $\varepsilon > 0$ に対する極限閉軌道については，定理 B.13 の証明をみても，解を具体的な関数で表す方法を見いだせない．しかし，(B.51) の ε を 0 にした方程式 $x'' + x = 0$ の解に "近い" とみなすことにより，三角関数で媒介変数表示できる極限閉軌道に近い閉曲線を探すことができる．このように，解がわかっている方程式を基準にして，新たな項を追加した方程式の解を調べる方法を**摂動法**とよぶ．

(B.51) の右辺を一般化する．$f(x, y)$ を 2 変数関数として，初期条件を $x(0) \neq 0,\ x'(0) = 0$ とした非線形の 2 階微分方程式

$$\frac{d^2x}{dt^2} + x = \varepsilon f\left(x, \frac{dx}{dt}\right) \tag{B.53}$$

の周期解を求めるが[1)]，ε がパラメータになっているので，解を $x(t, \varepsilon)$ として，ε の整

1)　周期解をもつことが前提なので，(B.52) の左辺を他の定数係数線形微分方程式に代えても，特性方程式の解が純虚数であることが必要である．

級数[1]

$$x(t,\varepsilon) = x_0(t) + \varepsilon x_1(t) + \cdots + \varepsilon^n x_n(t) + \cdots \tag{B.54}$$

で表す．$i = 0, 1, 2, \cdots$ に対して

$$x_i'(0) = 0 \tag{B.55}$$

とすれば，初期条件 $x'(0) = 0$ をみたす．

周期を $\dfrac{2\pi}{\omega}$ で表し，変数を $\tau = \omega t$ で変換すると，$x\left(\dfrac{\tau}{\omega}, \varepsilon\right)$ は周期 2π の関数となる．(B.51) を変数 τ の方程式に直すと

$$\omega^2 \frac{d^2x}{d\tau^2} + x = \varepsilon f\left(x, \omega\frac{dx}{d\tau}\right) \tag{B.56}$$

となる．この方程式は ε の他に ω もパラメータとなっており，τ を変数として周期 2π の解を求める．$\varepsilon = 0$ とすれば，解は $\sin\dfrac{\tau}{\omega}$ と $\cos\dfrac{\tau}{\omega}$ の 1 次結合であり，周期を 2π にするには，$\varepsilon = 0$ のとき $\omega = 1$ と定める．$\varepsilon > 0$ であれば $\omega = 1$ としても周期が 2π になるとは限らないので，ε ごとに (B.56) の解の周期が 2π になるように ω を調整すると，ω は ε を変数とした関数とみなすことができ，解 x と同様に，ε の整級数

$$\omega = 1 + \varepsilon\omega_1 + \cdots + \varepsilon^n\omega_n + \cdots \tag{B.57}$$

で表す．$\varepsilon = 0$ のとき $\omega = 1$ にしたので定数項は 1 になる．

ε の整級数の係数として (B.54) の $x_0, x_1, x_2, \cdots$ と (B.57) と $\omega_1, \omega_2, \cdots$ を順次求めていく．ここで，τ を変数として x' は τ に関する導関数とする．(B.56) の両辺に (B.54) と (B.57) を代入し，両辺を ε でマクローリン展開する．試しに ε^2 の項まで展開すれば

$$\begin{aligned}
\omega^2 x'' + x &= (1 + \varepsilon\omega_1 + \varepsilon^2\omega_2 + \cdots)^2(x_0'' + \varepsilon x_1'' + \varepsilon^2 x_2'' + \cdots) \\
&\qquad + x_0 + \varepsilon x_1 + \varepsilon^2 x_2 + \cdots \\
&= x_0'' + x_0 + \varepsilon(x_1'' + x_1 + 2\omega_1 x_0'') \\
&\qquad + \varepsilon^2\left(x_2'' + x_2'' + 2\omega_1 x_1'' + (2\omega_2 + \omega_1^2)x_0''\right) + \cdots, \\
\varepsilon f\big(x, \omega x'\big) &= \varepsilon f\big(x_0 + \varepsilon x_1 + \varepsilon^2 x_2 + \cdots, \\
&\qquad (1 + \varepsilon\omega_1 + \varepsilon^2\omega_2 + \cdots)(x_0' + \varepsilon x_1' + \varepsilon^2 x_2' + \cdots)\big) \\
&= \varepsilon f\big(x_0 + \varepsilon x_1 + \varepsilon^2 x_2 + \cdots, x_0' + \varepsilon(x_1' + \omega_1 x_0') \\
&\qquad + \varepsilon^2(x_2'' + \omega_1 x_1' + \omega_2 x_0')\cdots\big) \\
&= \varepsilon f(x_0, x_0') + \varepsilon^2\left(f_x(x_0, x_0')x_1 + f_y(x_0, x_0')(x_1' + \omega_1 x_0')\right) + \cdots
\end{aligned}$$

になる．ε^k $(k = 0, 1, 2)$ の係数ごとの等式にして，移項により左辺を $x_k'' + x_k$ のみにすれば

1)　はじめからマクローリン級数の形にする．収束性の証明は難しいので，本書ではふれない．

$$x_0'' + x_0 = 0, \tag{B.58}$$

$$x_1'' + x_1 = -2\omega_1 x_0'' + f(x_0, x_0'), \tag{B.59}$$

$$\begin{aligned} x_2'' + x_2 &= -2\omega_1 x_1'' - (2\omega_2 + \omega_1^2) x_0'' \\ &\qquad + f_x(x_0, x_0') x_1 + f_y(x_0, x_0')(x_1' + \omega_1 x_0'). \end{aligned} \tag{B.60}$$

x_0 は微分方程式 (B.58) の解で初期条件 (B.55) をみたすので，A_0 は 0 でない未知数で

$$x_0 = A_0 \cos\tau \tag{B.61}$$

となる．

x_i $(i = 1, 2, \cdots)$ も周期 2π の周期関数なので，フーリエ (Fourier) 級数[1)]の形で解を求める．

$$x_i = a_0 + \sum_{n=1}^{\infty} (a_n \cos n\tau + b_n \sin n\tau).$$

$x = \sin\tau$ または $x = \cos\tau$ のとき $x'' + x = 0$ になるので

$$x_i' + x_i = a_0 + \sum_{n=2}^{\infty} (1 - n^2)(a_n \cos n\tau + b_n \sin n\tau) \tag{B.62}$$

に $\sin\tau, \cos\tau$ の項がない．

$f(x, y) = (1 - x^2)y$ のファンデルポールの方程式に対しては，(B.60) と (B.61) は

$$x_1'' + x_1 = -2\omega_1 x_0'' + (1 - x_0^2) x_0', \tag{B.63}$$

$$x_2'' + x_2 = (-2\omega_2 - \omega_1^2) x_0'' - 2\omega_1 x_1'' - 2x_1 x_0 x_0' + (x_1' + \omega_1 x_0')(1 - x_0^2). \tag{B.64}$$

(B.61) を (B.63) に代入し，三角関数の加法定理により三角関数の 1 次結合に直すと

$$x_1'' + x_1 = 2\omega_1 A_0 \cos\tau - A_0 \left(1 - \frac{A_0^2}{4}\right) \sin\tau + \frac{A_0^3}{4} \sin 3\tau. \tag{B.65}$$

(B.62) より (B.65) の $\cos\tau$ と $\sin\tau$ の係数は 0 なので

$$\omega_1 A_0 = 0, \quad A_0 \left(1 - \frac{A_0^2}{4}\right) = 0$$

をみたし，$A_0 = 2$, $\omega_1 = 0$ を得る．$\cos\tau$ と $\sin\tau$ 以外の x_1 のフーリエ展開の係数も (B.62) より決まり

$$x_1 = a_1 \cos\tau + b_1 \sin\tau - \frac{1}{4} \sin 3\tau$$

となり，さらに，(B.55) より $b_1 = \dfrac{3}{4}$ が定まる．a_1 は未定で A_1 と書き直し

$$x_1 = A_1 \cos\tau + \frac{3}{4} \sin\tau - \frac{1}{4} \sin 3\tau \tag{B.66}$$

1)　例えば [12] を参照せよ．

となる．

$A_0=2$ とした (B.61) と (B.66) を (B.64) に代入すれば

$$x_2''+x_2=\left(4\omega_2+\frac{1}{4}\right)\cos\tau+2A_1\sin\tau+3A_1\sin 3\tau-\frac{3}{2}\cos 3\tau+\frac{5}{4}\cos 5\tau. \quad \text{(B.67)}$$

(B.62) より (B.67) の $\cos\tau$ と $\sin\tau$ の係数は 0 なので，$\omega_2=-\dfrac{1}{16}$，$A_1=0$ を得る．(B.55) もあわせて $\cos\tau$ と $\sin\tau$ 以外の x_2 のフーリエ展開の係数も決まり

$$x_2=A_2\cos\tau+\frac{3}{16}\cos 3\tau-\frac{5}{96}\cos 5\tau \quad \text{(B.68)}$$

となる．

$k=3,4,\cdots$ に対して，$\omega_1,\cdots,\omega_{k-1}$ と $x_0,\cdots,x_{k-2}$ の有限フーリエ展開が求まっている．x_{k-1} については有限フーリエ展開で $\cos\tau$ の係数だけが未定で A_{k-1} とおき，それ以外の係数が求まっている状態であれば，以下の (1)〜(4) の手順で，ω_k, A_{k-1} および x_k のフーリエ展開の $\cos\tau$ 以外の係数が求まる．

(1) $\omega^2x''+x$ に

$$\omega=1+\varepsilon\omega_1+\cdots+\varepsilon^k\omega_k, \qquad x=x_0+\varepsilon x_1+\cdots+\varepsilon^k x_k$$

を代入して，$\varepsilon f(x,\omega x')$ に

$$\omega=1+\varepsilon\omega_1+\cdots+\varepsilon^{k-1}\omega_{k-1}, \qquad x=x_0+\varepsilon x_1+\cdots+\varepsilon^{k-1}x_{k-1}$$

を代入して，両辺の ε に関する k 階導関数に $\varepsilon=0$ を代入して，等式にする．

(2) $\omega^2x''+x$ のフーリエ展開に $\sin\tau$ と $\cos\tau$ の項がないことより，A_{k-1} と ω_k の値が定まる．

(3) $\omega^2x''+x$ と $\varepsilon f(x,\omega x')$ のフーリエ係数を比べて，x_k の $\sin\tau$ と $\cos\tau$ 以外の係数が決まる．

(4) 初期条件 $x_k'(0)=0$ より x_k の $\sin\tau$ の係数が定まり，$\cos\tau$ の係数は決まらないので A_k とおく．

$\omega_0=1$ として，上の操作より求まった $\omega_1\sim\omega_7$ と $x_0\sim x_7$ を次頁の表にまとめた．n に対して

$$\widetilde{\omega}=\omega_0+\varepsilon\omega_1+\varepsilon^2\omega_2+\cdots+\varepsilon^n\omega_n$$

として，近似周期解を

$$\widetilde{x}(t)=x_0(\widetilde{\omega}t)+\varepsilon x_1(\widetilde{\omega}t)+\varepsilon^2x_2(\widetilde{\omega}t)+\cdots+\varepsilon^n x_n(\widetilde{\omega}t)$$

とする．次頁の図は (B.52) を縦軸をとして，解を相平面の曲線で表したものである．これをみると，摂動法により得られた近似周期解と実際の周期解 (極限閉軌道) が比較できる．n を大きくするか ε を 0 に近づけると差が小さくなることがわかる．

表 B.1

n	ω_n	x_n
0	1	$2\cos\tau$
1	0	$\frac{3}{4}\sin\tau - \frac{1}{4}\sin 3\tau$
2	$-\frac{1}{16}$	$-\frac{1}{8}\cos\tau + \frac{3}{16}\cos 3\tau - \frac{5}{96}\cos 5\tau$
3	0	$-\frac{7}{256}\sin\tau + \frac{21}{256}\sin 3\tau - \frac{35}{576}\sin 5\tau + \frac{7}{576}\sin 7\tau$
4	$\frac{17}{3072}$	$\frac{73}{12288}\cos\tau - \frac{47}{1536}\cos 3\tau + \frac{1085}{27648}\cos 5\tau - \frac{2149}{110592}\cos 7\tau$ $+\frac{61}{20480}\cos 9\tau$
5	0	$-\frac{12971}{4423680}\sin\tau - \frac{2591}{294912}\sin 3\tau + \frac{52885}{2654208}\sin 5\tau$ $-\frac{110621}{6635520}\sin 7\tau + \frac{7457}{1228800}\sin 9\tau - \frac{5533}{7372800}\sin 11\tau$
6	$\frac{35}{884736}$	$\frac{6479}{6635520}\cos\tau + \frac{48437}{35389440}\cos 3\tau - \frac{259945}{31850496}\cos 5\tau$ $+\frac{4253767}{398131200}\cos 7\tau - \frac{480523}{73728000}\cos 9\tau + \frac{4937537}{2654208000}\cos 11\tau$ $-\frac{715247}{3715891200}\cos 13\tau$
7	0	$\frac{33114653}{44590694400}\sin\tau - \frac{82937}{212336640}\sin 3\tau - \frac{1939625}{764411904}\sin 5\tau$ $+\frac{1061235889}{191102976000}\sin 7\tau - \frac{179467921}{35389440000}\sin 9\tau$ $+\frac{223342933}{92897280000}\sin 11\tau - \frac{195050323}{346816512000}\sin 13\tau$ $+\frac{138697}{2774532096}\sin 15\tau$

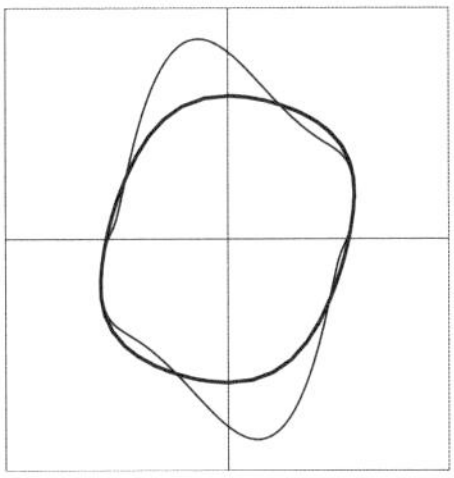

$\varepsilon = 1.0,\ n = 1$

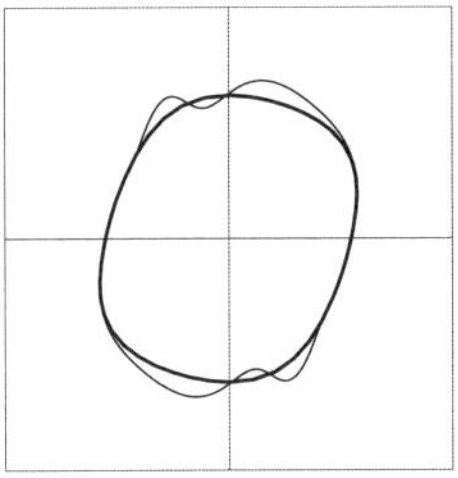

$\varepsilon = 1.0,\ n = 4$

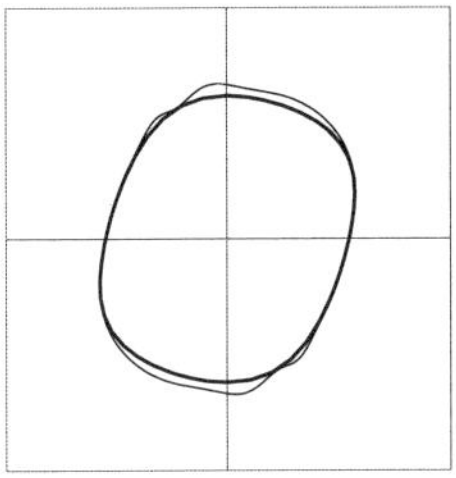

$\varepsilon = 1.0,\ n = 7$

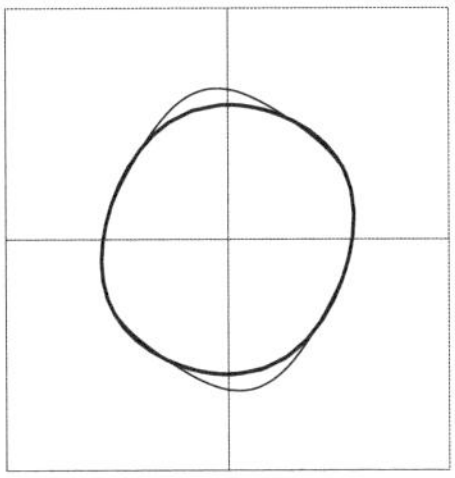

$\varepsilon = 0.5,\ n = 1$

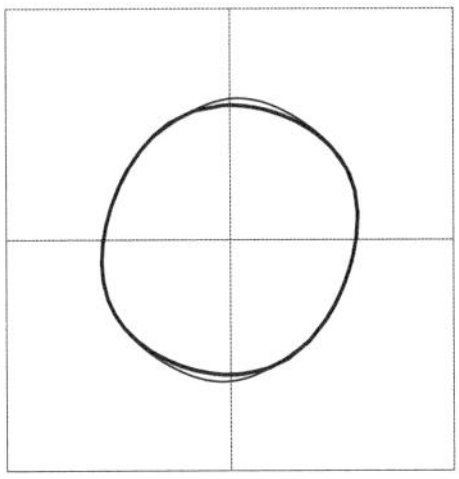

$\varepsilon = 0.5,\ n = 2$

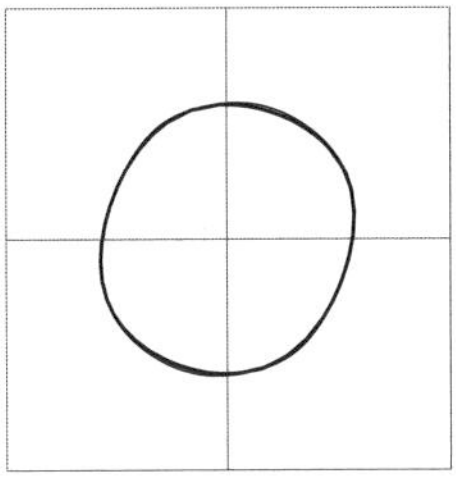

$\varepsilon = 0.5,\ n = 3$

C

複素指数関数と行列指数関数

C.1　複素指数関数

指数関数 e^x は，以下のようにマクローリン展開できる[1]．

$$e^x = 1 + x + \frac{1}{2!}x^2 + \cdots + \frac{1}{k!}x^k + \cdots . \tag{C.1}$$

変数は実数であるが，右辺の級数の x に複素数 z を代入すれば複素数の級数になる[2]．級数の和を e^z で表し**複素指数関数**とよぶが，複素関数であることがわかっていれば指数関数といってもよい．指数法則 $e^{z+w} = e^z e^w$ については，実数の場合，二項定理とマクローリン級数からも証明でき，変数を実数から複素数に読み替えればよい．

z の実部を x，虚部を y で表せば $z = x + iy$ となるが，指数法則より $e^{x+iy} = e^x e^{iy}$ である．e^{iy} については (C.1) の x に iy を代入し

$$i^k = \begin{cases} (-1)^m, & k = 2m \\ (-1)^m i, & k = 2m+1 \end{cases}$$

に注意すれば，

$$\begin{aligned} e^{iy} &= 1 - \frac{1}{2!}x^2 + \frac{1}{4!}x^4 - \cdots + \frac{(-1)^m}{(2m)!}x^{2m} + \cdots \\ &\quad + i\left(y - \frac{1}{3!}y^3 + \frac{1}{5!}y^5 - \cdots + \frac{(-1)^m}{(2m+1)!}y^{2m+1} + \cdots\right) \end{aligned}$$

となるが，実部は $\cos y$，虚部は $\sin y$ のマクローリン展開であるから

$$e^{x+iy} = e^x(\cos y + i \sin y) \tag{C.2}$$

が成り立つ[3]．

---

1)　「微分積分」([14]) p.44 参照．

2)　すべての複素数に対して収束する．

3)　(C.2) で複素指数関数を定義すれば，三角関数の加法定理から指数法則が導ける．

導関数については，α を複素数として，$e^{\alpha x}$ を実数 x から複素数への関数とみなし，x に関する導関数は実部と虚部の関数をそれぞれ導関数にしたもので

$$(e^{\alpha x})' = \alpha e^{\alpha x} \tag{C.3}$$

になる．

●問 **C.1**　(C.3) が正しいことを確かめよ．

C.2　ジョルダン標準形

正方行列の固有値が重複しなければ必ず対角化できるが，重複する固有値があり，固有空間の次元が重複度より小さければ対角化できない．ところが，A を n 次正方行列として，$P^{-1}AP$ が以下のような対角形に近い形にできる．

定理 C.1 (ジョルダン標準形)　正方行列 A に対して

$$P^{-1}AP = J = \begin{bmatrix} J_1 & O & \cdots & O \\ O & J_2 & \cdots & O \\ \vdots & \vdots & \ddots & \vdots \\ O & O & \cdots & J_l \end{bmatrix} \tag{C.4}$$

となるような P が存在する．ここで J_i $(i = 1, 2, \cdots, l)$ は

$$J_i = \begin{bmatrix} \lambda_i & 1 & 0 & \cdots & 0 \\ 0 & \lambda_i & 1 & & 0 \\ \vdots & \ddots & \ddots & \ddots & \vdots \\ 0 & \cdots & 0 & \lambda_i & 1 \\ 0 & \cdots & \cdots & 0 & \lambda_i \end{bmatrix} \tag{C.5}$$

となる正方行列で，λ_i は A の固有値とする．また $\lambda_1, \cdots, \lambda_l$ 以外に A の固有値はなく，同じ固有値のジョルダン細胞の次数の和は固有値の重複度と等しい．

ここで $J_1, \cdots, J_l$ を**ジョルダン細胞**といい，(C.4) のような形を**ジョルダン標準形**という．

固有値 λ に対して 1 次独立を保ちながら

$$A\boldsymbol{x} = \lambda \boldsymbol{x}$$

をみたす固有ベクトルを複数個選ぶとき，λ の重複度より少ない個数しか選べなければ対角化できない．このとき固有ベクトルの 1 つを $\boldsymbol{p}_1$ で表し，$i = 2, 3, \cdots$ に対して

$$A\boldsymbol{x} = \lambda \boldsymbol{x} + \boldsymbol{p}_{i-1} \tag{C.6}$$

をみたす $\boldsymbol{x}$ を $\boldsymbol{p}_i$ とする[1)]．固有ベクトルに (C.6) より定まるベクトル $\boldsymbol{p}_i$ を追加すれば $\mathbb{R}^n$ の基底を構成できる．これらのベクトルを列として並べた行列を P とすれば，正則行列で $P^{-1}AP$ はジョルダン標準形になる．

C.3 行列指数関数

正方行列 A に対して同じ次数の正方行列 e^A を定義する．

定義 C.1 (行列指数関数)

$$e^A = E + A + \frac{1}{2!}A^2 + \cdots + \frac{1}{k!}A^k + \cdots \tag{C.7}$$

を**行列指数関数**とよぶ．

e^x のマクローリン展開 (C.1) の x に A を代入してみると (C.7) が得られる．ただし，1 は同じ次数の単位行列 E に置き換える．このとき，A のべき乗の A^k も n 次正方行列なので，(C.7) の右辺は同じ次数の正方行列の級数になる．スカラーの指数関数のように，e^A を $\exp(A)$ で表すことがある．

行列指数関数に正方行列 A に実数 x を乗じた xA を代入した e^{xA} は，スカラーと行列の積の可換性より，$(xA)^k = x^k A^k$ に注意すれば

$$e^{xA} = E + xA + \frac{x^2}{2!}A^2 + \cdots + \frac{x^k}{k!}A^k + \cdots \tag{C.8}$$

になり，実数から正方行列への関数とみなせる．$x = 0$ のとき (C.8) の右辺で E 以外の項はなくなるので

$$e^{0A} = E \tag{C.9}$$

になる．

e^{xA} の各成分は変数が x の関数であり，e^{xA} の x に関する導関数は e^{xA} の各成分を導関数にしたものだが，(C.8) の右辺の級数の各項を x で微分すれば[2)]

$$\left(\frac{x^k}{k!}A^k\right)' = A\left(\frac{x^{k-1}}{(k-1)!}A^{k-1}\right) = \left(\frac{x^{k-1}}{(k-1)!}A^{k-1}\right)A$$

になるので，

$$(e^{xA})' = A\left(E + xA + \cdots + \frac{x^{k-1}}{(k-1)!}A^{k-1} + \cdots\right)$$

---

1) (C.6) をみたす $\boldsymbol{x}$ の存在性が定理 C.1 の証明の本質であるが，詳細はここでは述べない (例えば [3], [8] 参照).

2) 関数列の無限和の微分と関数列の微分の無限和が等しいことは，明らかでない (例えば [10] 参照).

$$= \left(E + xA + \cdots + \frac{x^{k-1}}{(k-1)!}A^{k-1} + \cdots\right)A,$$

つまり，次の公式を得る．

公式 C.1　$(e^{xA})' = Ae^{xA} = e^{xA}A$

e^{xA} の成分の計算については正方行列の対角化などが有効である．その準備として次の定理を用意する．

定理 C.2　正方行列 A に対して $A = PBP^{-1}$ とすれば $e^{xA} = Pe^{xB}P^{-1}$ になる．

［証明］

$$\frac{x^k}{k!}A^k = \frac{x^k}{k!}(PBP^{-1})^k = \frac{x^k}{k!}PB^kP^{-1} = P\frac{x^k}{k!}B^kP^{-1}$$

になるので，(C.9) より

$$e^{xA} = P\left(E + xB + \frac{x^2}{2!}B^2 + \cdots + \frac{x^k}{k!}B^k + \cdots\right)P^{-1} = Pe^{xB}P^{-1}. \quad \square$$

$B = P^{-1}AP$ で P の選び方により B を対角形にできたり，定理 C.1 により B をジョルダン標準形にできたりする．B が対角形やジョルダン標準形の場合に対する e^{xB} の公式は以下のとおりである．

(1)　B が対角形

$$D = \begin{bmatrix} \lambda_1 & 0 & \cdots & 0 \\ 0 & \lambda_2 & \cdots & 0 \\ \vdots & \vdots & \ddots & \vdots \\ 0 & 0 & \cdots & \lambda_n \end{bmatrix} \quad \text{の場合,} \quad D^k = \begin{bmatrix} \lambda_1^k & 0 & \cdots & 0 \\ 0 & \lambda_2^k & \cdots & 0 \\ \vdots & \vdots & \ddots & \vdots \\ 0 & 0 & \cdots & \lambda_n^k \end{bmatrix}$$

であるから[1)]，

$$E + xD + \frac{x^2}{2!}D^2 + \cdots + \frac{x^k}{k!}D^k + \cdots = \begin{bmatrix} \sum_{k=0}^{\infty}\frac{(\lambda_1 x)^k}{k!} & 0 & \cdots & 0 \\ 0 & \sum_{k=0}^{\infty}\frac{(\lambda_2 x)^k}{k!} & \cdots & 0 \\ \vdots & \vdots & \ddots & \vdots \\ 0 & 0 & \cdots & \sum_{k=0}^{\infty}\frac{(\lambda_n x)^k}{k!} \end{bmatrix}.$$

対角成分は e^x のマクローリン展開 (C.1) に $\lambda_i x$ を代入したものなので，次の公式を得る．

1)　「線形代数」([15]) p.201 をみよ．

公式 C.2

$$D = \begin{bmatrix} \lambda_1 & 0 & \cdots & 0 \\ 0 & \lambda_2 & \cdots & 0 \\ \vdots & \vdots & \ddots & \vdots \\ 0 & 0 & \cdots & \lambda_n \end{bmatrix} \text{ に対して } e^{xD} = \begin{bmatrix} e^{\lambda_1 x} & 0 & \cdots & 0 \\ 0 & e^{\lambda_2 x} & \cdots & 0 \\ \vdots & \vdots & \ddots & \vdots \\ 0 & 0 & \cdots & e^{\lambda_n x} \end{bmatrix}.$$

(2) B がジョルダン標準形 (C.4) の場合

$$e^{xJ} = \begin{bmatrix} \sum_{k=0}^{\infty} \frac{x^k}{k!} J_1^k & O & \cdots & O \\ O & \sum_{k=0}^{\infty} \frac{x^k}{k!} J_2^k & \cdots & O \\ \vdots & \vdots & \ddots & \vdots \\ O & O & \cdots & \sum_{k=0}^{\infty} \frac{x^k}{k!} J_l^k \end{bmatrix} = \begin{bmatrix} e^{xJ_1} & O & \cdots & O \\ O & e^{xJ_2} & \cdots & O \\ \vdots & \vdots & \ddots & \vdots \\ O & O & \cdots & e^{xJ_l} \end{bmatrix}$$

になるので，対角行列の対角成分をジョルダン細胞に置き換えた，次の公式を得る．

公式 C.3

$$J = \begin{bmatrix} J_1 & O & \cdots & O \\ O & J_2 & \cdots & O \\ \vdots & \vdots & \ddots & \vdots \\ O & O & \cdots & J_n \end{bmatrix} \text{ に対して } e^{xJ} = \begin{bmatrix} e^{xJ_1} & O & \cdots & O \\ O & e^{xJ_2} & \cdots & O \\ \vdots & \vdots & \ddots & \vdots \\ O & O & \cdots & e^{xJ_n} \end{bmatrix}.$$

$$N = \begin{bmatrix} 0 & 1 & 0 & \cdots & 0 \\ 0 & 0 & 1 & & 0 \\ \vdots & \ddots & \ddots & \ddots & \vdots \\ 0 & & \ddots & 0 & 1 \\ 0 & \cdots & \cdots & 0 & 0 \end{bmatrix}$$

とすれば，ジョルダン細胞 (C.5) は $J_i = \lambda_i E + N$ で表せる．m 次のジョルダン細胞 $J = \lambda E + N$ に対して $N^m = O$ になるので，二項定理より，$k < m$ のとき

$$(\lambda E + N)^k = \lambda^k E + {}_k\mathrm{C}_1 \lambda^{k-1} N + {}_k\mathrm{C}_2 \lambda^{k-2} N^2 + \cdots + {}_k\mathrm{C}_{k-1} \lambda N^{k-1} + N^k.$$

$k \geqq m$ のとき，項が m 個より多くならず

$$(\lambda E + N)^k = \lambda^k E + {}_k\mathrm{C}_1 \lambda^{k-1} N + {}_k\mathrm{C}_2 \lambda^{k-2} N^2 + \cdots + {}_k\mathrm{C}_{m-1} \lambda^{k-m+1} N^{m-1}.$$

以上により，

$$e^{xJ} = \sum_{k=0}^{\infty} \frac{x^k}{k!} (\lambda E + N)^k$$

は $E, N, \cdots, N^{m-1}$ の 1 次結合で，N^l の係数は

$$\sum_{k=l}^{\infty} \frac{x^k}{k!} {}_k\mathrm{C}_l \lambda^{k-l} = \frac{x^l}{l!} \sum_{k=0}^{\infty} \frac{x^k}{k!} \lambda^k = \frac{x^l}{l!} e^{\lambda x}$$

である．

N^l の $(1, l+1), (2, l+2), \cdots, (n-l, n)$ 成分が 1 で他は 0 であるから，次の公式を得る．

公式 C.4　$J = \begin{bmatrix} \lambda & 1 & 0 & \cdots & 0 \\ 0 & \lambda & 1 & & 0 \\ \vdots & \ddots & \ddots & \ddots & \vdots \\ 0 & & 0 & \lambda & 1 \\ 0 & & \cdots & 0 & \lambda \end{bmatrix}$ に対して

$$e^{xJ} = \begin{bmatrix} e^{\lambda x} & xe^{\lambda x} & \frac{x^2}{2!} e^{\lambda x} & \cdots & \frac{x^{m-1}}{(m-1)!} e^{\lambda x} \\ 0 & e^{\lambda x} & xe^{\lambda x} & \cdots & \frac{x^{m-2}}{(m-2)!} e^{\lambda x} \\ \vdots & \ddots & \ddots & \ddots & \vdots \\ 0 & & \ddots & e^{\lambda x} & xe^{\lambda x} \\ 0 & \cdots & \cdots & 0 & e^{\lambda x} \end{bmatrix}.$$

行列指数関数の収束性に関して，対角形やジョルダン標準形に対しては成分が指数関数のマクローリン展開になり収束するので，行列の級数としても収束することになる．また固有値 λ は，虚数でもマクローリン展開は複素指数関数として $e^{\lambda x}$ に収束するから，公式 C.2 と C.4 は固有値が虚数の場合でも成り立つ．

一般の正方行列 A に対しては，$A = PJP^{-1}$ とすれば公式 C.1 より $e^{xA} = Pe^{xJ}P^{-1}$ になり，J がジョルダン標準形であれば，公式 C.3, C.4 より，e^{xJ} の成分は λ を A の固有値とした指数関数 $e^{\lambda x}$ に λ の重複度より小さい次数の単項式を乗じた関数となる．よって，e^{xJ} の両側に成分が定数の行列を乗じたのが e^{xA} で，成分は $e^{\lambda x}$ に整式を乗じた関数の 1 次結合である．

(3)　B が 2 次正方行列

$$\widetilde{D} = \begin{bmatrix} \mu & \nu \\ -\nu & \mu \end{bmatrix}$$

(μ, ν は実数) の場合，対角形やジョルダン標準形と比べて，べき乗 $\widetilde{D}^k$ の成分の計算は難しい．公式 C.1 より $e^{x\widetilde{D}}$ をベクトル値の関数とみなせば $A(x)$ の 2 次正方行列の関数で，微分方程式

$$A'(x) = \widetilde{D}A(x) \tag{C.10}$$

は，行列をベクトルとみなせば線形系である．

$$A(x) = \begin{bmatrix} e^{\mu x}\cos\nu x & e^{\mu x}\sin\nu x \\ -e^{\mu x}\sin\nu x & e^{\mu x}\cos\nu x \end{bmatrix}$$

とすれば，$A(0) = E$ で

$$\left(\begin{bmatrix} e^{\mu x}\cos\nu x & e^{\mu x}\sin\nu x \\ -e^{\mu x}\sin\nu x & e^{\mu x}\cos\nu x \end{bmatrix}\right)' = \begin{bmatrix} \mu & \nu \\ -\nu & \mu \end{bmatrix}\begin{bmatrix} e^{\mu x}\cos\nu x & e^{\mu x}\sin\nu x \\ -e^{\mu x}\sin\nu x & e^{\mu x}\cos\nu x \end{bmatrix}$$

より $A(x)$ は (C.10) の解である．また，$\widetilde{A}(x) = e^{x\widetilde{D}}$ とすれば，公式 C.1 より (C.10) の解であり，(C.9) より $x = 0$ のときの初期値は E である．線形系は初期値を指定すると解は一意であるので，$A(x) = \widetilde{A}(x)$ になり，次の公式を得る．

公式 C.5 $D = \begin{bmatrix} \mu & \nu \\ -\nu & \mu \end{bmatrix}$ に対して $e^{x\widetilde{D}} = e^{\mu x}\begin{bmatrix} \cos\nu x & \sin\nu x \\ -\sin\nu x & \cos\nu x \end{bmatrix}$.

参考文献

[1] フォーサイス (雨宮綾夫 他訳)『微分方程式』，朝倉書店，1948.

[2] 福田安蔵 他『詳解 微分方程式演習』，共立出版，1961.

[3] 齋藤正彦『線型代数入門』，東京大学出版会，1966.

[4] 木村俊房『新数学シリーズ 12　常微分方程式の解法』，培風館，1970.

[5] 田辺行人・藤原毅夫『常微分方程式』，東京大学出版会，1981.

[6] 韓 太舜・伊理正夫 『ジョルダン標準形』，東京大学出版会 1982.

[7] 村上温夫『微分方程式入門』，新曜社，1997.

[8] クライツィグ (北原和夫・堀 素夫 共訳)『技術者のための高等数学 1　常微分方程式［原著第 8 版］』，培風館，2006.

[9] ハーシュ・スメール 他 (桐木 紳 他訳)『力学系［原著第 2 版］』，共立出版，2007.

[10] 鈴木 武 他『理工系のための微分積分 I・II』，内田老鶴圃，2007.

[11] 石垣春夫・牧野潔夫 他『線形代数［改訂版］』，森北出版，2011.

[12] 田代嘉宏『ラプラス変換とフーリエ解析要論［第 2 版新装版］』，森北出版，2014.

[13] 高木 悟 他『理工系のための基礎数学［改訂増補版］』，培風館，2020.

[14] 長谷川研二 他『理工系のための微分積分』，培風館，2016.

[15] 高木 悟 他『理工系のための線形代数［改訂版］』，培風館，2018.

問と問題の略解

第 **1** 章

●問 **1.1**, **1.2**, **1.3** 略

第 **2** 章　(以下，A, B, C などは任意定数を表す．)

●問 **2.1** (1) $y = C\exp\left(\dfrac{1}{2}x^2 + x\right)$　(2) $y = C\exp\left(\dfrac{1}{2}x^2\right) + 1$　(3) $y = Cx^3$

(4) $y = \dfrac{1}{1 + Ce^{-x}}$

●問 **2.2** (1) $y = \sqrt[3]{\frac{3}{2}x^2 + 3x + 1}$　(2) $y = \sqrt{2 - x^2}$　(3) $y = \sqrt{(x^2+1)^3}$

(4) $y = 2\sin\left(\dfrac{x^3}{3} + \dfrac{\pi}{6}\right)$

●問 **2.3** (1) $y = Cx^2 - x$　(2) $(y + x)(y - 4x) = C$

(3) $y = 2x\tan(C + 2\log|x|)$　(4) $y = x\arcsin(Cx)$

●問 **2.4** (1) $y = C(x+2)^2 - 3x - 5$　(2) $(y + x)(y - 2x + 3)^5 = C$

問題 **2.1** (1) $y = \arctan(C - \cos x)$　(2) $y = C\sqrt{x^2 + 1}$

(3) $(y + 1)e^{-y} = C - e^x$　(4) $y = \sin\left(\dfrac{1}{2}x^2 + C\right)$　(5) $y = \arcsin(Cx)$

(6) $y = \exp(Ce^x)$　(7) $y = \dfrac{2}{\arcsin(x^2) + C}$　(8) $y = 2\arctan(Cx)$

(9) $y = x - \log(Ce^x + x^2 + 2x + 2)$

問題 **2.2** (1) $y^4 = C(x^2 + y^2)$　(2) $(y + 3x)(y - 2x)^4 = C$

(3) $x + y = -x\exp\left(\dfrac{y}{x}\right)(C + \log|x|)$　(4) $y = x\sqrt[3]{C + 3\log|x|}$

(5) $y = x + x\tan\left(\dfrac{1}{2}\log|x| + C\right)$

(6) $\log(x^2 + xy + y^2) + \dfrac{2}{\sqrt{3}}\arctan\dfrac{x + 2y}{\sqrt{3}\,x} = C$　(7) $y = x\arcsin\dfrac{Cx^2 - 1}{Cx^2 + 1}$

(8) $x^2 - 8xy + 16y^2 - 4x - 16y + 2\log|x - 4y| = C$

(9) $(y + 3x)(y - x + 4)^3 = C$

(10) $3\sqrt{3}\log(x^2 + xy + y^2 + 3x + 3) = 10\arctan\dfrac{x + 2y}{\sqrt{3}(x + 2)} + C$

第 **3** 章

●問 **3.1** (1) $y=\dfrac{1}{2}e^{x}+Ce^{-x}$　(2) $y=x(C-\cos x)$

(3) $y=x^2(x^2+\log|x|+C)$　(4) $y=\dfrac{C+\sin x}{x}$

●問 **3.2** (1) $y=\dfrac{1}{1+Ce^{x}}$　(2) $y=\dfrac{1}{\sqrt{2x^3+Cx^2}}$　(3) $y=\left(x+\dfrac{C}{x}\right)^2$

●問 **3.3** (1) $y=\dfrac{1+2Cx^3}{x-Cx^4}$　(2) $y=\dfrac{1-C\exp\left(\frac{2}{x}\right)}{x^2\left(1+C\exp\left(\frac{2}{x}\right)\right)}+\dfrac{1}{x}$

(3) $y=-\dfrac{3(1+C\exp(6x^{\frac{1}{3}}))}{x^{\frac{1}{3}}+3x^{\frac{2}{3}}+C(x^{\frac{1}{3}}-3x^{\frac{2}{3}})\exp(6x^{\frac{1}{3}})}$

●問 **3.4** (1) $y=\dfrac{x^2+2x+C}{x^2+C}$　(2) $y=\dfrac{x+C+1}{x+C}\,e^{x}$

(3) $y=\dfrac{x(\log|x|+C)+1}{x^2(\log|x|+C)}$

●問 **3.5** (1) 一般解 : $y=\dfrac{1}{2}\left(Cx^2-\dfrac{1}{C}\right)$, 特異解なし

(2) 一般解 : $(y-C)^2=4C(x+1)$, 特異解 : $y=-x-1$

●問 **3.6** (1) 一般解 : $y=Cx+\sqrt{1+C^2}$, 特異解 : $y=\sqrt{1-x^2}$

(2) 一般解 : $y=Cx+\dfrac{1}{C}$, 特異解 : $y^2=4x$

問題 **3.1** (1) $y=-2\cos^2 x+C\cos x$　(2) $y=\dfrac{C(x+1)-1}{x-1}$

(3) $y=C\sqrt{x^2+1}-1$　(4) $y=\dfrac{1}{2}(x^2+1)+C\exp(x^2)$

(5) $y=\log x-1+\dfrac{C}{x}$　(6) $y=1+C\exp(-\arcsin x)$

(7) $y=C\exp(e^{x})-e^{x}$　(8) $y=(C+\arctan x)(1+x^2)$

(9) $y=\dfrac{\arcsin x+C}{\sqrt{1-x^2}}$　(10) $y=\dfrac{(1+\sin x)(x+\cos x+C)}{\cos x}$

問題 **3.2** (1) $y=\dfrac{1}{x\sqrt[3]{C-3\log|x|}}$　(2) $y=\dfrac{1}{\cos x(C+\log|\cos x|)}$

(3) $y=\dfrac{2(x-1)}{C(x+2)^2-1}$　(4) $-1\leqq x\leqq 1$ のとき $y=\dfrac{1}{4}(1-x^2)(\arcsin x+C)^2$,

$x<-1$ または $1<x$ のとき $y=\dfrac{1}{4}(x^2-1)(\log|x+\sqrt{x^2-1}|+C)^2$.

(5) $y=\pm(x+1)\sqrt{\dfrac{x+3}{2(x+1)}+C\exp\left(\dfrac{2}{x+1}\right)}$

(6) $y=\sqrt[3]{(1+x^3)\left(2\sqrt{3}\arctan\dfrac{2x-1}{\sqrt{3}}+C\right)}$

問題 3.3 (1) $y = \dfrac{3x^{\frac{2}{3}}\tan(C - 3x^{-\frac{1}{3}})}{3x^2 + x^{\frac{7}{3}}\tan(C - 3x^{-\frac{1}{3}})} - \dfrac{1}{x}$

(2) $y = -\dfrac{25x^{\frac{1}{5}} + 5 - 5C(5x^{\frac{1}{5}} - 1)\exp(10x^{\frac{1}{5}})}{25x + 15x^{\frac{4}{5}} + 3x^{\frac{3}{5}} + C(25x - 15x^{\frac{4}{5}} + 3x^{\frac{3}{5}})\exp(10x^{\frac{1}{5}})}$

問題 3.4 (1) $y = 1 + \dfrac{4}{(x^2-1)\left(\log\left|\frac{x+1}{x-1}\right| + C\right) - 2x - 2}$

(2) $y = x + \dfrac{(x+1)^2}{Ce^x - x - 1}$　(3) $y = e^x - \dfrac{9xe^x}{3x + 1 + Ce^{3x}}$

(4) $y = \tan x + \dfrac{1}{\sin x\cos^2 x\left(C + \log\left|\frac{1+\cos x}{\sin x}\right|\right) - \sin x\cos x}$

問題 3.5 (1) 一般解 : $(6y - Cx)^2 = (4x + C^2)(4x^2 + 6Cy)$, 特異解 : $y = 0$

(2) 一般解 : $y^2 = 4C(x - C)$, 特異解 : $y = \pm x$

(3) 一般解 : $y^2 = 2C(y + 2x) + 3C^2$, 特異解なし

問題 3.6 (1) 一般解 : $y = Cx + \dfrac{1}{2C^2}$, 特異解 : $y = \dfrac{3}{2}x^{\frac{3}{2}}$

(2) 一般解 : $y = Cx + C - C^2$, 特異解 : $y = \dfrac{1}{4}(x+1)^2$

第 4 章

●**問 4.1** (1) $xy + e^x + \sin y = C$　(2) $x^3y + 4x^2y^2 + 4y^3 = C$

(3) $y\sin x - x\sin y = C$　(4) $xy + ye^{xy} = C$

●**問 4.2** (1) $2x^3 + 3x^2y^2 = C$　(2) $xy^2 + y - 1 = Cx$

●**問 4.3** (1) $x^3y^2 - y^4 = C$　(2) $x^2y^3 + xy^4 + y^3 = C$

●**問 4.4** $x^2y + \log\left|\dfrac{x}{y}\right| = C$

●**問 4.5** $5xy^3 + y^5 = C$

●**問 4.6** $(x^2 + 2y)(x + y)^2 = C$

●**問 4.7** $(x - y)(x^2 + y^2)^2 = C$

●**問 4.8** $xy + \log\left|\dfrac{x}{y}\right| = C$

問題 4.1 (1) $xy(x + y) = C(x + 1)$　(2) $(x+1)^2y^2 = 2x(C - x - \log|x|)$

(3) $e^x(xy^2 + \sin y) + ye^{2x} = C$

問題 4.2 (1) $(x^3 - xy)\sqrt{y^2 + 1} = C$　(2) $x^2 + 2xy^2 - 1 = C(y + 1)$

(3) $x^3 + x^2y^2 + y\log|y| = Cy$

問題 4.3 (1) $2x^3y^2 - 3x^2y^4 = C$　(2) $(x^2 + y)e^{xy} = C$

問題 4.4 (1) $\exp\left(\dfrac{y}{x}\right)x^2(y^2 + 1) = C$　(2) $x^3y^3 - 2y^5 = Cx$

問題 **4.5** (1) $x^2 - y^3 = C(x+y)$ (2) $(2x+y^2)\sqrt{x+y} = C$

問題 **4.6** (1) $(x^2+y^2)^{\frac{3}{2}}(x^2-y^4) = C$ (2) $x^3 + xy = C(x^2+y^2)$

問題 **4.7** (1) $\log|x| + 2\arctan(xy-1) = C$ (2) $\log\dfrac{(xy+1)^2}{|x|y^2} + \dfrac{1-2xy}{2x^2y^2} = C$

第 **5** 章

●問 **5.1** (1) $y = -x + Ae^x + B$ (2) $y = x + A\log|x| + B$

●問 **5.2** (1) $y = \exp(Ax+B)$ (2) $y = \pm\sqrt{Ax+B}$

●問 **5.3** (1) $y = \exp(Ax^2+B)$ (2) $y = \exp(Ax - A^2\log|x+A| + B)$

●問 **5.4** $y = A|x|^B$

●問 **5.5** $y = \pm x\sqrt{A\log|x| + B}$

●問 **5.6** (1) $xy^3 = Ax + B$ (2) $y^2 = Ax^2 + Bx$

●問 **5.7** $x^2 + 2\log|y| = Ay + B$

●問 **5.8** $y = \tan\left(Ax + B + 3A\log|x-2|\right)$

問題 **5.1** (1) $y = A(x-1)e^x + B$ (2) $y = -x + 2A\log|x+A| + B$

(3) $y = A\arctan x + \dfrac{1}{6}\left(x^2 - \log(1+x^2)\right) + B$

(4) $y = x\log|x| - (x+A)\log|x+A| + B$

(5) $y = x\arccos(Ax) - \dfrac{1}{A}\sqrt{1-A^2x^2} + B$

(6) $y = \left(\dfrac{x^2}{2} - \dfrac{1}{4A^2}\right)\arcsin(Ax) + \dfrac{x}{4A}\sqrt{1-A^2x^2} + B$

問題 **5.2** (1) $x + y = A + 2B\log|x+B|$

(2) $-1 \leqq y \leqq 1$ のとき $y = \sin(Ax+B)$,

$y < -1$ または $1 < y$ のとき $y + \sqrt{y^2-1} = Ae^{Bx}$.

(3) $y\sin y + \cos y = Ax + B$ (4) $y = \tan\left(A + Be^x\right)$

(5) $y = A\exp\left(\arcsin(Be^x)\right)$ (6) $4(A-y)(2A+y)^2 = 9(x+B)^2$

問題 **5.3** (1) $y = A|e^{-x} + B|^B$ (2) $y = A\exp\left(B\left(2\tan x + \dfrac{2}{\cos x} - x\right)\right)$

(3) $y = A\exp\left(-\dfrac{x^2}{8}\right)|x^2 + 2B|^B$ (4) $y = \pm\sqrt{-2\log(A\log|x| + B)}$

(5) $y = \log\left(-1 + 2A\tan(B + A\log|x|)\right)$, $y = \log\left(-1 - \dfrac{2}{\log|x| + B}\right)$,

$y = \log\left(-1 + \dfrac{A(1-B|x|^A)}{1+B|x|^A}\right)$

(6) $\sin(A \pm \log|y|) = \left(1 + \cos(A \pm \log|y|)\right)\left(B \pm \log|x|\right)$

(複号については $y>0$ のとき $+$，$y<0$ のとき$-$)

(7) $y = Ax\exp\left(\dfrac{B}{|x|}\right)$　(8) $y = \pm x\sqrt{(\log|x|)^2 + A\log|x| + B}$

問題 **5.4** (1) $xy^3 + Ax^3 + B = 0$　(2) $y^2\sqrt{1-x^2} + A\arcsin x + B = 0$

(3) $e^{2x}y - (\cos y + A)e^x + B = 0$

問題 **5.5** (1) $y = \tan\left(A(x^2+2x+2) + Bx^2\exp\left(\dfrac{2}{x}\right)\right)$

(2) $x - 2y + y^2(A + Bx + 2x\log|x|) = 0$

問題 **5.6** (1) $y = \arcsin(A\exp(B\sin x) - 1)$

(2) $y = \sin(A\exp(\arctan x) + B)$

第 **6** 章

●問 **6.1** (1) 略　(2) $-\dfrac{1}{x}$　(3) $y = -2\sqrt{x} + \dfrac{8}{\sqrt{x}}$

●問 **6.2** (1) $y = Ae^{3x} + Be^{-x}$　(2) $y = Ae^{(-2+\sqrt{5})x} + Be^{(-2-\sqrt{5})x}$

(3) $y = (A + Bx)e^{-4x}$　(4) $y = (A\sin 3x + B\cos 3x)e^{2x}$

●問 **6.3** $y = Ax + B(x\log|x| - 1)$

●問 **6.4** $y = (A + Bx^2)e^x$

●問 **6.5** $y = x^2 + 1 + Ax + B(x\log|x| - 1)$

●問 **6.6** (1) $y = (A + Bx - \log|x|)e^{2x}$

(2) $y = \left(A\sin x + B\cos x + \dfrac{2\sin^2 x - 1}{2\cos x}\right)e^x$

問題 **6.1** (1) $y = (A + x\log x - x)\,e^x + Be^{-2x}$

(2) $y = (e^x + e^{2x})\log\dfrac{e^x}{1+e^x} + \dfrac{1}{2} + Ae^x + Be^{2x}$

(3) $y = \left(\dfrac{1}{2}x^2\arcsin x + \dfrac{3}{4}x\sqrt{1-x^2} + \dfrac{1}{4}\arcsin x + A + Bx\right)e^x$

(4) $y = \Big((2x - \tan x + A)\sin 2x + (2\log|\cos x| + B)\cos 2x\Big)\dfrac{e^x}{2}$

問題 **6.2** (1) $y = x^2\log x - 2x^2 + (A + B\log x)x$

(2) $y = -xe^x + Ax + B(x^2 - x)e^x$

(3) $y = \dfrac{x}{6}\log(1+x^2) + Ax + B(1 + x\arctan x)$

(4) $y = -\dfrac{1}{2x} + A + B\exp\left(\dfrac{1}{x}\right)$

問題 **6.3** (1) $y = \dfrac{1}{4}x^2e^x + (A + B\log|x|)e^x$

(2) $y = x^2 + 2x + 2 + Ae^x + B(x^3 + 3x^2 + 6x + 6)$

(3) $y = \left(-\frac{1}{4}(\arcsin x)^2 + \frac{x^2}{4} + A + B\arcsin x\right)e^x$

(4) $y = \frac{e^x}{3}\log(e^x + e^{3x}) - \frac{e^{-x}}{3} + Ae^x + \left(1 + \frac{e^{-2x}}{3}\right)(B + \arctan(e^x))$

問題 6.4 (1) $y = x^2e^x + \frac{A}{x} + B\left(x - 2 + \frac{2}{x}\right)e^x$

(2) $y = \frac{\sin^2 x - 1}{2\cos^2 x} + A\sin x + B(1 + \sin^2 x)$

(3) $$y = \tan x\left[\frac{1}{2}\left(\log\left|\frac{\sin x}{1 + \cos x}\right|\right)^2 + \cos x\log\left|\frac{\sin x}{1 + \cos x}\right| - \log|\sin x| + A + B\left(\cos x + \log\left|\frac{\sin x}{1 + \cos x}\right|\right)\right]$$

第 7 章

●**問 7.1** (1) $y = Ae^x + Be^{-x} + Ce^{-3x}$ (2) $y = Ae^x + (B + Cx)e^{3x}$

(3) $y = Ae^x + (B\sin\sqrt{3}\,x + C\cos\sqrt{3}\,x)e^{-x}$

(4) $y = (A + Bx + Cx^2)e^{3x}$

(5) $y = Ae^{\sqrt{3}\,x} + Be^{-\sqrt{3}\,x} + C\sin 2x + D\cos 2x$

(6) $y = Ae^x + Be^{-x} + (C\sin x + D\cos x)e^{2x}$

●**問 7.2** (1) $y = \frac{1}{2}x^2 + \frac{3}{2}x + \frac{7}{4}$ (2) $y = \frac{1}{4}x^4 - 2x^3 + 9x^2 - 24x$

●**問 7.3** (1) $y = -\frac{1}{5}e^x$ (2) $y = \frac{x^2}{2}e^{2x}$ (3) $y = -\frac{x}{2}e^{-x}$ (4) $y = \frac{x^2}{8}e^x$

●**問 7.4** (1) $y = \left(\frac{1}{8}x^2 + \frac{1}{16}x + \frac{9}{64}\right)e^{-3x}$

(2) $y = \left(-\frac{1}{80}x^5 - \frac{1}{64}x^4 - \frac{1}{64}x^3 - \frac{3}{256}x^2\right)e^{-x}$

●**問 7.5** (1) $y = \left(\frac{1}{2}x^2\log x - \frac{3}{4}x^2\right)e^{2x}$ (2) $y = (x\cos x - 3\sin x)e^{-x}$

●**問 7.6** (1) $y = \left(A\sin 2x + B\cos 2x + \frac{1}{6}\sin x\right)e^{-x}$

(2) $y = \left(A + \log\left|\frac{1 + \sin x}{\cos x}\right| + (B + \log|\cos x|)\sin x + (C - x)\cos x\right)e^x$

問題 7.1 (1) $y = \left(\frac{1}{24}x^4 - \frac{1}{2}x^2 + Ax + B + C\sin\frac{x}{\sqrt{2}} + E\cos\frac{x}{\sqrt{2}}\right)$

(2) $$y = \left(A + \frac{1}{2}\arctan(e^x)\right)e^{-x} + \left(B - \frac{1}{2}\log(1 + e^{2x})\right)e^{-2x} + \left(C - \frac{1}{2}\arctan(e^x)\right)e^{-3x}$$

$$(3)\ y = \left[A - \frac{1}{2}\log|\tan x| + \left(B - \frac{1}{2}\log\left|\frac{1+\sin x}{\cos x}\right|\right)\sin x + \left(C + \frac{1}{2}\log\left|\frac{1+\cos x}{\sin x}\right|\right)\cos x\right]e^{2x}$$

$$(4)\ y = \left[\left(Ax + B - \frac{1}{4}\sin 2x\right)\sin x + \left(Cx + E - \frac{1}{4}\cos 2x + \frac{3}{2}\log|\cos x|\right)\cos x\right]e^{x}$$

第 8 章

●問 **8.1** (1) $P = \begin{bmatrix} 1 & 3 \\ 1 & 2 \end{bmatrix},\ e^{xA} = P\begin{bmatrix} e^{x} & 0 \\ 0 & e^{3x} \end{bmatrix}P^{-1}$

(2) $P = \begin{bmatrix} 2 & 1 & 2 \\ 1 & 1 & 1 \\ 0 & -1 & -1 \end{bmatrix},\ e^{xA} = P\begin{bmatrix} e^{x} & 0 & 0 \\ 0 & e^{2x} & 0 \\ 0 & 0 & e^{3x} \end{bmatrix}P^{-1}$

(3) $P = \begin{bmatrix} 1 & 1 & 0 \\ 1 & 0 & 1 \\ -1 & 1 & -1 \end{bmatrix},\ e^{xA} = P\begin{bmatrix} e^{3x} & 0 & 0 \\ 0 & e^{-x} & 0 \\ 0 & 0 & e^{-x} \end{bmatrix}P^{-1}$

●問 **8.2** (1) $P = \begin{bmatrix} 2 & -1 \\ 1 & 0 \end{bmatrix},\ e^{xA} = P\begin{bmatrix} e^{-3x} & xe^{-3x} \\ 0 & e^{-3x} \end{bmatrix}P^{-1}$

(2) $P = \begin{bmatrix} 3 & 1 & 0 \\ 2 & 0 & 1 \\ 2 & 1 & 0 \end{bmatrix},\ e^{xA} = P\begin{bmatrix} e^{2x} & 0 & 0 \\ 0 & e^{3x} & xe^{3x} \\ 0 & 0 & e^{3x} \end{bmatrix}P^{-1}$

●問 **8.3** (1) $P = \begin{bmatrix} 1 & -1 & 2 \\ -2 & 5 & -9 \\ -1 & 0 & 0 \end{bmatrix},\ e^{xA} = P\begin{bmatrix} e^{-2x} & xe^{-2x} & \frac{x^2}{2}e^{-2x} \\ 0 & e^{-2x} & xe^{-2x} \\ 0 & 0 & e^{-2x} \end{bmatrix}P^{-1}$

(2) $P = \begin{bmatrix} 3 & 3 & 0 \\ 0 & -6 & 0 \\ -2 & 6 & 1 \end{bmatrix},\ e^{xA} = P\begin{bmatrix} e^{-x} & 0 & 0 \\ 0 & e^{-x} & xe^{-x} \\ 0 & 0 & e^{-x} \end{bmatrix}P^{-1}$

(3) $P = \begin{bmatrix} 0 & 1 & 1 & 0 \\ 2 & 3 & 0 & 1 \\ 1 & 0 & -1 & 0 \\ 0 & 2 & 1 & 0 \end{bmatrix},\ e^{xA} = P\begin{bmatrix} e^{x} & xe^{x} & 0 & 0 \\ 0 & e^{x} & 0 & 0 \\ 0 & 0 & e^{2x} & xe^{2x} \\ 0 & 0 & 0 & e^{2x} \end{bmatrix}P^{-1}$

●問 **8.4** (1) $P = \begin{bmatrix} 1 & 0 \\ 1 & -1 \end{bmatrix},\ e^{xA} = P\begin{bmatrix} e^{x}\cos 2x & e^{x}\sin 2x \\ -e^{x}\sin 2x & e^{x}\cos 2x \end{bmatrix}P^{-1}$

(2) $P = \begin{bmatrix} 1 & 2 & 0 \\ -1 & -1 & -1 \\ 1 & 0 & 1 \end{bmatrix},\ e^{xA} = P\begin{bmatrix} e^{2x} & 0 & 0 \\ 0 & e^{x}\cos 3x & e^{x}\sin 3x \\ 0 & -e^{x}\sin 3x & e^{x}\cos 3x \end{bmatrix}P^{-1}$

●**問 8.5** (1) $e^{x}\begin{bmatrix}1\\1\end{bmatrix}$, $e^{3x}\begin{bmatrix}3\\2\end{bmatrix}$　(2) $e^{x}\begin{bmatrix}2\\1\\0\end{bmatrix}$, $e^{2x}\begin{bmatrix}1\\1\\-1\end{bmatrix}$, $e^{3x}\begin{bmatrix}2\\1\\-1\end{bmatrix}$

(3) $e^{3x}\begin{bmatrix}1\\1\\-1\end{bmatrix}$, $e^{-x}\begin{bmatrix}1\\0\\1\end{bmatrix}$, $e^{-x}\begin{bmatrix}0\\1\\-1\end{bmatrix}$

●**問 8.6** (1) $e^{-3x}\begin{bmatrix}2\\1\end{bmatrix}$, $e^{-3x}\begin{bmatrix}2x-1\\x\end{bmatrix}$　(2) $e^{2x}\begin{bmatrix}3\\2\\2\end{bmatrix}$, $e^{3x}\begin{bmatrix}1\\0\\1\end{bmatrix}$, $e^{3x}\begin{bmatrix}x\\1\\x\end{bmatrix}$

●**問 8.7** (1) $e^{-2x}\begin{bmatrix}1\\-2\\-1\end{bmatrix}$, $e^{-2x}\begin{bmatrix}x-1\\-2x+5\\-x\end{bmatrix}$, $e^{-2x}\begin{bmatrix}\frac{1}{2}x^2-x+2\\-x^2+5x-9\\-\frac{1}{2}x^2\end{bmatrix}$

(2) $e^{-x}\begin{bmatrix}3\\0\\-2\end{bmatrix}$, $e^{-x}\begin{bmatrix}3\\-6\\6\end{bmatrix}$, $e^{-x}\begin{bmatrix}3x\\-6x\\6x+1\end{bmatrix}$

(3) $e^{x}\begin{bmatrix}0\\2\\1\\0\end{bmatrix}$, $e^{x}\begin{bmatrix}1\\2x+3\\x\\2\end{bmatrix}$, $e^{2x}\begin{bmatrix}1\\0\\-1\\1\end{bmatrix}$, $e^{2x}\begin{bmatrix}x\\1\\-x\\x\end{bmatrix}$

●**問 8.8** (1) $e^{x}\begin{bmatrix}\cos 2x\\\sin 2x+\cos 2x\end{bmatrix}$, $e^{x}\begin{bmatrix}\sin 2x\\\sin 2x-\cos 2x\end{bmatrix}$

(2) $e^{2x}\begin{bmatrix}1\\-1\\1\end{bmatrix}$, $e^{x}\begin{bmatrix}2\cos 3x\\\sin 3x-\cos 3x\\-\sin 3x\end{bmatrix}$, $e^{x}\begin{bmatrix}2\sin 3x\\-\sin 3x-\cos 3x\\\cos 3x\end{bmatrix}$

●**問 8.9** (1) $\dfrac{1}{9}\begin{bmatrix}(6x-1)e^{-3x}+1\\3e^{-3x}-3\end{bmatrix}$　(2) $\dfrac{1}{2}\begin{bmatrix}\cos 2x-2x-1\\\sin 2x+\cos 2x-2x-1\end{bmatrix}$

問題 8.1 $P=\begin{bmatrix}\sqrt{k_2} & \sqrt{k_2}\\\sqrt{k_1} & -\sqrt{k_1}\end{bmatrix}$, $\lambda_1=k_1+k_2-\sqrt{k_1k_2}$, $\lambda_2=k_1+k_2+\sqrt{k_1k_2}$,

$$\begin{bmatrix}x_1\\x_2\end{bmatrix}=P\begin{bmatrix}A_1\sin\sqrt{\lambda_1/m}x+B_1\cos\sqrt{\lambda_1/m}x\\A_2\sin\sqrt{\lambda_2/m}x+B_2\cos\sqrt{\lambda_2/m}x\end{bmatrix}$$

問題 8.2 (1) $P=\begin{bmatrix}1&2&-1&1\\0&2&3&0\\1&2&1&0\\1&4&0&0\end{bmatrix}$, $e^{xA}=P\begin{bmatrix}e^{-x}&0&0&0\\0&e^{-x}&xe^{-x}&\frac{x^2}{2}e^{-x}\\0&0&e^{-x}&xe^{-x}\\0&0&0&e^{-x}\end{bmatrix}P^{-1}$

(2) $P=\begin{bmatrix}1&0&2&0\\1&0&2&2\\0&1&0&-4\\1&1&3&-1\end{bmatrix}$, $e^{xA}=P\begin{bmatrix}e^{2x}&xe^{2x}&0&0\\0&e^{2x}&0&0\\0&0&e^{x}\cos x&e^{x}\sin x\\0&0&-e^{x}\sin x&e^{x}\cos x\end{bmatrix}P^{-1}$

$$(3)\ P=\begin{bmatrix}1&0&1&0&0\\0&1&0&0&-1\\0&0&1&-2&1\\-1&1&-1&2&-2\\1&0&1&-1&0\end{bmatrix},\ e^{xA}=P\begin{bmatrix}e^x&xe^x&0&0&0\\0&e^x&0&0&0\\0&0&e^{-x}&xe^{-x}&\frac{x^2}{2}e^{-x}\\0&0&0&e^{-x}&xe^{-x}\\0&0&0&0&e^{-x}\end{bmatrix}P^{-1}$$

$$(4)\ P=\begin{bmatrix}1&1&0&0&0\\0&1&-1&1&0\\-1&0&1&2&4\\1&1&1&1&3\\1&1&1&0&2\end{bmatrix},\ e^{xA}=P\begin{bmatrix}e^{-2x}&0&0&0&0\\0&e^{-2x}&xe^{-2x}&0&0\\0&0&e^{-2x}&0&0\\0&0&0&e^{-2x}&xe^{-2x}\\0&0&0&0&e^{-2x}\end{bmatrix}P^{-1}$$

問題 8.3 (1) $e^{-x}\begin{bmatrix}1\\0\\1\\1\end{bmatrix},\ e^{-x}\begin{bmatrix}2\\2\\2\\4\end{bmatrix},\ e^{-x}\begin{bmatrix}2x-1\\2x+3\\2x+1\\4x\end{bmatrix},\ e^{-x}\begin{bmatrix}x^2-x+1\\x^2+3x\\x^2+x\\2x^2\end{bmatrix}$

(2) $e^{2x}\begin{bmatrix}1\\1\\0\\1\end{bmatrix},\ e^{2x}\begin{bmatrix}x\\x\\1\\x+1\end{bmatrix},\ e^{x}\begin{bmatrix}2\cos x\\2\cos x-2\sin x\\4\sin x\\3\cos x+\sin x\end{bmatrix},\ e^{x}\begin{bmatrix}2\sin x\\2\sin x+2\cos x\\-4\cos x\\3\sin x-\cos x\end{bmatrix}$

(3) $e^{x}\begin{bmatrix}1\\0\\0\\-1\\1\end{bmatrix},\ e^{x}\begin{bmatrix}x\\1\\0\\-x+1\\x\end{bmatrix},\ e^{-x}\begin{bmatrix}1\\0\\1\\-1\\1\end{bmatrix},\ e^{-x}\begin{bmatrix}x\\0\\x-2\\-x+2\\x-1\end{bmatrix},\ e^{-x}\begin{bmatrix}\frac{1}{2}x^2\\-1\\\frac{1}{2}x^2-2x+1\\-\frac{1}{2}x^2+2x-2\\\frac{1}{2}x^2-x\end{bmatrix}$

(4) $e^{-2x}\begin{bmatrix}1\\0\\-1\\1\\1\end{bmatrix},\ e^{-2x}\begin{bmatrix}1\\1\\0\\1\\1\end{bmatrix},\ e^{-2x}\begin{bmatrix}x\\x-1\\1\\x+1\\x+1\end{bmatrix},\ e^{-2x}\begin{bmatrix}0\\1\\2\\1\\0\end{bmatrix},\ e^{-2x}\begin{bmatrix}0\\x\\2x+4\\x+3\\2\end{bmatrix}$

第 **A** 章

●問 **A.1** (1) $\dfrac{6}{s^4}+\dfrac{4}{s^3}-\dfrac{4}{s^2}+\dfrac{5}{s}$ (2) $\dfrac{720}{s^7}+\dfrac{72}{s^5}-\dfrac{7}{s^2}+\dfrac{2}{s}$

●問 **A.2** (1) $\dfrac{6}{(s-2)^4}+\dfrac{1}{(s+3)^2}$ (2) $\dfrac{24}{(s-1)^5}-\dfrac{4}{(s-1)^3}+\dfrac{1}{s-1}$

●問 **A.3** 略

●問 **A.4** (1) $\dfrac{2}{s^2-4s+8}+\dfrac{s+1}{s^2+2s+17}$ (2) $\dfrac{3}{s^2+4s+13}-\dfrac{s-5}{s^2-10s+29}$

●問 **A.5** (1) $-\dfrac{3}{2}t^2+5t+2$ (2) $\dfrac{1}{24}t^6-\dfrac{1}{3}t^3+3t$

●問 **A.6** (1) $\dfrac{1}{6}e^{2t}t^3$ (2) $e^{-t}+e^{-3t}t^2-\dfrac{1}{8}e^{t}t^4$

●問 **A.7** (1) $e^{-t}\sin 2t$ (2) $e^{2t}\cos t$

●問 **A.8** (1) $3e^{2t}+2e^{-t}$　(2) $5e^{-4t}-3e^{-t}$　(3) $e^{-3t}(-11t+6)$

●問 **A.9** (1) $e^{t}(4\cos 3t+3\sin 3t)$　(2) $e^{-3t}(9\cos 2t-10\sin 2t)$

●問 **A.10** (1) $2e^{t}-e^{2t}-e^{-3t}$　(2) $e^{-t}(t^2+3t+2)$
(3) $e^{-2t}+e^{t}(3\cos t-\sin t)$

●問 **A.11** (1) $\left(\dfrac{t}{2\sqrt{2}}-\dfrac{1}{2}\right)\sin\sqrt{2}\,t+\dfrac{t}{\sqrt{2}}\cos\sqrt{2}\,t$
(2) $\left(\left(\dfrac{t}{2}+\dfrac{5}{16}\right)\sin 2t+\dfrac{3}{8}t\cos 2t\right)e^{t}$

●問 **A.12** (1) $4e^{3t}+3e^{-t}$　(2) $5e^{-2t}-3e^{-4t}$　(3) $(-8t+5)e^{3t}$

●問 **A.13** (1) $(3\cos 2t+6\sin 2t)e^{-t}$　(2) $(7\cos 2t+8\sin 2t)e^{-3t}$

●問 **A.14** (1) $-e^{2t}+2e^{t}+2e^{-t}$　(2) $3e^{t}-(t+1)e^{-t}$　(3) $2e^{-t}+(\cos t-\sin t)e^{2t}$

●問 **A.15** (1) $-\left(\dfrac{1}{5}t+\dfrac{1}{25}\right)e^{-2t}+\dfrac{1}{25}e^{3t}$　(2) $t^2\left(\dfrac{1}{2}\log t-\dfrac{3}{4}\right)e^{3t}$
(3) $(t-\sin t)e^{-3t}$

●問 **A.16** $\left(\log\left|\dfrac{1+\sin t}{\cos t}\right|-t\cos t+(\sin t)\log|\cos t|\right)e^{t}$

第 **B** 章

●問 **B.1** (1) 平衡点 $(0,0)$ ヤコビ行列の固有値：$1,3$，平衡点 $(1,1)$ ヤコビ行列の固有値：$-2,-6$，平衡点 $(-1,-1)$ ヤコビ行列の固有値：$-2,-6$.　(2) 平衡点 $(0,0)$ ヤコビ行列の固有値：$4,-2$，平衡点 $(1,1)$ ヤコビ行列の固有値：$0,-2$，平衡点 $(2,2)$ ヤコビ行列の固有値：$4,6$，平衡点 $\left(-1,\dfrac{1}{3}\right)$ ヤコビ行列の固有値：$6,8$.

●問 **B.2** (1) 平衡点 $(0,0)$ 不安定，平衡点 $(2,1)$ 不安定，平衡点 $\left(\dfrac{3}{4},-\dfrac{3}{2}\right)$ 不安定.
(2) 平衡点 $(0,0)$ 漸近安定，平衡点 $(1,1)$ 不安定，平衡点 $(-1,1)$ 不安定，平衡点 $(-2,4)$ 不安定.

●問 **B.3** (1) $\dfrac{dV}{dt}=-2y^2(x^2+y^2)\leqq 0$, $x\neq 0$, $y=0$ のとき $y'\neq 0$.
(2) $\dfrac{dV}{dt}=-2x^2y^4\leqq 0$, $x\neq 0$ のとき $y'\neq 0$;　$x=0$, $y\neq 0$ のとき $x'\neq 0$.

●問 **B.4** (1) (B.46) で $F(x)=x^3-4x$, $g(x)=x\exp(-x^2)$ とすれば，リエナールの方程式になる.　(2) (B.46) で $F(x)=x^5-3x^3-4x$, $g(x)=x(x^2+\sin^2 x)$ とすれば，リエナールの方程式になる.

第 **C** 章

●問 **C.1** 略

索　引

著者略歴

牧《まき》 野《の》 潔《いさ》 夫《お》

1981年　東京大学大学院理学系研究科
　　　　数学専攻博士課程修了
現　在　工学院大学名誉教授
　　　　理学博士（東京大学）

主要著書

U-BASICによるコンピュータ整数論
（共著，日本評論社，1994）

暗号・ゼロ知識証明・数論
（共著，共立出版，1995）

例からはじめる微分方程式
（共著，牧野書店，2012）

長《は》谷《せ》川《がわ》 研《けん》 二《じ》

1990年　東京大学大学院理学系研究科
　　　　数学専攻博士課程修了
現　在　工学院大学准教授
　　　　理学博士（東京大学）

主要著書

理工基礎 微分積分学［増補版］
（共著，理学書院，2002）

例からはじめる微分方程式
（共著，牧野書店，2012）

高《たか》 木《ぎ》 悟《さとる》

2003年　早稲田大学大学院理工学研究科
　　　　数理科学専攻博士後期課程研究
　　　　指導終了による退学
2012年　工学院大学准教授
現　在　早稲田大学教授
　　　　博士（学術）（早稲田大学）

主要著書

数学基礎プラス α（金利編）
（早稲田大学出版部，2013）

数学基礎プラス α（最適化編）
（早稲田大学出版部，2013）

2020年9月2日　初版発行

理工系のための
微分方程式

著　者　牧野潔夫
　　　　長谷川研二
　　　　高木　悟
発行者　山本　格

発行所　株式会社　培風館
東京都千代田区九段南4-3-12・郵便番号102-8260
電話(03)3262-5256(代表)・振替00140-7-44725

三美印刷・製本

PRINTED IN JAPAN

ISBN 978-4-563-01165-9　C3041